이정재 · 김종일 공저

눈높이 통신이론

아날로그 및 디지털

JINSAEM 진샘미디어

머리말

통신이론을 공부하려면 선수과목으로 반드시 이수하여야할 내용이 있다. 즉 삼각함수, 복소수, 미분적분, 행렬 및 벡터, 미분방정식, 라프라스변환, 푸리에변환 그리고 확률 등과 같은 중요한 몇 가지의 기초적인 수학지식이 기반이 되어야한다. 그러나 최근 공학을 전공하려고 입학한 학생들이 수학에 대한 학습능력이 크게 부족한 상태이며 더구나 수학을 기피하여 공부하려하는 경향이 매우 강하다. 이 교재는 이러한 학생들에게 통신이 어떻게 이루어지며 이를 해석하고 분석하기 위하여 최소한의 수학적인 도구를 학생들이 스스로 이해하고 통신이론을 공부할 수 있도록 하였다.

이 책의 구성은 통신시스템을 전공하려고 하는 학생이 쉽게 이론을 이해하고 시스템 설계능력을 기를 수 있도록 다음 내용을 포함한다. 제 1장은 통신의 체계와 그 개요, 신호의 변조 및 복조 채널상에서의 잡음과 찌그러짐의 영향에 대하여 알아본다. 그리고 제 2장에서는 신호를 분석하기 위하여 필요한 복소함수에 대한 기초를 이해하고 이를 기반으로 푸리에급수와 푸리에변환이 신호분석에 어떻게 사용되는 지를 다루었다. 제 3장 시스템분석에서는 시간영역과 복소주파수 영역에서의 시스템분석에 필요한 미분방정식과 라플라스변환에 대하여 살펴보았다. 제 4장과 제 5장에서는 각각 진폭변조 및 각 변조와 같은 아날로그변조 방식에 대한 기초개념을 다루었다. 제 6장에서는 통신채널에 존재하는 랜덤한 신호 즉 부가적인 잡음과 같은 신호를 확률적인 방식으로 접근할 수 있는 능력을 가질 수 있도록 기초적인 확률이론을 다루었다. 제 7장에서는 펄스변조와 펄스부호변조를 위한 샘플링 이론를 적용하고 양자화와 부호화를 통한 디지털 기저대역신호를 생성할 수 있는 이론을 정립할 수 있도록 하였다.

그리고 제 8장에서는 기저대역의 디지털신호에서 발생되는 신호의 왜곡을 분석하고 방지할 수 있는 필터의 특성과 잡음채널에서 송신된 신호를 최적으로 수신할 수 있는 수신기에서의 정합필터를 살펴보았다. 제 9장에서는 대역통과 디지털변조 신호의 진폭천이변조(ASK: Amplitude Shift Keying), 주파수천이변조(FSK: Frequency Shift Keying) 그리고 위상천이변조(PSK: Phase Shift Keying)에 대하여 다루었다. 제 10장에서는 대역확산통신의 기법과 부호분할 다중접속(CDMA: Code Division Multiple Access)와 같은 대역확산방식의 응용에 대하여 살펴보았다. 그리고 제 11장에서는 잡음채널의 정보량에 관련된 정보이론과 채널 상에서 발생되는 오류를 정정할 수 있는 채널부호화에 대하여 언급하였다. 또한 각 장에서 배운 이론을 Matlab Simulink 프로그램을 통해 실습할 수 있도록 하였다.

이러한 과정을 통하여 수학이 부족하였던 학생들이 통신이론을 쉽게 접할 수 있고 흥미를 느낄 수 있었으면 하는 바람을 가지고 이 도서를 저술하였다.

2013년 2월

이정재, 김종일 교수

차례

Chapter 01 통신개요

1.1 배경 ········· 12
1.2 통신시스템 ········· 12
연습문제 ········· 14
셀프평가 ········· 15

Chapter 02 신호분석

2.1 신호의 분류 ········· 18
2.2 시간영역에서의 신호특성 ········· 21
2.3 중요한 기본신호 ········· 22
2.4 주파수영역에서의 신호분석 ········· 26
2.5 푸리에변환의 디지털연산 ········· 34
2장 Matlab Simulink 예제 ········· 36
연습문제 ········· 43
셀프평가 ········· 45

Chapter 03 선형시스템

3.1 선형시스템 ········· 48
3.2 시스템의 전달함수 ········· 49
3.3 전송시스템에서의 왜곡(distortion) ········· 51

3.4 이상적인 필터 54
3.5 실제필터 58
3장 Matlab Simulink 예제 60
연습문제 66
셀프평가 68

Chapter 04 진폭변조

4.1 변조의 필요성 70
4.2 반송파억압 양측파대 진폭변조(DSB-SC) 70
4.3 전송 반송파 양측파대 진폭변조(DSB-TC:AM) 72
4.4 단측파대 변조(SSB) 74
4.5 잔류측파대 변조(VSB) 78
4장 Matlab Simulink 예제 79
연습문제 88
셀프평가 90

Chapter 05 각변조(Angle Modulation)

5.1 순시주파수 92
5.2 주파수변조(Frequency Modulation:FM) 92
5.3 위상변조(Phase Modulation:PM) 93
5.4 각변조의 주파수특성 94
5.5 FM 신호의 복조 99
5.6 간섭신호에 대한 대책 102

5.7 PLL을 이용한 FM 복조 ··· 103
5장 Matlab Simulink 예제 ··· 104
연습문제 ··· 110
셀프평가 ··· 111

Chapter 06 확률이론

6.1 확률의 개요 ··· 114
6.2 랜덤변수(random variable) ··· 115
6.3 확률밀도함수의 종류 ··· 118
6.4 랜덤 과정(random processor) ··· 135
6.5 상관함수와 전력스펙트럼밀도 ··· 140
6장 Matlab Simulink 예제 ··· 145
연습문제 ··· 149
셀프평가 ··· 151

Chapter 07 펄스변조와 펄스부호변조

7.1 표본화 이론 ··· 154
7.2 펄스변조 ··· 158
7.3 펄스부호변조(PCM) ··· 161
7.4 델타변조(DM) ··· 162
7.5 다중화시스템 ··· 164
7장 Matlab Simulink 예제 ··· 168
연습문제 ··· 173
셀프평가 ··· 174

Chapter 08 기저대역 디지털 데이터 전송

8.1 디지털 데이터 형태 176
8.2 대역 제한된 시스템에서의 디지털 데이터 전송 177
8.3 잡음환경 하에서의 디지털신호의 검출 178
8.4 정합필터 182
8.5 최적수신기와 수신기성능 184
8장 Matlab Simulink 예제 190
연습문제 194
셀프평가 196

Chapter 09 대역통과 디지털 변조

9.1 진폭천이 변조(ASK) 198
9.2 주파수천이 변조(FSK) 203
9.3 위상천이 변조(PSK) 208
9.4 차동위상천이 변조(DPSK) 210
9.5 M-진 디지털변조 212
9.6 직교진폭변조(QAM: Quadrature Amplitude Modulation) 221
9장 Matlab Simulink 예제 223
연습문제 232
셀프평가 234

Chapter 10 대역확산통신

10.1 대역확산 개요 ········ 236
10.2 PN 부호 계열 ········ 237
10.3 직접대역확산(Direct-Sequence Spread Spectrum) 시스템 ········ 242
10.4 주파수도약 시스템 ········ 246
10.5 CDMA 통신 ········ 247
10.6 직교주파수분할다중화(OFDM) 방식 ········ 251
10장 Matlab Simulink 예제 ········ 254
연습문제 ········ 266
셀프평가 ········ 267

Chapter 11 정보이론과 채널부호화

11.1 정보의 수량화 ········ 270
11.2 정보의 부호화와 통신채널용량 ········ 273
11.3 오류제어부호(Error Correcting Codes) ········ 282
11장 Matlab Simulink 예제 ········ 305
연습문제 ········ 309
셀프평가 ········ 313

부 록

A Fourier 변환 ········ 316
B Laplace 변환 ········ 317
C 삼각함수 ········ 318
D Q 함수 ········ 319
E Besel 함수 ········ 321
F 적분 ········ 322
G 방송주파수대역 ········ 324
H Matlab Simulink의 간단한 사용법 ········ 325

Chapter 01

통신개요

공부할 내용

1. 큰 의미에서의 통신
2. 통신 방식의 변화 과정
3. 채널을 포함하는 통신 시스템 개요

1.1 배경

가장 훌륭한 통신은 보내고자하는 내용을 상대방에게 빠르고 정확하게 전달하는 것이다. 그러나 항상 정보를 보내는 사람과 받는 사람 사이에는 시간, 공간 그리고 물리적인 제약을 받게 되며 이를 극복하기위한 통신시스템의 발전이 계속적으로 진행되고 있다. 최초의 통신은 소리(음성, 타종), 빛(반사거울), 연기(봉수대)와 같이 직접 정보를 발생하여 보내는 방식이었으며 정보를 실어 나르기 위하여 운반체로 사람, 비둘기와 화살 등을 이용하였다. 그러나 이러한 통신 방식은 시간, 거리 그리고 정보의 양에 많은 제약을 받게 된다. 1836년에 전신시스템이 시현 되었고 1876년 전화기가 특허를 얻게 되었다. 1918년에는 무선을 이용하여 송수신할 수 있는 변조방식이 발명되었다. 통신이론에 관련하여 가장 획기적인 일은 1948년 Claude Shannon에 의하여 통신이론이 수학적으로 발표된 것이다. 이러한 이론을 기반으로 아날로그와 디지털 통신이 발달되었으며 2000년대에서는 유선과 무선이 결합되어 쉽게 접속이 가능한 네트워크를 이용하여 건강관리, 교통제어, 환경 모니터 그리고 군용 응용 등 무선 센서 망과 같이 진화를 계속하고 있다.

1.2 통신시스템

아래 [그림 1.2.1]는 이러한 통신시스템의 계통도를 보여준다. 각 부분별 시스템은 다음과 같은 기능을 갖는다.

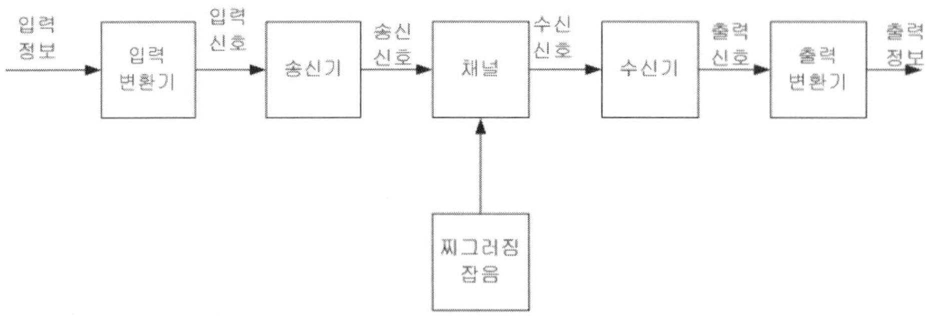

[그림 1.2.1] 통신시스템의 계통도

(1) 입력정보

열, 압력, 빛, 온도 그리고 음성 등 보내고자하는 물리적인 정보

(2) 입력변환기

입력정보를 전기적인 입력신호로 변환하는 기기.

(3) 송신기

전기적인 입력신호를 채널을 통하여 송신할 수 있는 신호로 변환시킬 수 있는 통신기기.

(4) 채널

채널은 송신기와 수신기사이에 존재하는 물리적인 통신경로로서 무선, 유선을 모두 포함하고 송신된 신호를 찌그러트리고 간섭과 열적 잡음이 더해져 확률적인 분석만이 가능하도록 어려운 환경이 조성된다.

(5) 수신신호

송신신호가 채널을 통과하면서 찌그러지고 잡음이 더해져서 모양이 변형되어 수신기에 도달하는 신호.

(6) 수신기

채널에 의하여 모양이 변형된 수신된 신호로부터 입력신호와 가장 가까운 신호를 출력하도록 설계된 통신기기.

(7) 출력변환기

수신기 출력신호 전기적인 특성으로부터 물리적인 특성을 갖는 정보신호로 변환하는 기기.

연습문제

1.1 채널에서 찌그러짐의 원인에 대하여 검토하여 보시오.

1.2 입력정보와 입력변환기의 형태와 종류에 대하여 설명하여 보시오.

1.3. 잡음의 종류와 특성에 대하여 분석하시오.

셀프평가

1. 나는 통신시스템의 계통도를 완전히 이해하였다(예, 아니요).

2. 나는 채널에 대한 개념을 확립하였다(예, 아니오).

3. 나는 연습문제를 스스로 해결하였다(예, 아니요).

** '**아니오**'가 발견되면 본문을 복습하여 '**예**'로 바꿀 수 있는 능력을 기르십시오.

Chapter 02

신호분석

공부할 내용

1. 연속시간신호와 이산시간신호
2. 아날로그신호와 디지털신호
3. 주기신호와 비주기신호
4. 에너지신호와 전력신호
5. 결정적신호와 랜덤신호
6. 시평균과 직류성분
7. 순시전력과 평균전력
8. 신호의 rms값
9. 자기상관함수와 상호상관함수
10. 단위 계단함수와 단위 임펄스함수
11. 정현파함수와 지수함수
12. 구형파
13. sinc함수와 샘플링함수
14. 복소수와 복소수 지수함수
15. Fourier 급수
16. Fourier 변환과 특성

2.1 신호의 분류

2.1.1 연속시간 신호와 이산시간 신호

[그림 2.1.1]과 같이 시간에 따라 연속적으로 변하는 신호를 연속시간 신호라 이야기 하며 [그림 2.1.2]와 같이 특정된 시간으로부터 일정한 시간간격으로 신호가 불연속적으로 진행되면 이산시간신호라고 부른다.

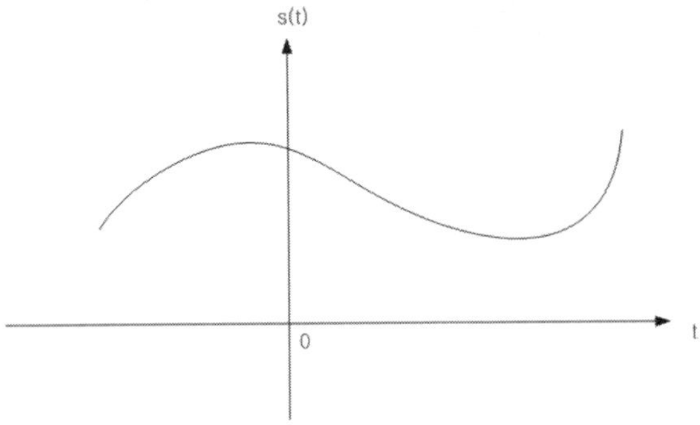

[그림 2.1.1] 연속시간 신호

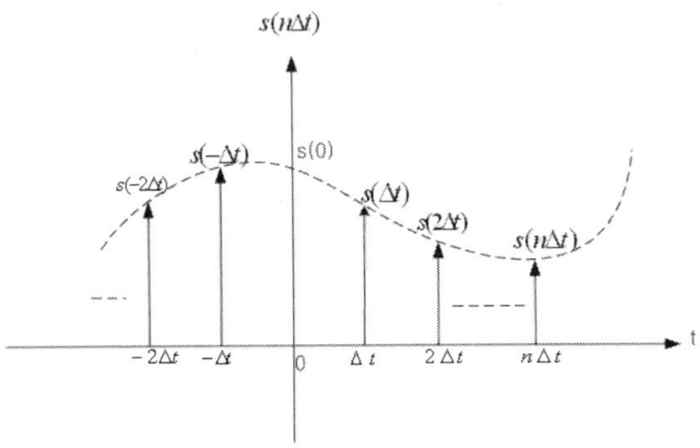

[그림 2.1.2] 이산시간 신호

2.1.2 아날로그신호와 디지털신호

디지털신호는 [그림 2.1.3]과 같은 아날로그신호를 일정한 시간으로 샘플링을 하여 양자화과정과 부호화과정을 거친 신호를 이야기하며 [그림 2.1.4]와 같은 디지털신호로부터 샘플 전 아날로그신호를 상상할 수 없다. 양자화와 부호화과정을 거치지 않은 대부분의 신호는 아날로그신호라고 부를 수 있으며 통상적으로 시간의 변화에 따른 신호의 변화 과정을 생각해 낼 수 있다.

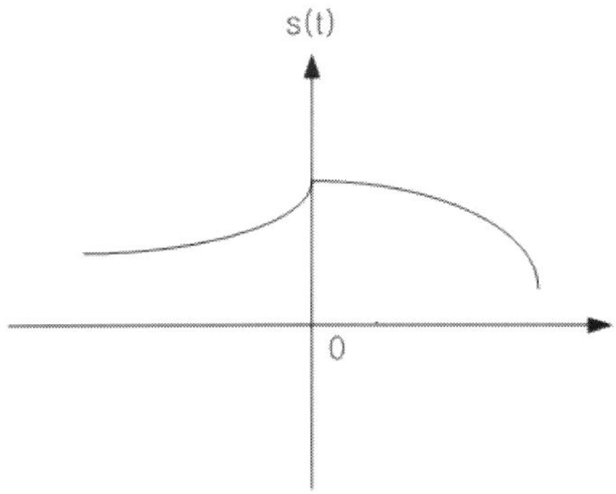

[그림 2.1.3] 아날로그신호

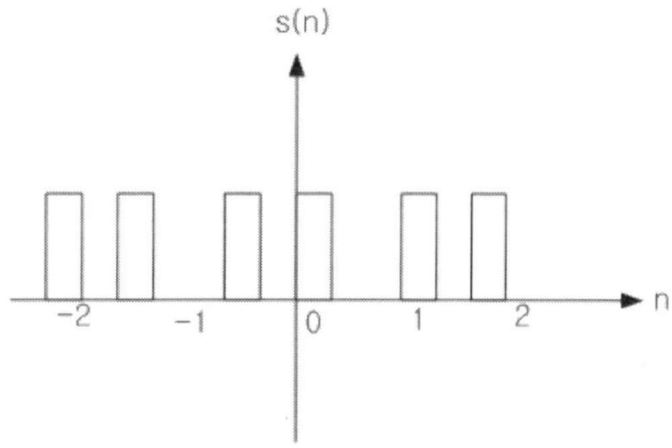

[그림 2.1.4] 디지털 신호

2.1.3 주기신호(periodic signal)와 비주기신호(aperiodic signal)

주기신호는 [그림 2.1.5]와 같이 일정한 시간간격으로 동일한 신호가 반복되어 진행되는 신호를 이야기하며 반드시 주기 T_0[s]를 갖는다. 이와 달리 [그림 2.1.6]과 같이 주기적으로 반복되지 않는 대부분의 신호를 비주기신호라 부른다.

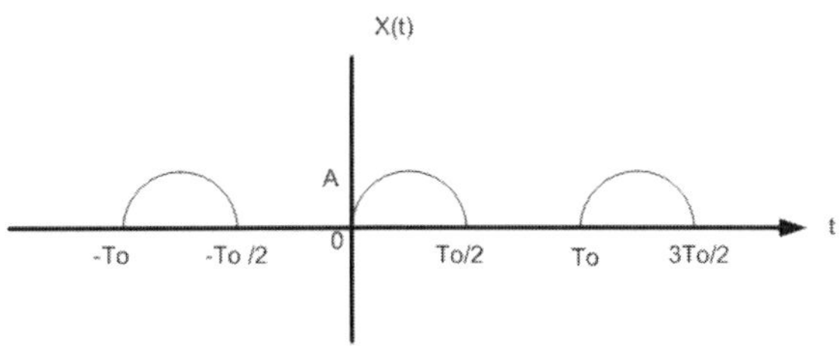

[그림 2.1.5] 주기 T_o인 주기신호

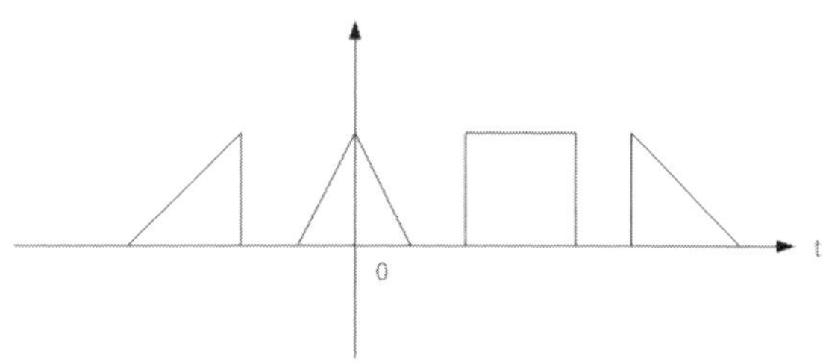

[그림 2.1.6] 비주기신호

2.1.4 에너지신호(energy signal)와 전력신호(power signal)

에너지신호와 전력신호를 이야기하기 전에 신호의 에너지와 전력의 정의에 대하여 알아보자. 신호 $x(t)$의 에너지 E는 다음과 같이 정의된다.

$$E = \int_{-\infty}^{\infty} |x(t)|^2 dt \tag{2.1.1}$$

여기서 에너지 E가 유한하면 신호 $x(t)$를 에너지 신호라 부른다. 한편 신호 $x(t)$의 전력 P는 다음과 같이 정의된다.

$$P = \lim_{T \to \infty} \frac{1}{2T} \int_{-T}^{T} |x(t)|^2 dt \tag{2.1.2}$$

여기서 T는 임의의 시간 구간이고 P가 유한하면 신호 $x(t)$를 전력신호라 부른다. 따라서 $P \to 0$, $0 < E < \infty$이면 에너지 신호 그리고 $E \to \infty$, $0 < P < \infty$이면 전력신호라 할 수 있다.

2.1.5 결정적신호(deterministic signal)와 랜덤신호(random signal)

시간의 변화에 따른 신호의 값을 정확하게 알아낼 수 있으면 결정적 신호라 하고 이와 달리 [그림 2.1.6]과 같이 시간의 변화에 따른 신호의 크기를 알 수 없을 때 랜덤신호라 부르며 확률적으로 신호를 유추하게 된다. 가장 잘 알려진 랜덤신호는 통신 채널에서 부가되는 잡음 성분이다.

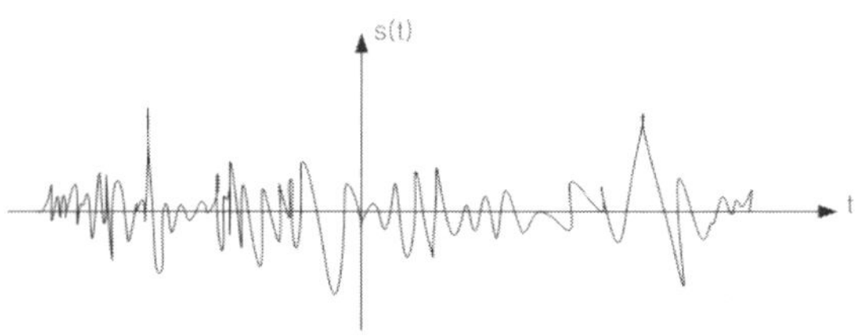

[그림 2.1.6] 랜덤신호

2.2 시간영역에서의 신호특성

2.2.1 시평균과 직류성분

신호 $x(t)$의 시평균 $< x(t) >$는 다음과 같이 정의된다.

$$< x(t) > = \lim_{T \to \infty} \frac{1}{T} \int_{-T/2}^{T/2} x(t) dt \tag{2.2.1}$$

신호 $x(t)$의 직류성분 $x_{DC}(t)$는 시평균 $< x(t) >$와 동일하게 정의한다.

2.2.2 순시전력과 평균전력

순시전력 $p(t)$는 회로에서 순시전압 $v(t)$와 순시전류 $i(t)$와의 곱으로 다음과 같이 정의된다.

$$\begin{aligned} p(t) &= v(t)i(t) = Ri(t)i(t) = Ri^2(t) \\ &= v(t)\frac{v(t)}{R} = \frac{v^2(t)}{R} \end{aligned} \tag{2.2.2}$$

여기서 R은 $v(t) = Ri(t)$ 관계를 갖는 저항을 의미하며 통신에서는 일반적으로 $R = 1[\Omega]$로 가정하여 정규화한 값으로 신호를 분석한다. 한편 평균전력 $< p(t) >$는 다음과 같이 정의된다.

$$< p(t) \geqq < v(t)i(t) \geqq < i^2(t) \geqq < v^2(t) > \tag{2.2.3}$$

2.2.3 신호의 rms 값

신호 $x(t)$의 rms(root mean square)값은 다음과 같이 정의된다.

$$x_{rms} = \sqrt{< x^2(t) >} \tag{2.2.4}$$

2.2.4 자기상관함수(autocorrelation function)

신호 $x(t)$의 자기상관함수 $R_{xx}(\tau)$는 다음과 같이 정의된다.

$$R_{xx}(\tau) = \int_{-\infty}^{\infty} x^*(t)x(t+\tau)dt \tag{2.2.5}$$

따라서 $0 \le R_{xx}(\tau) < \infty$인 관계를 가져야하기 때문에 $x(t)$는 에너지 신호가 되어야한다. 여기서 $x^*(t)$는 $x(t)$의 공액 함수다. 만약 $x(t)$가 전력신호가 되면 자기상관함수는 다음과 같이 정의된다.

$$R_{xx}(\tau) = \lim_{T \to \infty} \frac{1}{2T} \int_{-T}^{T} x^*(t)x(t+\tau)dt \tag{2.2.6}$$

여기서 T는 임의의 유한 신호의 시간구간이다.

2.2.5 상호상관함수(crosscorrelation function)

서로 다른 두 개의 신호 $x(t)$와 $y(t)$에 대한 상호상관함수 $R_{xy}(\tau)$는 다음과 같이 정의된다.

$$R_{xy}(\tau) = \lim_{T \to \infty} \frac{1}{2T} \int_{-T}^{T} x(t)y(t+\tau)dt \tag{2.2.7}$$

2.3 중요한 기본신호

2.3.1 단위 계단함수(unit step function)

단위 계단함수 $u(t)$는 다음과 같이 정의된다.

$$u(t) = \begin{cases} 1, & 0 < t \\ 0, & 0 > t \end{cases} \tag{2.3.1}$$

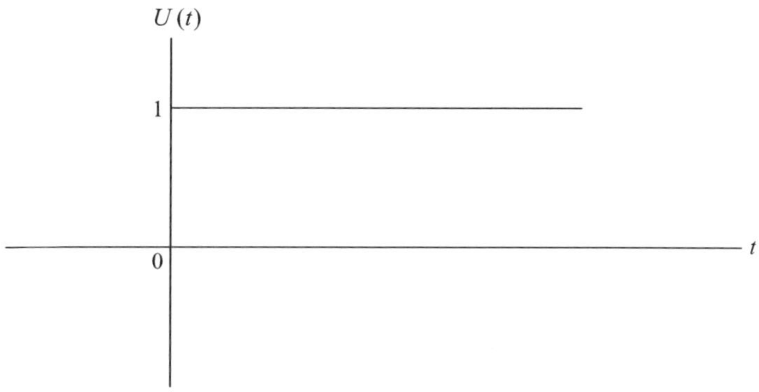

[그림 2.3.1] 단위 계단함수

2.3.2 단위 임펄스함수(unit impulse function)

단위 임펄스함수 $\delta(t)$는 다음과 같이 정의된다.

$$\int_{-\infty}^{\infty} \delta(t)dt = \begin{cases} 1, & t=0 \\ 0, & t \neq 0 \end{cases} \tag{2.3.2a}$$

즉 $t=0$을 제외한 시간영역에서는 단위 임펄스함수가 정의되지 않는다.

$$\delta(t) = \frac{du(t)}{dt} \tag{2.3.2b}$$

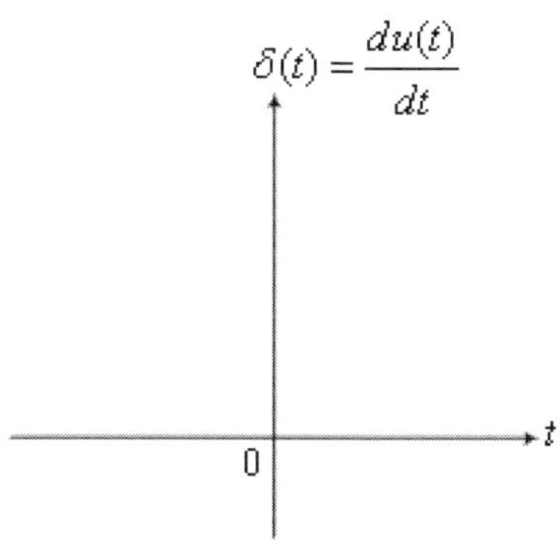

[그림 2.3.2] 단위 임펄스함수

2.3.3 정현파함수(sinusoidal function)

정현파함수 $x(t)$는 다음과 같이 정의된다.

$$x(t) = A\cos(\omega_0 t + \theta) \tag{2.3.3}$$

여기서 A는 신호의 진폭(amplitude) 그리고 θ는 초기위상(initial phase)다. ω_0 [radian/sec]는 각속도로서 주파수 f_0와 관련하여 $\omega_0 = 2\pi f_0$로 정의된다. 주기 $T_0 = \dfrac{1}{f_0}$ [sec]이다.

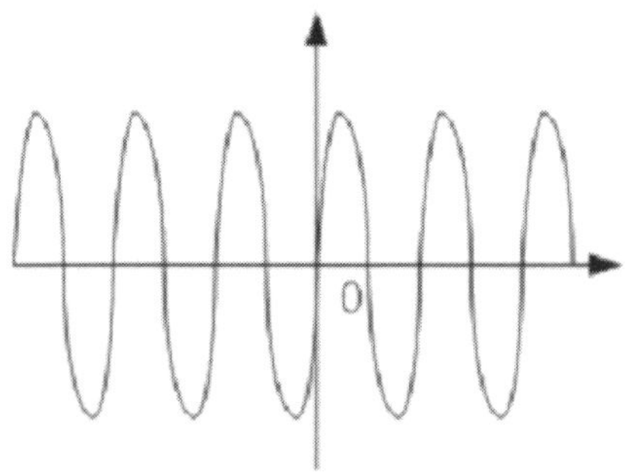

[그림 2.3.3] 정현파함수

2.3.4 지수함수(exponential function)

지수함수 $x(t)$는 다음과 같이 정의된다.

$$x(t) = Ae^{at} \tag{2.3.4}$$

여기서 A는 $t=0$에서 진폭상수 그리고 a가 실수 상수일때 $a>0$이면 시간의 변화에 따라 지수적으로 증가하고 $a<0$이면 시간에 따라 지수적으로 감소한다. a가 복소수일 경우는 다양한 특성을 갖는다.

2.3.5 구형파

구형파 $\Pi\left(\dfrac{t}{\tau}\right)$는 다음과 같이 정의된다.

$$A\Pi\left(\frac{t}{\tau}\right)=\begin{cases} A, & |t|<\frac{\tau}{2} \\ 0, & |t|>\frac{\tau}{2} \end{cases} \quad (2.3.5)$$

여기서 A는 구형파의 진폭 그리고 τ는 펄스폭을 의미한다.

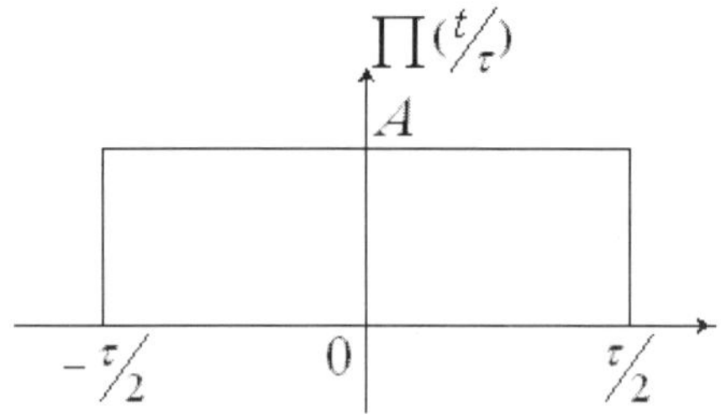

[그림 2.3.4] 구형파 $A\Pi\left(\frac{t}{\tau}\right)$

2.3.6 2sinc 함수와 샘플링함수

sinc함수 $\mathrm{sinc}(t)$는 다음과 같이 정의된다.

$$\mathrm{sinc}(t)=\frac{\sin(\pi t)}{\pi t} \quad (2.3.6a)$$

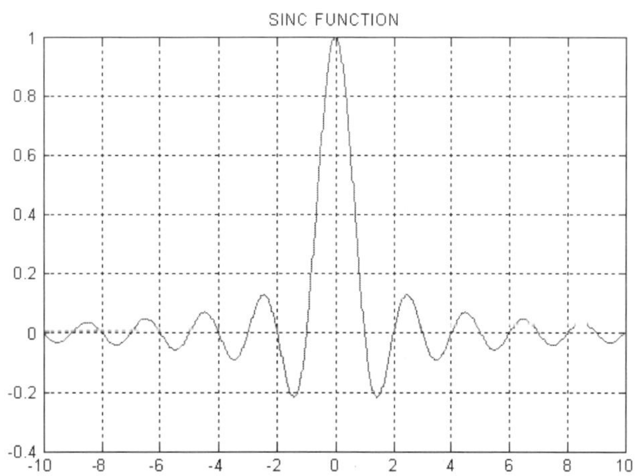

[그림 2.3.5] 함수 $\mathrm{sinc}(t)$

샘플링함수 $Sa(t)$는 다음과 같이 정의되는 함수다.

$$Sa(t) = \frac{\sin(t)}{t} \tag{2.3.6b}$$

따라서 샘플링함수는 sinc함수의 특별한 경우에 해당하며 특성 또한 유사하다.

2.4 주파수영역에서의 신호분석

2.4.1 복소수와 복소수 지수함수

복소수 $z(t)$는 다음과 같이 실수부 $x(t)$와 허수부 $y(t)$로 구분할 수 있다.

$$z(t) = x(t) + jy(t) = |z(t)| \angle \theta(t) \tag{2.4.1}$$

여기서 $j = \sqrt{-1}$로 허수, $|z(t)|$는 크기 그리고 $\theta(t)$는 복소평면에서의 위상각을 의미한다.

$$|z(t)| = \sqrt{x^2(t) + y^2(t)}, \quad x(t) = |z(t)|\cos\theta(t), \quad y(t) = |z(t)|$$

$\sin\theta(t)$ 그리고 $\theta(t) = \tan^{-1}\dfrac{y(t)}{x(t)}$로 표현할 수 있다.

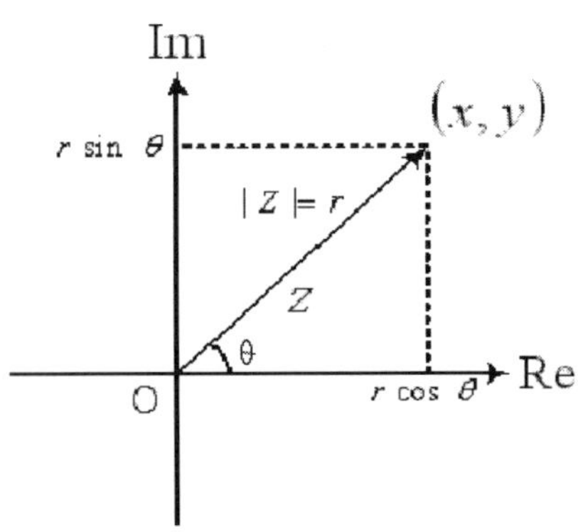

[그림 2.4.1] 복소수의 극형식

만약 $\theta(t)=\omega t+\phi$, $|z(t)|=A$로 가정하면 복소수를 다음 식 (2.4.2a)와 같이 표현할 수 있다.

$$z(t)=Ae^{j(\omega t+\phi)} \tag{2.4.2a}$$

Euler 정리를 이용하면

$$z(t)=A\cos(\omega t+\phi)+jA\sin(\omega t+\phi) \tag{2.4.2b}$$

여기서 $x(t)=A\cos(\omega t+\phi)$, $y(t)=A\sin(\omega t+\phi)$의 관계를 갖는다.

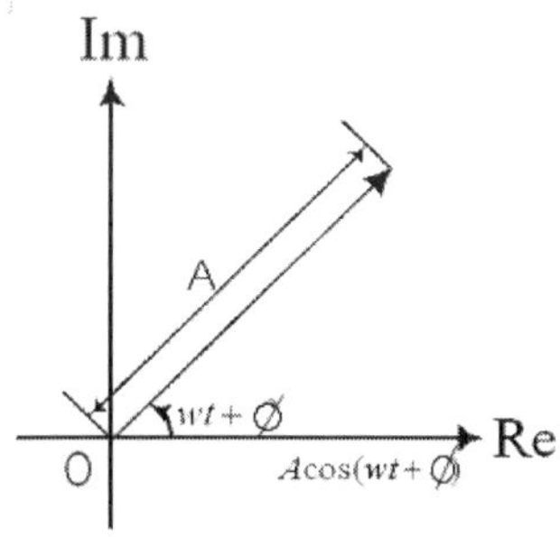

[그림 2.4.2] $z(t)=Ae^{j(\omega t+\phi)}$

2.4.2 푸리에 급수(Fourier series)

푸리에급수는 서로 직교하는 기저함수(basis function)을 이용하여 주기적인 신호 $x(t)=x(t+T)$를 급수로 다음과 같이 전개함으로서 이루어진다. T[sec]는 신호 $x(t)$가 반복되는 주기다.

$$x(t)=\sum_{n=-\infty}^{\infty} X_n \psi_n(t) \tag{2.4.3}$$

여기서 X_n은 푸리에계수(Fourier coefficient) 그리고 $\psi_n(t)$는 직교기저함수(orthogonal basis function)로서 다음과 같은 특성을 갖는다.

$$\int_{-\infty}^{\infty} \psi_n^*(t)\psi_m(t)dt=\begin{cases} c_n, & n=m \\ 0, & n\neq m \end{cases} \tag{2.4.4}$$

여기서 상수 $c_{n=1}$일 경우 $\psi_n(t)$는 직교정규기저함수(orthonormal basis function)라 부른다. 기저함수는 일반적으로 알려진 함수를 이용하며 푸리에계수(Fourier coefficient) X_n을 구하면 $x(t)$의 푸리에급수가 완성된다. 식 (2.4.3)의 양변에 $\psi_m^*(t)$를 곱하고 적분하면

$$\int_{-\infty}^{\infty} x(t)\psi_m^*(t)dt = \sum_{n=-\infty}^{\infty} X_n \int_{-\infty}^{\infty} \psi_n(t)\psi_m^*(t)dt$$

우측식의 적분은 식 (2.4.4)로부터 $n=m$일 경우만 값을 가지므로

$$\int_{-\infty}^{\infty} x(t)\psi_n^*(t)dt = c_n X_n$$

$$X_n = \frac{1}{c_n}\int_{-\infty}^{\infty} x(t)\psi_n^*(t)dt = \frac{1}{c_n}\int_{-T/2}^{T/2} x(t)\psi_n^*(t)dt \tag{2.4.5}$$

여기서 $x(t)$는 주기 T를 갖는 주기함수임을 이용하였다.

2.4.2.1 복소지수형 푸리에 급수

기저함수 $\psi_n(t)$가 복소지수함수 $\psi_n(t)=e^{jn\omega_0 t}$인 복소지수형 푸리에 급수는 다음과 같이 정의된다.

$$x(t) = \sum_{n=-\infty}^{\infty} X_n \psi_n(t) = \sum_{n=-\infty}^{\infty} X_n e^{jn\omega_0 t} \tag{2.4.6}$$

식 (2.4.6)의 양변에 $\psi_m^*(t) = e^{-jm\omega_0 t}$를 곱하면

$$\int_{-T/2}^{T/2} x(t)e^{-jm\omega_0 t}dt = \sum_{n=-\infty}^{\infty} X_n \int_{-T/2}^{T/2} e^{-jm\omega_0 t}e^{jn\omega_0 t}dt$$

$$= X_n T$$

여기서

$$\int_{-T/2}^{T/2} e^{-jm\omega_0 t} e^{jn\omega_0 t} dt = \begin{cases} T, & m=n \\ 0, & m \neq n \end{cases}$$

인 관계를 이용하였으며 푸리에계수를 다음과 같이 얻을 수 있다.

$$X_n = \frac{1}{T}\int_{-T/2}^{T/2} x(t) e^{-jn\omega_0 t} dt \qquad (2.4.7)$$

2.4.2.2 삼각함수형 푸리에 급수

삼각함수형 푸리에 급수는 복소지수형 푸리에 급수로부터 쉽게 구할 수 있다.

$$\begin{aligned} x(t) &= \sum_{n=-\infty}^{\infty} X_n e^{jn\omega_0 t} \\ &= \cdots + X_{-n} e^{-j(-n)\omega_0 t} + \cdots + X_{-2} e^{-j(-2)\omega_0 t} + X_{-1} e^{-j(-1)\omega_0 t} + X_0 e^0 \\ &\quad \cdots + X_n e^{-j(n)\omega_0 t} + \cdots + X_2 e^{-j(2)\omega_0 t} + X_1 e^{-j(1)\omega_0 t} \\ &= \cdots + (X_{-n} + X_n)\cos n\omega_0 t + \cdots + (X_{-2} + X_2)\cos 2\omega_0 t + (X_{-1} + X_1)\cos \omega_0 t + X_0 \\ &\quad - j(X_{-n} - X_n)\sin n\omega_0 t - \cdots - j(X_{-2} - X_2)\sin 2\omega_0 t - j(X_{-1} - X_1)\sin \omega_0 t \end{aligned}$$

$$x(t) = X_0 + \sum_{n=1}^{\infty} [a_n \cos n\omega_0 t + b_n \sin n\omega_0 t] \qquad (2.4.8a)$$

여기서 식 (2.4.7)로 부터 $n=0$으로 놓으면

$$X_0 = \frac{1}{T}\int_{-T/2}^{T/2} x(t) dt \qquad (2.4.8b)$$

$$\begin{aligned} a_n = X_{-n} + X_n &= \frac{1}{T}\int_{-T/2}^{T/2} x(t)(e^{jn\omega_0 t} + e^{-jn\omega_0 t}) dt \\ &= \frac{2}{T}\int_{-T/2}^{T/2} x(t) \cos n\omega_0 t dt \end{aligned} \qquad (2.4.8c)$$

$$b_n = -j(X_{-n} - X_n) = -\frac{j}{T}\int_{-T/2}^{T/2} x(t)(e^{jn\omega_0 t} - e^{-jn\omega_0 t})dt$$
$$= \frac{2}{T}\int_{-T/2}^{T/2} x(t)\sin n\omega_0 t dt \quad (2.4.8d)$$

2.4.3 푸리에 변환(Fourier transform)

푸리에변환은 비주기적인 신호를 주파수영역에서 분석하기 위하여 이용하며 푸리에 계수 X_n으로부터 유도가 가능하다.

$$X_n = \frac{1}{T}\int_{-T/2}^{T/2} x(t)e^{-jn\omega_0 t}dt \quad (2.4.7)$$

위 식에서 $T\to\infty$로 확장하면 $n\omega_0 \to \omega = 2\pi f$, $TX_n \to X(f)$로 되며 신호 $x(t)$의 푸리에 변환 $X(f)$는 다음 식(2.4.9)와 같이 정의된다.

$$X(f) = \int_{-\infty}^{\infty} x(t)e^{-j2\pi ft}dt \quad (2.4.9)$$

비슷한 이론에 의하여 $\sum_{n=-\infty}^{\infty} \to \int_{-\infty}^{\infty}$, $X_n \to \frac{X(f)}{T} \to X(f)df$를 이용하면

$$x(t) = \sum_{n=-\infty}^{\infty} X_n e^{jn\omega_0 t}$$

로부터 푸리에 역변환은 다음 식 (2.4.10)과 같이 정의된다.

$$x(t) = \int_{-\infty}^{\infty} X(f)e^{j2\pi ft}df \quad (2.4.10)$$

2.4.4 푸리에 변환특성

푸리에 변환은 다음과 같은 중요한 특성을 갖고 있다.

(1) 선형성

$$ax(t)+by(t)\leftrightarrow aX(f)+bY(f) \tag{2.4.11}$$

증명

적분의 선형성으로부터 간단히 얻을 수 있다.

(2) 시간천이

시간영역에서의 천이는 주파수영역에서 위상의 변화를 초래한다.

$$x(t-t_0)\leftrightarrow e^{-j2\pi ft_0}X(f) \tag{2.4.12}$$

증명

$$\int_{-\infty}^{\infty} x(t-t_0)e^{j2\pi ft}dt$$

$$(\tau=t-t_0,\quad d\tau=dt,\quad t=\tau+t_0)$$

$$=\int_{-\infty}^{\infty} x(\tau)e^{-j2\pi f(\tau+t_0)}d\tau=e^{-j2\pi ft_0}\int_{-\infty}^{\infty} x(\tau)e^{-j2\pi f\tau}d\tau$$

$$=e^{-j2\pi ft_0}X(f)$$

(3) 주파수천이

주파수 영역에서의 천이는 시간영역에서 위상의 변화를 초래한다.

$$e^{j2\pi f_0 t}x(t)\ \leftrightarrow X(f-f_0) \tag{2.4.13}$$

증명

$$\int_{-\infty}^{\infty}[x(t)e^{j2\pi f_0 t}]e^{-j2\pi ft}dt=\int_{-\infty}^{\infty}x(t)e^{-j2\pi(f-f_0)t}dt=X(f-f_0)$$

(4) 미분함수

$$\frac{dx(t)}{dt} \leftrightarrow (j2\pi f)X(f) \tag{2.4.14}$$

증명

$$\int_{-\infty}^{\infty}[\frac{dx(t)}{dt}]e^{-j2\pi ft}dt$$

$$\begin{cases} u = e^{-j2\pi ft} \\ dv = dx(t) \end{cases}, \quad du = (-j2\pi f)e^{-j2\pi ft}, v = x(t)$$

$$= x(t)e^{-j2\pi ft}|_{-\infty}^{\infty} - (-j2\pi f)\int_{-\infty}^{\infty} x(t)e^{-j2\pi ft}dt = (j2\pi f)X(f)$$

(5) 적분함수

$$\int_{-\infty}^{t} x(\tau)d\tau \leftrightarrow \frac{1}{j2\pi f}X(f) + \frac{1}{2}X(0)\delta(f) \tag{2.4.15}$$

증명

숙제로 남김

(6) 쌍대성

$$X(t) \leftrightarrow x(-f) \tag{2.4.16}$$

증명

$$x(t) = \int_{-\infty}^{\infty} X(f)e^{j2\pi ft}df, x(-f) = \int_{-\infty}^{\infty} X(t)e^{-j2\pi ft}dt,$$

$$X(t) \leftrightarrow x(-f)$$

$$X(f) = \int_{-\infty}^{\infty} x(t)e^{-j2\pi ft}dt$$

$$\mathrm{X(t)} = \int_{-\infty}^{\infty} x(f)e^{-j2\pi ft}df = \int_{-\infty}^{\infty} x(-f)e^{j2\pi(-f)t}df, \ \ x(-f) \leftrightarrow X(t)$$

(7) 컨벌루션

시간영역에서 두 함수의 컨벌루션은 주파수영역에서 두 함수의 푸리에변환의 곱이다. 역으로 주파수영역에서 두 함수의 푸리에변환의 컨벌루션은 시간영역에서 두 함수의 곱이다.

$$x(t)*h(t)=\int_{-\infty}^{\infty}x(\tau)h(t-\tau)d\tau \leftrightarrow X(f)H(f) \tag{2.4.17a}$$

$$x(t)h(t) \leftrightarrow X(f)*H(f) \tag{2.4.17b}$$

증명

식 (2.4.17a)의 증명

$$F[x(t)*h(t)]=\int_{-\infty}^{\infty}\left\{\int_{-\infty}^{\infty}x(\tau)h(t-\tau)d\tau\right\}e^{-j2\pi ft}dt$$

$$(l=t-\tau,\ \ t=l+\tau,\ \ dl=dt)$$

$$F[x(t)*h(t)]=\int_{-\infty}^{\infty}\left\{\int_{-\infty}^{\infty}x(\tau)h(l)d\tau\right\}e^{-j2\pi f(l+\tau)}dl$$

$$=\int_{-\infty}^{\infty}x(\tau)e^{-j2\pi f\tau}d\tau\left\{\int_{-\infty}^{\infty}h(l)e^{-j2\pi fl}dl\right\}$$

$$=X(f)H(f)$$

식 (2.4.17b)의 증명

$$F^{-1}[X(f)*H(f)]=\int_{-\infty}^{\infty}\left\{\int_{-\infty}^{\infty}X(u)H(f-u)du\right\}e^{j2\pi ft}df$$

$$(l=f-u,\ \ dl=df,\ \ f=l+u)$$

$$F^{-1}[X(f)*H(f)]\int_{-\infty}^{\infty}\left\{\int_{-\infty}^{\infty}X(u)H(l)du\right\}e^{j2\pi(l+u)t}dl$$

$$=\int_{-\infty}^{\infty}X(u)e^{j2\pi ut}du\left\{\int_{-\infty}^{\infty}h(l)e^{j2\pi lt}dt\right\}=x(t)h(t)$$

(8) 변조정리

시간 영역에서 신호 $x(t)$와 정현파와의 곱은 주파수영역에서 신호 $x(t)$의 푸리에변환을 정현파주파수만큼 좌측과 우측으로 이동 시킨다.

$$x(t)\cos 2\pi f_0 t \leftrightarrow \frac{1}{2}X(f+f_0)+\frac{1}{2}X(f-f_0) \tag{2.4.18}$$

증명

$x(t)\leftrightarrow X(f)$

주파수천이 정리로부터

$\cos(2\pi f_0 t)=\frac{1}{2}e^{j2\pi f_0 t}+\frac{1}{2}e^{-j2\pi f_0 t}\leftrightarrow \frac{1}{2}\delta(f-f_0)+\frac{1}{2}\delta(f+f_0)$

컨벌루션 정리로부터

$x(t)\cos 2\pi f_0 t = X(f)*\left[\frac{1}{2}\delta(f-f_0)+\frac{1}{2}\delta(f+f_0)\right]=\frac{1}{2}X(f-f_0)+\frac{1}{2}X(f+f_0)$

2.5 푸리에변환의 디지털연산

2.5.1 MATLAB과 Fourier 변환

MATLAB에서 이용하는 FFT(Fast Fourier Transform)는 다음과 같이 정의된다.

$$F(k)=FFT[f(n)]=\sum_{n=0}^{N-1} f(n)e^{-j2\pi nk/N}, k=0,1,\dots\dots,N-1$$

MATLAB은 $n,k=0$를 포함할 수 없기 때문에 1씩 쉬프트 한다.

$$F(k)=FFT[f(n)]=\sum_{n=1}^{N} f(n)e^{-j2\pi(n-1)(k-1)/N}, k=1,2,\dots\dots,N$$

MATLAB에서 가장 많이 사용하는 내장함수 $fft(x)$는 벡터 x의 DFT(Discrete Fourier Transform)이다. 만약 벡터 x의 길이가 2의 누승이면 2를 기저로 하는 FFT알고리즘이 이용된다. 행렬에 대해서는 FFT의 연산이 각 열 벡터에 적용된다. $fft(x,\ N)$은 N-포인트 FFT이며 만약 x의 길이가 N보다 작으면 0을 삽입하고 크면 큰 부분은 잘라버린다. 길이 N의 입력벡터 x에 대하여 DFT는 N개의 원소 $X(k)$를 갖는 길이 N인 벡터 X가 된다.

$$X(k) = \sum_{n=1}^{N} x(n)^* \exp(-j^* 2^* \pi^* (k-1)^* (n-1)/N), 1 \leqq k \leqq N.$$

$ifft(X,N)$은 역 DFT로 다음과 같이 정의된다.

$$x(n) = (1/N) \sum_{k=1}^{N} X(k)^* \exp(j^* 2^* \pi^* (k-1)^* (n-1)/N), 1 \leqq n \leqq N.$$

그리고

$$x(n) = a0 + \sum_{k=1}^{N/2} a(k)^* \cos(2^* \pi^* k^* t(n)/(N^* dt)) + b(k)^* \sin(2^* \pi^* k^* t(n)/(N^* dt))$$

에서 DFT와 Fourier 계수 a, b와의 관계는

$$a0 = X(1)/N,$$

$$a(k) = 2^* real(X(k+1))/N, b(k) = -2^* imag(X(k+1))/N,$$

이며 여기서 x는 시간 t 영역에서 dt의 간격으로 샘플된 길이 N인 이산신호다.

2장 Matlab Simulink 예제

예제 2-1

Matlab을 이용하여 시간과 주파수 영역에서의 신호를 분석하고 해석하기 위해 진폭이 1인 5[Hz]인 코사인함수와 진폭이 0.5인 30[Hz]인 코사인 함수를 더해서 차단 주파수가 10[Hz]인 저역 통과 여파기를 통과했을 때 각 부분에서의 시간함수와 스펙트럼을 구하는 Matlab Simulink 프로그램을 작성하시오.

필요한 Simulink Library Block

Simulink Library Browser에서 다음과 같은 Simulink Library Block을 준비한다.

1. Simulink ▶ Sources ▶ Sine Wave
2. Simulink ▶ Math Operations ▶ Add
3. Signal Processing Blockset ▶ Filtering ▶ Filter Implementations ▶ Analog Filter Design
4. Simulink ▶ Signal Attributes ▶ Rate Transition
5. Simulink ▶ Sinks ▶ Scope
6. Signal Processing Blockset ▶ Signal Processing Sinks ▶ Spectrum Scope

풀이 2-1

1. Matlab Simulink를 실행 후 다음과 같은 블록도를 만든다.

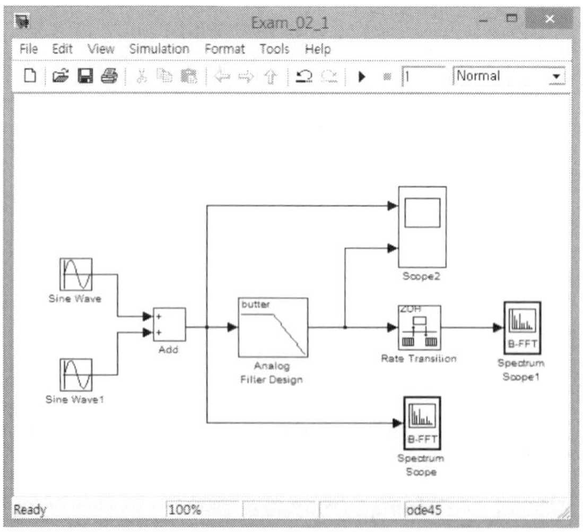

[예제 그림 2.1]

여기서

Scope의 입력을 2개로 만들기 위해서는 Scope를 더블 클릭하여 다음 그림과 같은 Scope속성에서 Number of axes를 2개로 입력하면 된다.

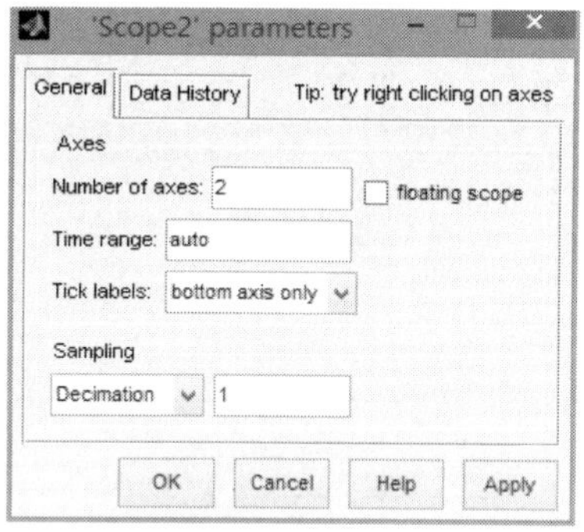

[예제 그림 2.2]

2 sine wave $=1\cos(2\pi 5t)$, sine wave1 = $0.5\cos(2\pi 30t)$로 만들기 위해 Simulink Library Browser ▶ Simulink ▶ Sources ▶ Sine Wave 와 Sine Wave1의 속성을 다음과 같이 입력한다.

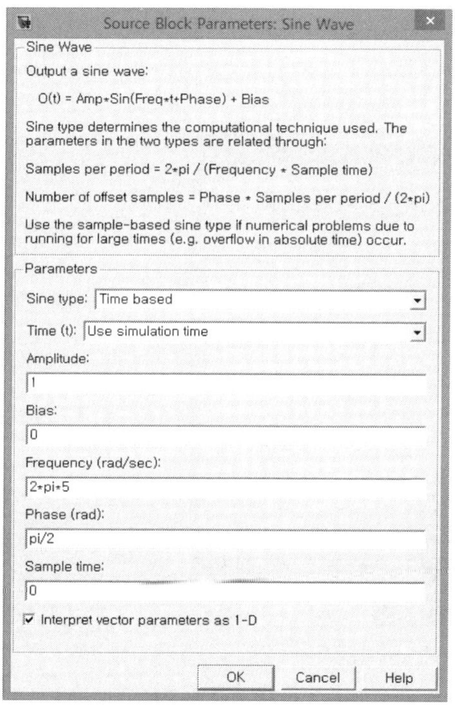

[예제 그림 2.3]

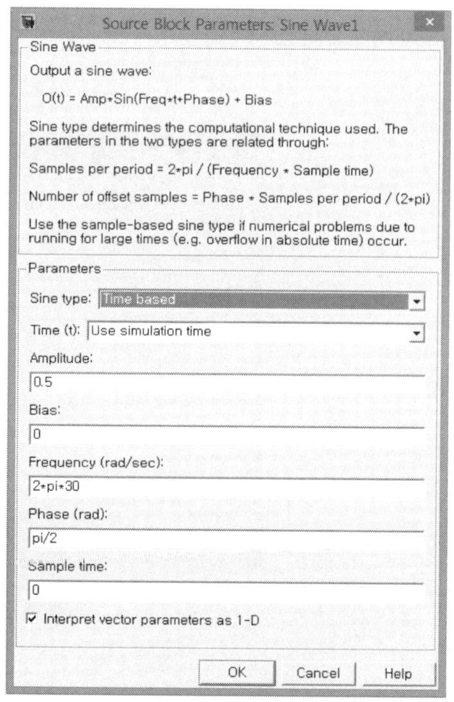

[예제 그림 2.4]

3 두 함수를 더하기 위해 Simulink ▶ Math Operations ▶ Add를 삽입하고 이것의 속성을 다음과 같이 입력한다.

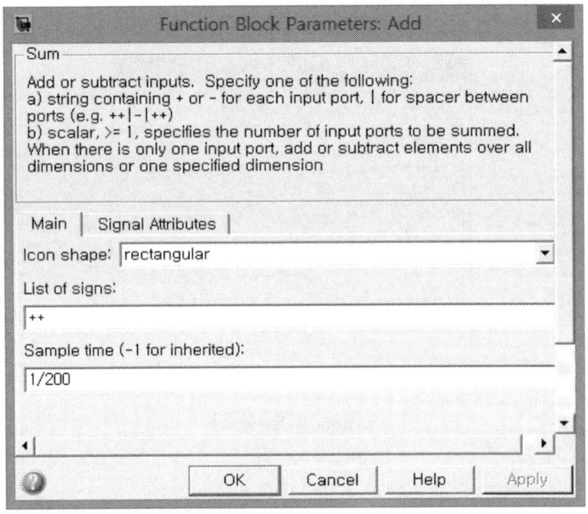

[예제 그림 2.5]

4 차단 주파수가 10[Hz]인 저역 통과 여파기를 넣기 위해 Signal Processing Blockset ▶ Filtering ▶ Filter Implementations ▶ Analog Filter Design를 넣고 이것의 속성은

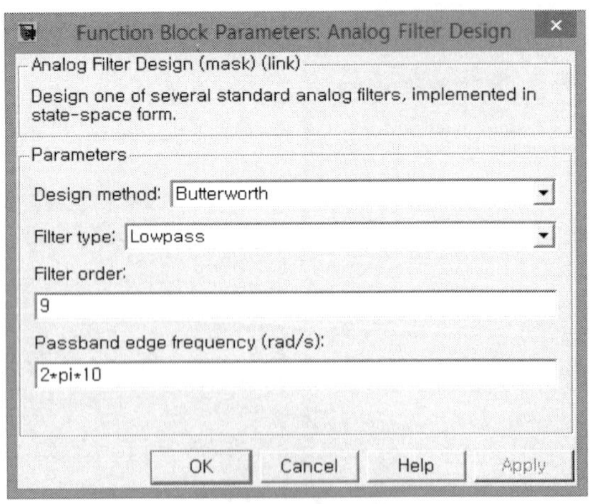

[예제 그림 2.6]

5 저역통과여파기의 출력과 Spectrum Scope1의 동작 속도를 맞추기 위해 Simulink ▶ Signal Attributes ▶ Rate Transition를 삽입하고 이것의 속성은

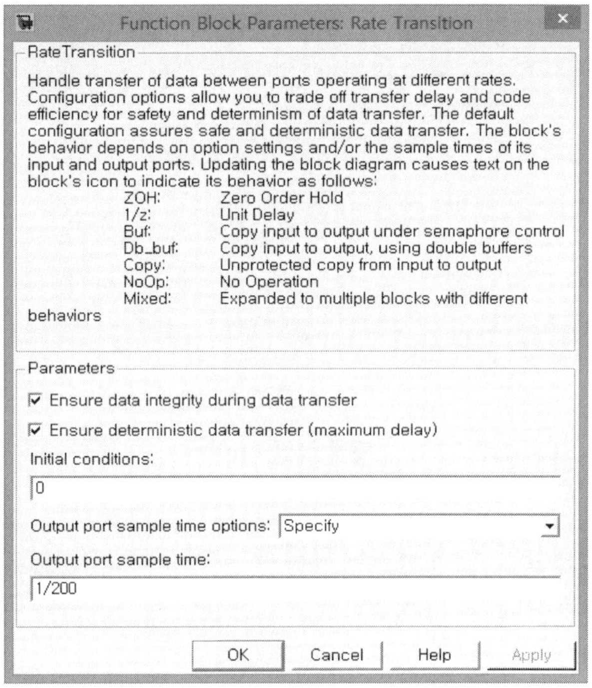

[예제 그림 2.7]

6 Signal Processing Blockset ▶ Signal Processing Sinks ▶ Spectrum Scope와 Spectrum Scope1의 속성은

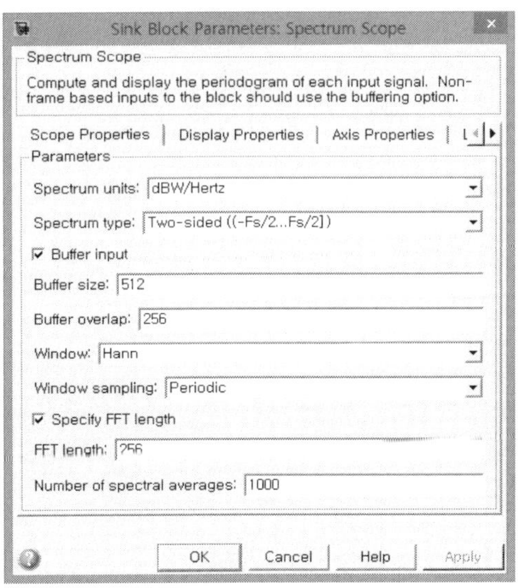

[예제 그림 2.8]

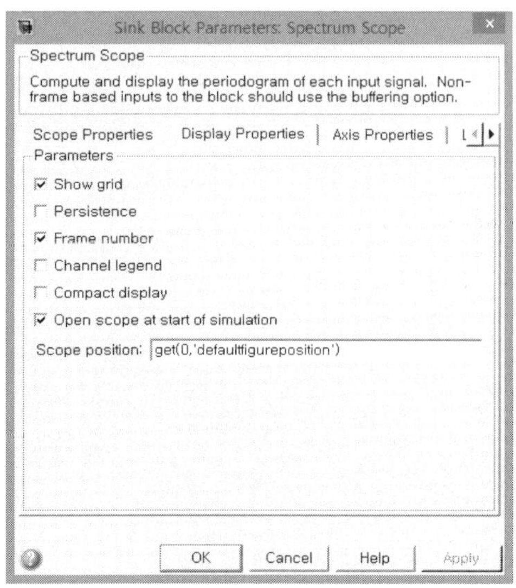

[예제 그림 2.9]

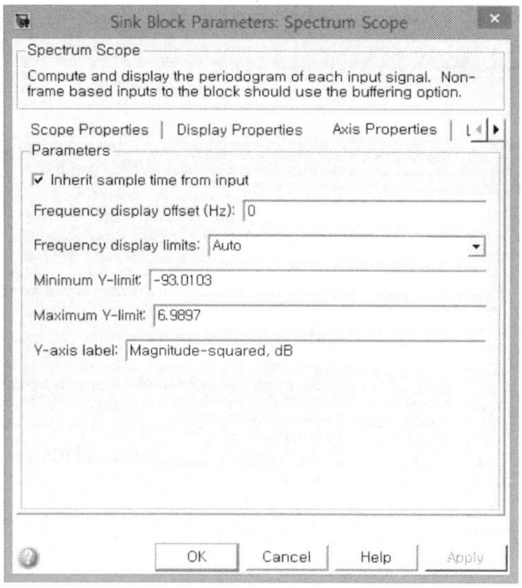

[예제 그림 2.10]

7 시뮬레이션을 수행하기 위해 다음 그림과 같이 Simulation 시간을 1로 입력하고 Start Simulation 버튼을 누른 후

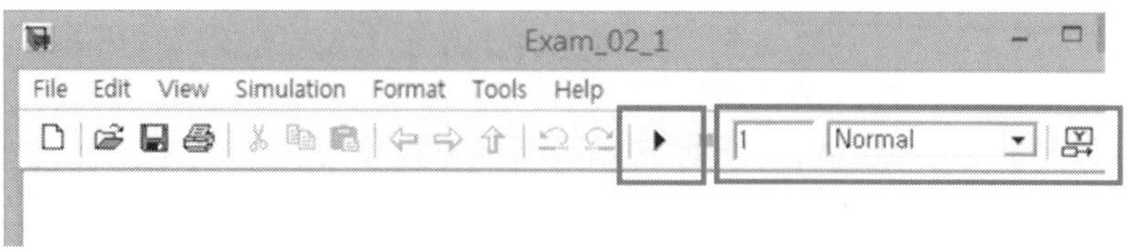

[예제 그림 2.11]

8 결과를 보기 위해 블록도의 Scope를 클릭하면 다음 그림과 같은 결과를 얻는다.

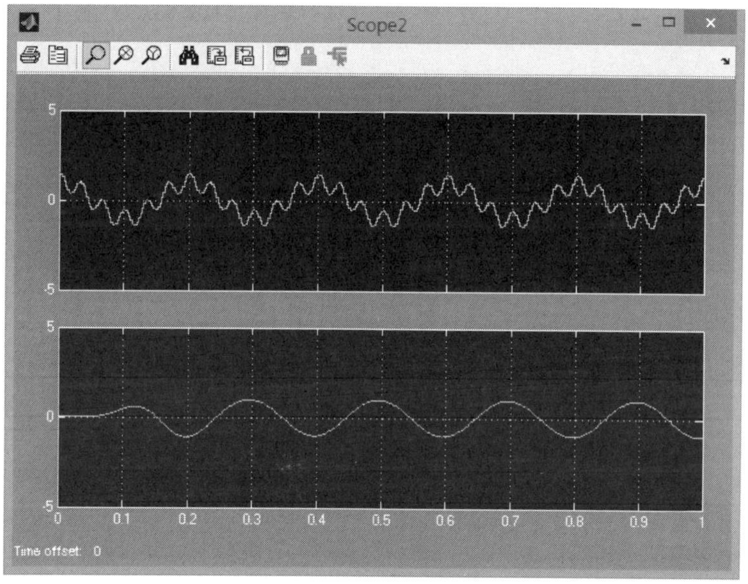

[예제 그림 2.12]

여기서 위화면 결과는 $1\cos(2\pi 5t)+0.5\cos(2\pi 30t)$의 화면이고 아래 결과는 차단 주파수가 10[Hz]인 저역 통과 여파기를 통과하여 $0.5\cos(2\pi 30t)$는 제거 되고 $1\cos(2\pi 5t)$만 나온 결과이다.

9 스펙트럼 파형을 보기 위해 다음 그림과 같이 Simulation 시간을 1000으로 입력하고 Start Simulation 버튼을 누르면

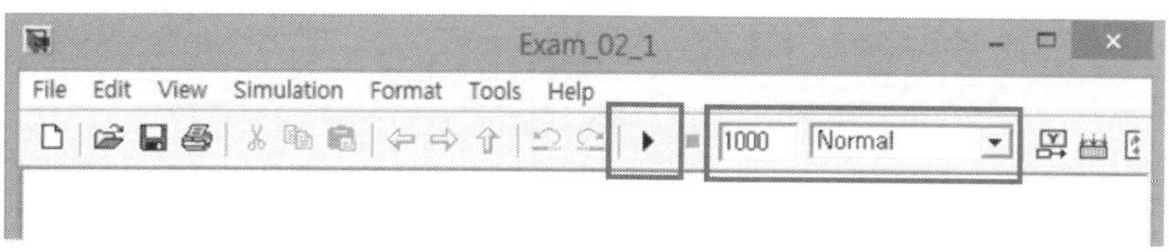

[예제 그림 2.13]

10 다음과 같이 Spectrum Scope는 5[Hz]와 10[Hz]의 스펙트럼이 나오고 Spectrum Scope1은 저역통과여파기의 5[Hz] 차단주파수 영향 때문에 5[Hz]의 스펙트럼만 나오게 된다.

역시 마찬가지로 왼쪽 화면 결과는 $1\cos(2\pi 5t) + 0.5\cos(2\pi 30t)$의 스펙트럼 화면이고 왼쪽 화면 결과는 차단 주파수가 10[Hz]인 저역 통과 여파기를 통과하여 $0.5\cos(2\pi 30t)$는 제거 되고 $1\cos(2\pi 5t)$만 나온 스펙트럼 결과이다.

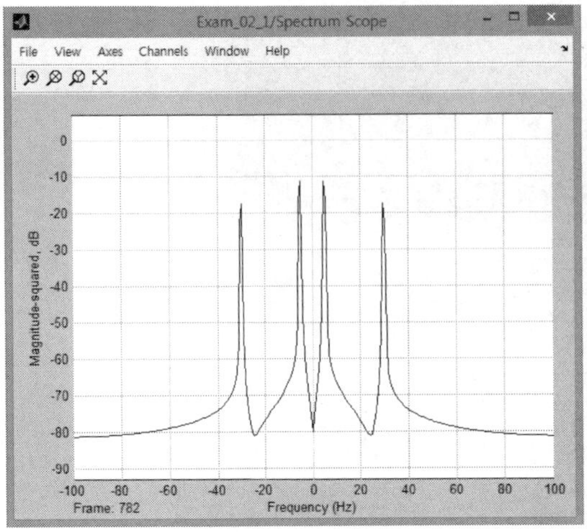

[예제 그림 2.14]

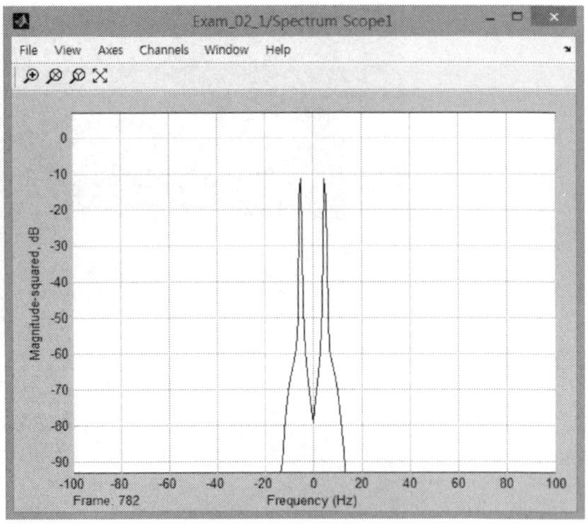

[예제 그림 2.15]

연습문제

2.1 주기적인 신호 $x(t)=2\sin(200\pi t)$가 에너지신호인지 전력신호인지의 여부를 판단하시오.

2.2 신호 $x(t)=3e^{-2|t|}$의 자기상관함수를 구하시오.

2.3 다음 [그림 1]과 같은 신호의 주파수 영역에서의 특성을 구하시오.

$s(t)=\frac{1}{T}(\frac{T}{2}-|t|),\ |t|\le\frac{T}{2}.$

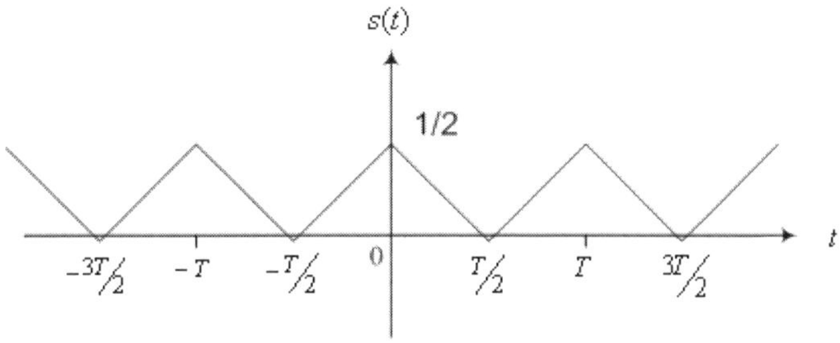

[그림 1] 주기적인 삼각파

2.4 다음 식과 같은 신호를 그림으로 표현하고 주파수영역에서의 특성을 구하시오.

$s(t)=2\Pi(\frac{t-3}{4})$

2.5 신호 $x_1(t)=2\mathrm{sinc}(2t)$와 $x_2(t)=\cos\pi t$의 컨벌루션을 구하시오.

2.6 다음 신호의 주파수 특성을 분석하시오.

(a) $e^{-3t},\ 0<t<2$

(b) $e^{-3(t-1)},\ 1<t<3$

(c) $3\Pi(\frac{t}{4})$

(d) $3\Pi(\frac{t-1}{4})$

(e) $2\Pi(\frac{t}{2})\cos(2000\pi t)$

(f) $x(t)=t,\ |t|<1,\ \frac{dx(t)}{dt}+x(t)+3$

(g) $x(t)=t,\ 0<t<1,\ \int x(t)dt$

2.7 다음 주파수 영역에서의 신호를 시간영역에서의 신호로 표현하시오.

(a) $\frac{1}{2}\delta(f-3)$

(b) $\frac{1}{2}\delta(f-3)+\frac{1}{2}\delta(f+3)$

(c) $6\mathrm{sinc}(10f)$

(d) $4\Pi(\frac{f}{4})$

(e) 3

(f) $\frac{3}{3+j2\pi f}$

(g) e^{-3f}

(h) $3e^{-j3\pi}$

2.8 다음 신호들의 대략적인 주파수대역폭을 비교하시오.

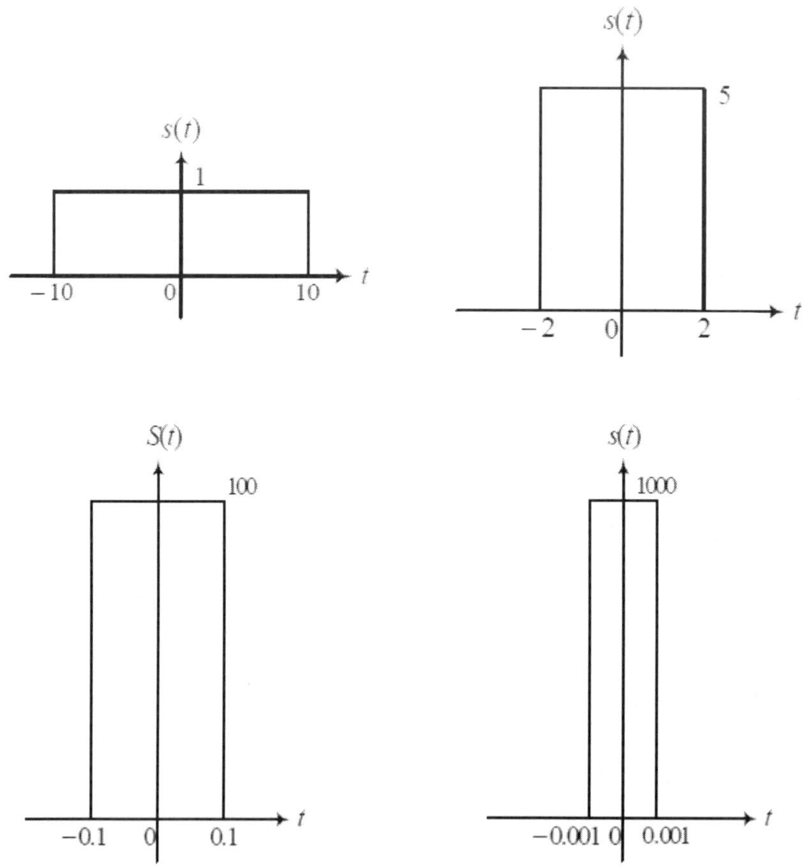

셀프평가

1. 나는 에너지신호와 전력신호에 대하여 이해하였다(예, 아니오).

2. 나는 자기상관함수와 상호상관함수의 물리적인 의미를 이해하였다(예, 아니오).

3. 나는 델타함수와 sinc함수의 특성을 완전히 이해하였다(예, 아니요).

4. 나는 푸리에 급수와 변환의 물리적인 의미를 완전히 이해하였다(예, 아니오).

5. 나는 변조정리를 완전히 이해하였다(예, 아니오).

6. 나는 연습문제를 스스로 해결하였다(예, 아니요).

** '**아니오**'가 발견되면 본문을 복습하여 '**예**'로 바꿀 수 있는 능력을 기르십시오.

Chapter 03

선형시스템

공부할 내용

1. 선형 시불변 시스템
2. 시스템의 전달함수
3. 컨벌루션
4. 채널에서의 왜곡
5. 무왜곡 전송시스템
6. 진폭왜곡과 위상왜곡
7. 비선형왜곡
8. 이상적인 필터(LPF, HPF, BPF)
9. 실현가능한 필터

3.1 선형시스템

우리가 취급하는 대부분의 시스템은 시불변 시스템으로서 중첩의 원리가 적용되는 시불변 선형시스템으로서 다음과 같은 특성을 갖는다.

3.1.1 시불변 시스템

[그림 3.1.1]과 같이 시불변시스템은 시스템의 입력에 지연된 신호 $x(t-t_0)$가 들어가면 출력에서도 동일한 시간 t_0만큼 지연된 출력 $y(t-t_0)$가 발생하는 시스템이다.

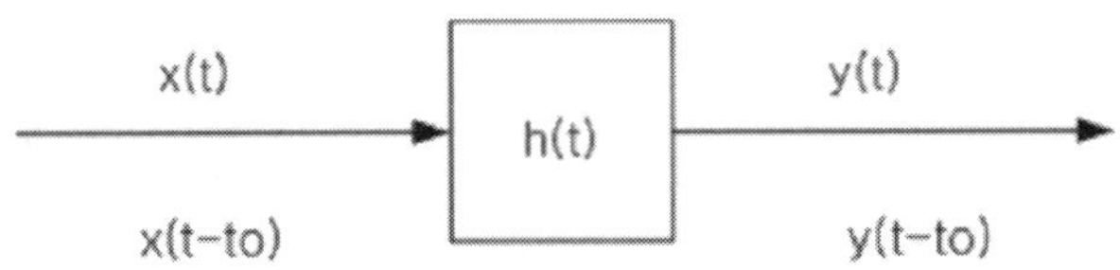

[그림 3.1.1] 시불변 시스템

3.1.2 선형시스템

선형시스템은 충첩의 원리가 적용되는 시스템이다. [그림 3.1.2]과 같이 입력 $x_1(t)$가 입력되었을 때 출력 $y_1(t)$가 발생되고 그리고 $x_2(t)$가 입력되었을 때 출력 $y_2(t)$가 발생되면 입력에 다시 입력측에 $x=\alpha x_1(t)+\beta x_2(2)$, 여기서 α, β는 임의의 상수, 출력측에 $y=\alpha y_1(t)+\beta y_2(t)$가 발생되는 시스템이다.

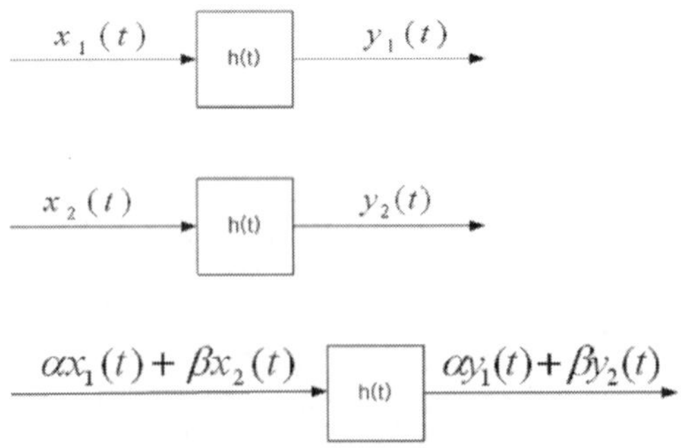

[그림 3.1.2] 선형시스템

예로서 [그림 3.1.3]과 같이 저항 R에 전류 $I_1(t)$를 입력하면 출력전압 $V_1(t)=RI_1(t)$가 되고 전류 $I_2(t)$를 입력하면 출력전압 $V_2(t)=RI_2(t)$가 된다. 따라서 입력에 전류 $I(t)=\alpha I_1(t)+\beta I_2(t)$를 보내면 출력 $V(t)=\alpha RI_1(t)+\beta RI_2(t)=\alpha V_1(t)+\beta V_2(t)$가 되어 저항 R로 구성된 시스템은 선형시스템이다.

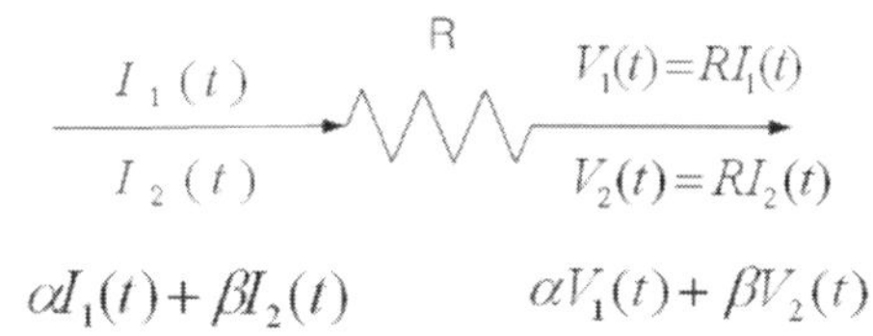

[그림 3.1.3] 저항회로 선형시스템

3.2 시스템의 전달함수

시불변 선형시스템의 입력에 임펄스함수 $\delta(t)$를 넣었을 때 출력 $h(t)$를 임펄스응답이라 한다. 다시 $\delta(t-\Delta t)$를 입력하면 출력은 $h(t-\Delta t)$로 된다. 입력에 임의의 신호 $x(t)$를 보냈을 때 출력 $y(t)$는 어떻게 발생하는지 알아보자. [그림 3.2.1]과 같이 입력 $x(t)$를 Δt의 간격으로 샘플링하면 $x(t)$는 다음과 같이 표현할 수 있다.

$$x(t)\cong\sum_{n=-N}^{N}x(n\Delta t)\delta(t-n\Delta t)\Delta t \tag{3.2.1}$$

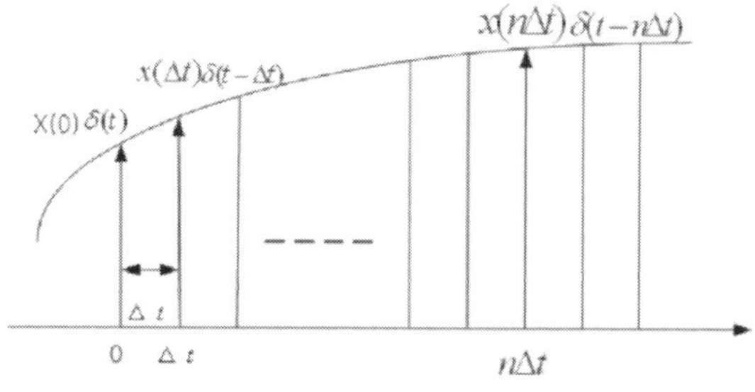

[그림 3.2.1] 샘플링신호

이에 따른 출력 $y(t)$는 다음과 같이 표현할 수 있다.

$$y(t) \cong \sum_{n=-N}^{N} x(n\Delta t)h(t-n\Delta t)\Delta t$$

만약 $\Delta t \to 0$으로 하면 $N \to \infty$, $n\Delta t \to \tau$, $\sum_{n=-N}^{N} \to \int_{-\infty}^{\infty}$ 그리고 $\Delta t \to d\tau$로 된다. 따라서 출력 $y(t)$를 다음과 같이 표현할 수 있다.

$$\begin{aligned} y(t) &= \int_{-\infty}^{\infty} x(\tau)h(t-\tau)d\tau \\ &= x(t)*h(t) = h(t)*x(t) = \int_{-\infty}^{\infty} h(\tau)x(t-\tau)d\tau \end{aligned} \tag{3.2.2}$$

로 된다. 따라서 입력 $x(t)$와 임펄스응답이 $h(t)$인 시스템의 출력은 입력 $x(t)$와 임펄스응답 $h(t)$와의 컨벌루션으로 표현됨을 알 수 있다. 컨벌루션을 중첩이라고 부르는 이유를 확인할 수 있을 것이다. [그림 3.2.2]에서 푸리에변환의 특성 식 (2.4.17)으로부터 시간영역의 $y(t) = x(t)*h(t)$는 주파수영역의 $Y(f) = X(f)H(f)$가 된다. 따라서

$$H(f) = \frac{Y(f)}{X(f)} \tag{3.2.3}$$

로 표현되며 이를 시스템의 전달함수(transfer function) 또는 시스템함수(system function)라 부른다. 그러므로 시스템의 임펄스응답 $h(t)$는 전달함수 $H(f)$의 푸리에 역변환과 같음을 알 수 있다.

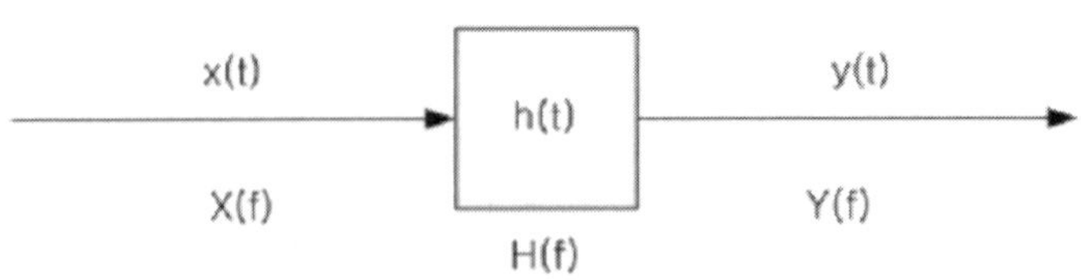

[그림 3.2.2] 시스템 함수 $H(f)$

3.3 전송시스템에서의 왜곡(distortion)

채널에서 발생되는 왜곡 즉 찌그러짐은 채널시스템의 전달함수 특성에 의하여 발생되며 대별하여 3가지 형태로 발생된다.

3.3.1 무왜곡 시스템(non-distortion system)

입력 $x(t)$에 대하여 출력 $y(t)$가 $y(t)=\alpha x(t-t_0)$ 형태로 전송되면 무왜곡이라고 한다. 여기서 $\alpha>0$는 상수로서 증폭도며 t_0는 시스템으로부터 발생되는 일정한 지연 시간이다. 이러한 시스템의 전달함수 $H(f)$는 다음과 같은 특성을 갖는다.

$$H(f)=\frac{F[y(t)]}{F[x(t)]}=\frac{F[\alpha x(t-t_0)]}{X(f)}=\alpha e^{-j2\pi f t_0} \tag{3.3.1}$$

여기서 무왜곡 시스템의 전달함수의 진폭 $|H(f)|=\alpha$은 모든 주파수에 일정한 진폭 α를 갖는다. 즉 모든 주파수성분을 통과시킨다. 그리고 무왜곡 시스템의 전달함수의 위상 $\theta(f)=\angle H(f)=(-2\pi t_0)f$은 주파수에 따라 일정한 기울기 $-2\pi t_0$를 갖는다. 즉 모든 주파수 성분이 동일한 시간 지연 t_0를 갖는다.

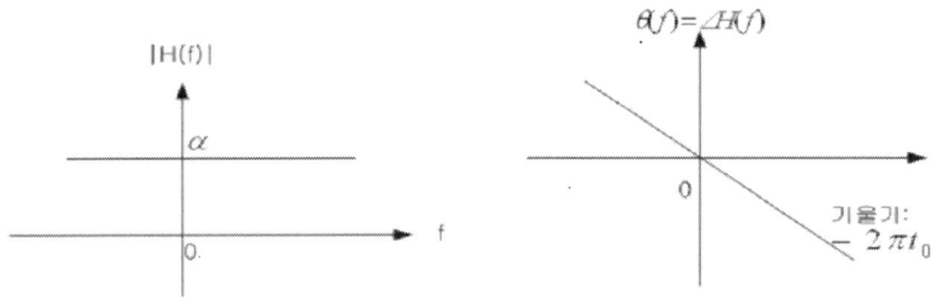

[그림 3.3.1] 무왜곡 시스템의 전달함수

따라서 무왜곡 시스템의 임펄스응답 $h(t)=F^{-1}[\alpha e^{-j2\pi f t_0}]=\alpha\delta(t-t_0)$로 [그림 3.3.2]와 같이 표현된다.

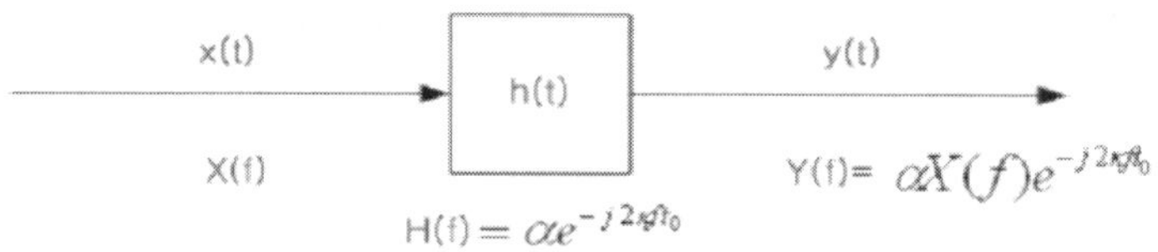

[그림 3.3.2] 무왜곡 시스템의 임펄스응답 $x(t)=\delta(t)$, $y(t)=h(t)$

3.3.2 진폭왜곡(amplitude distortion)

진폭왜곡은 [그림 3.3.3]과 같이 시스템의 전달함수특성 $|H(f)|=A(f)$가 주파수에 따라 진폭특성이 다를 때 발생된다. 예로서 입력신호 $X(f)=3$이고 전달함수 $|H(f)|$ 즉 $A(f)=3\delta(f-5)+5\delta(f-10)$라고 가정하면 5Hz에서 출력 진폭이 9이고 10Hz에서는 진폭이 15로 출력되고 그 외 주파수성분은 0이 되므로 입력 성분과는 완전히 다른 주파수성분이 출력되어 찌그러짐이 발생됨을 확인 할 수 있다. 이 경우 위상은 $\theta(f)=\angle H(f)=(-2\pi t_0)f$로 위상왜곡은 발생하지 않는 것으로 가정한다.

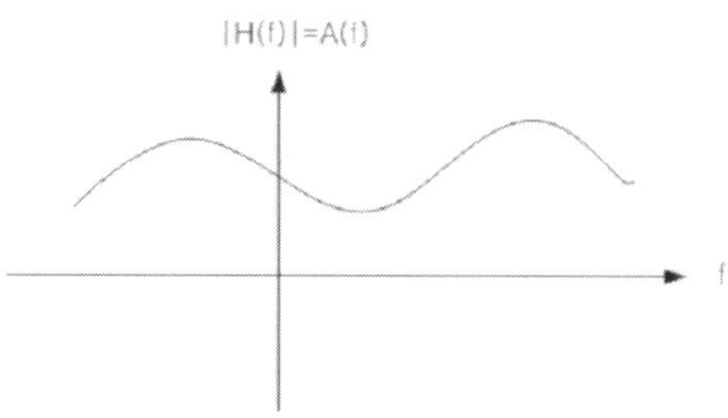

[그림 3.3.3] 진폭왜곡 시스템의 전달함수 특성

3.3.3 위상왜곡(phase distortion)

위상왜곡은 주파수에 따른 위상의 기울기가 일정하지 않을 때 발생한다. 위상 $\theta(f)$가 주파수에 따라 일정하지 않을 때 입력신호의 주파수에 따른 지연시간이 다르게 출력되기 때문에 왜곡이 발생하게 된다. [그림 3.3.4]와 같이 위상의 시간변화에 따른 지연에는 위상지연(phase delay)과 그룹지연(group delay) 두 종류가 있으며 위상지연은 $t_{ph}(f)=\frac{1}{2\pi}\frac{\theta(f)}{f}$로 그룹지연은 $t_{gr}(f)=\frac{1}{2\pi}\frac{d\theta(f)}{df}$로 정의된다.

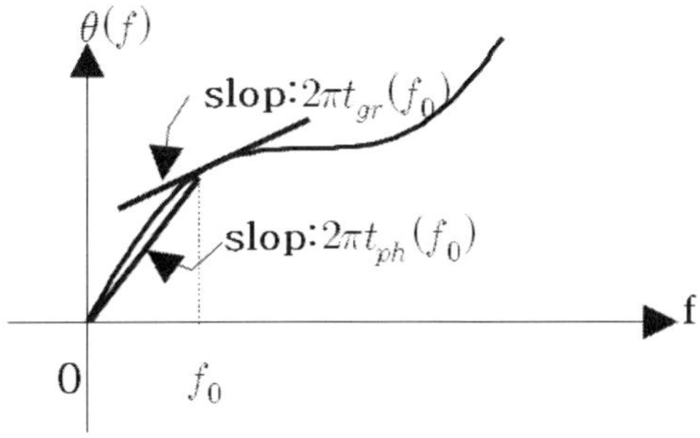

[그림 3.3.4] 위상왜곡을 발생하는 위상특성

예로서 $\theta(f) = \angle H(f) = -3U(f-3)$, 그리고 진폭은 모든 주파수에서 일정한 진폭 $|H(f)| = \alpha$을 갖는다고 가정한다.
여기서

$$U(f) = \begin{cases} 1, & f > 0 \\ 0, & f < 0 \end{cases}.$$

이 경우 진폭왜곡은 발생하지 않지만 주파수에 따른 위상지연은 $f > 3$에서 $t_{ph}(f) = \frac{1}{2\pi}\frac{\theta(f)}{f} = -\frac{3}{2\pi f}$, $f < 3$에서는 0이 되며 주파수에 따라 비선형으로 변화하므로 위상왜곡이 발생한다. 한편 그룹지연은 0이 된다.

3.3.4 비선형왜곡(nonlinear distortion)

시스템이 선형성이 아닐 때 발생한다. 예로서 입력 $x(t)$에 대하여 출력 $y(t)$가 다음과 같이 표현될 때 비선형왜곡이 발생한다.

$$y(t) = a[x(t)]^2 + bx(t)$$

여기서 a, b는 상수이며 예로서 $x(t) = 3\cos(20\pi t)$이면

$$\begin{aligned} y(t) &= a[3\cos(20\pi t)]^2 + b[3\cos(20\pi t)] \\ &= 9a\cos^2(20\pi t) + 3b\cos(20\pi t) \\ &= 4.5a(1 + \cos 40\pi t) + 3b\cos(20\pi t) \end{aligned}$$

[그림 3.3.5]와 같이 입력 $x(t)$는 주파수 10Hz 하나만을 가지나 비선형성에 의하여 출력 $y(t)$는 직류성분, 10Hz 그리고 20Hz성분을 갖게 되므로 입력된 신호 $x(t)$와는 전혀 다른 찌그러진 신호가 발생한다.

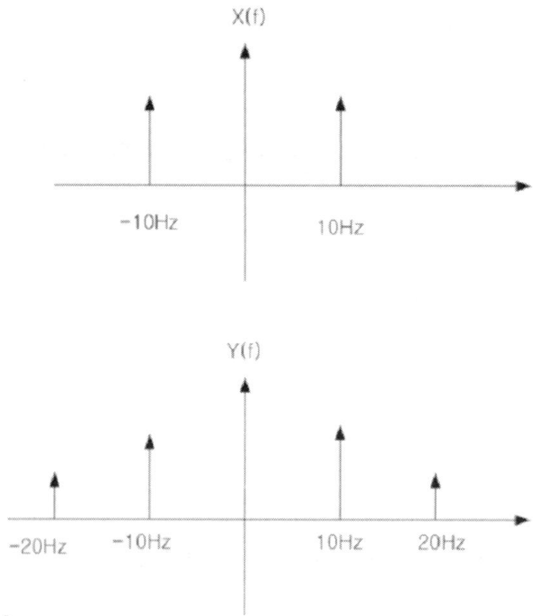

[그림 3.3.5] 입력신호 $x(t)$에 대한 채널시스템 출력신호 $y(t)$의 주파수스펙트럼

3.4 이상적인 필터

에어컨의 필터는 먼지를 걸러내고 정수기의 필터는 물에 오염된 물질을 걸러낸다. 통신에서의 필터는 주파수성분을 걸러내는 것이다. 따라서 일정주파수 f_L보다 높은 주파수만을 걸러내고 낮은 주파수만을 통과시키는 저역통과필터(Low Pass Filter: LPF), 일정주파수 f_L보나 낮은 주파수만을 걸러내고 높은 주파수만을 통과시키는 고역통과필터(High Pass Filter: HPF) 그리고 특정한 주파수 f_c를 중심주파수로하고 일정한 대역폭에 포함되는 주파수만을 통과시키는 대역통과필터(Band Pass Filter: BPF)와 같이 중요한 3종류의 필터가 존재한다.

3.4.1 이상적인 저역통과필터(Ideal Low Pass Filter)

[그림 3.4.1]은 이상적인 저역통과필터의 전달함수 $H_L(f)=|H_L(f)|\angle H_L(f)$의 진폭과 위상특성을 보여주며 진폭특성은

$$|H_L(f)|=\begin{cases}A, & |f|<f_L\\ 0, & |f|>f_L\end{cases} \tag{3.4.1a}$$

로 정의되며 위상특성은 다음과 같이 정의된다.

$$\angle H_L(f)=\begin{cases}(-2\pi t_0)f, & |f|<f_L\\ 0, & |f|>f_L\end{cases} \tag{3.4.1b}$$

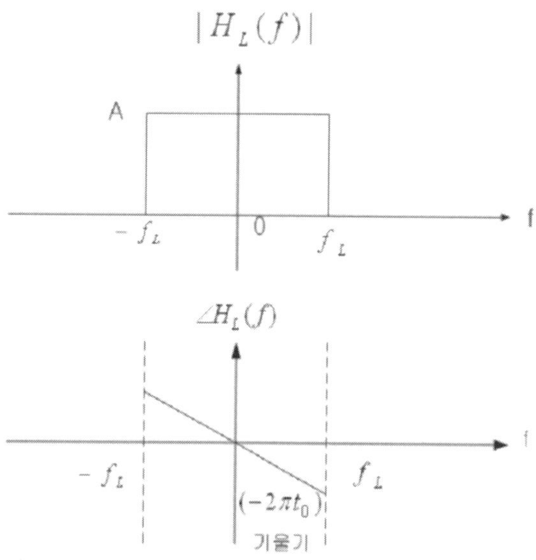

[그림 3.4.1] 이상적인 저역통과 필터

[그림 3.4.2]은 [그림 3.4.1]과 같은 이상적인 저역통과 필터의 임펄스응답 $h_l(t)$을 표현하며 $h_l(t)=2Af_L\text{sinc}2f_L(t-t_0)$로 정의된다. 그러나 $t<0$인 경우도 임펄스응답이 존재하므로 신호가 입력되지 않은 상태에서도 출력된다는 모순이 발생하므로 물리적으로 이상적인 저역통과 필터는 실현 불가능하다.

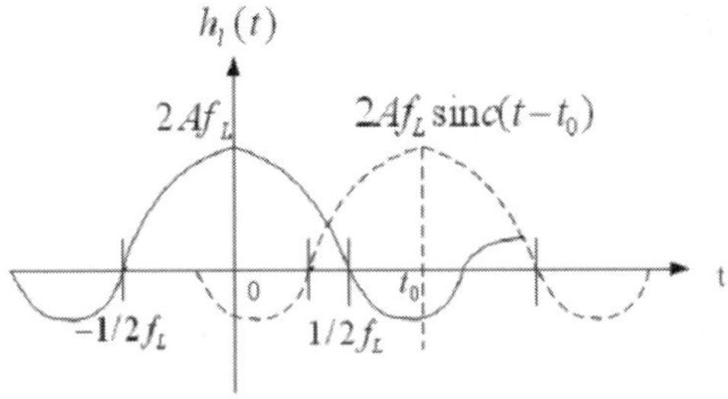

[그림 3.4.2] 이상적인 저역통과필터의 임펄스응답(점선그래프)

3.4.2 이상적인 고역통과필터(Ideal High Pass Filter)

[그림 3.4.3]은 이상적인 고역통과필터의 전달함수 $|H_H(f)| = A - |H_L(f)|$의 진폭과 위상 특성을 보여주고 있다. 진폭특성은

$$|H_H(f)| = \begin{cases} A, & |f| > f_L \\ 0, & |f| < f_L \end{cases} \tag{3.4.2a}$$

로 정의되고 위상특성은 아래와 같이 정의된다.

$$\angle H_H(f) = \begin{cases} (-2\pi t_0)f, & |f| > f_L \\ 0, & |f| < f_L \end{cases} \tag{3.4.2b}$$

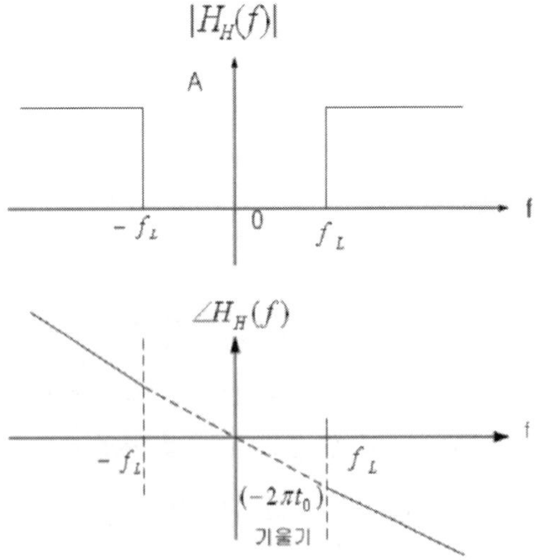

[그림 3.4.3] 이상적인 고역통과필터

3.4.3 이상적인 대역통과필터(Ideal Band Pass Filter)

[그림 3.4.4]는 이상적인 대역통과필터 전달함수의 진폭과 위상특성을 보여준다. 이상적인 대역통과 필터의 전달함수는 다음과 같이 정의된다.

$$H_B(f) = H_L(f - f_c) + H_L(f + f_c) \tag{3.4.3a}$$

여기서 $H_L(f)$는 이상적인 저역통과 필터다. 그리고 이상적인 $H_B(f)$의 진폭특성은

$$|H_B(f)| = \begin{cases} A, & f_c - f_L < |f| < f_c + f_L \\ 0, & |f| < f_c - f_L,\ |f| > f_c + f_L \end{cases} \tag{3.4.3b}$$

로 정의되고 위상특성은 아래와 같이 정의된다.

$$\angle H_H(f) = \begin{cases} (-2\pi t_0)f, & f_c - f_L < |f| < f_c + f_L \\ 0, & |f| < f_c - f_L, |f| > f_c + f_L \end{cases} \tag{3.4.3c}$$

이상적인 대역통과필터 $H_B(f)$의 임펄스응답 $h_b(t)$는 다음과 같이 표현된다.

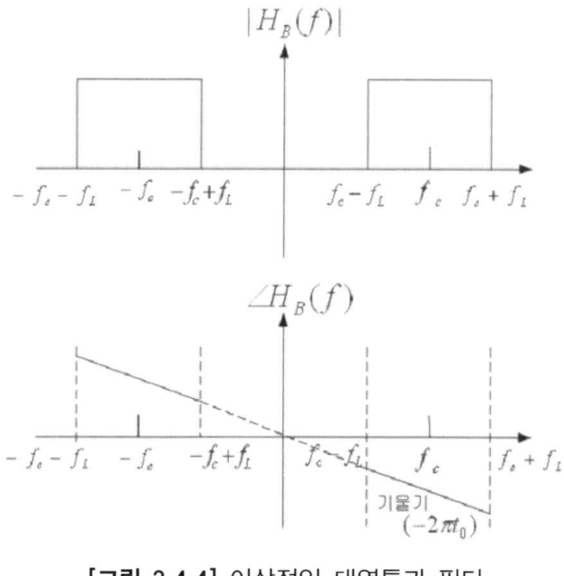

[그림 3.4.4] 이상적인 대역통과 필터

$$h_b(t)=h_l(t)e^{j2\pi f_c(t-t_0)}+h_l(t)e^{-j2\pi f_c(t-t_0)}$$
$$=2Af_L\text{sinc}(t-t_0)[e^{j2\pi f_c(t-t_0)}+e^{-j2\pi f_c(t-t_0)}]$$
$$=4f_LAsinc(t-t_0)\cos 2\pi f_c(t-t_0)$$

따라서 $H_B(f)$의 임펄스응답은 [그림 3.4.5]와 같이 반송파주파수 f_c인 정현파를 sinc 함수로 변조하는 신호가 된다.

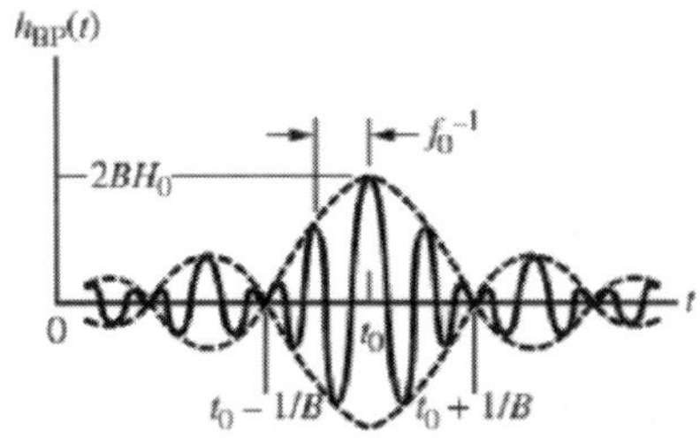

[그림 3.4.5] 이상적인 대역통과 필터 임펄스응답

3.5 실제필터

지금까지 공부한 이상적인 필터는 물리적으로 실현하기가 불가능한 이론적인 필터였다. 이와는 다르게 성능은 떨어지나 가격이 매우 저렴한 필터로는 [그림 3.5.1]과 같은 R-C 필터 등이 있다.

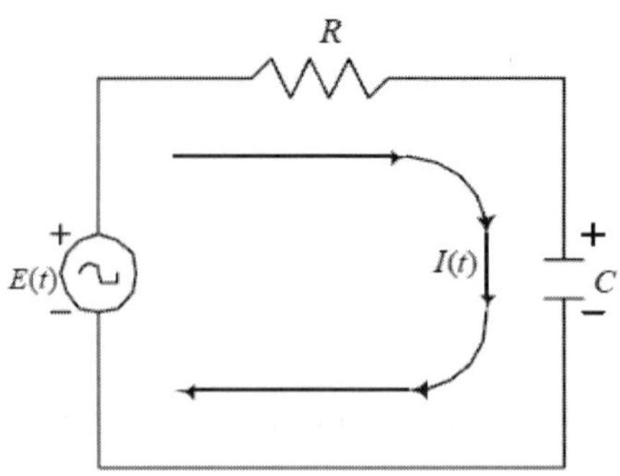

[그림 3.5.1] R-C 저역통과 필터

그리고 이상적인 필터에 근접하며 실현가능한 대표적인 필터에는 Butterworth필터, Chebyshev필터 그리고 Bessel 필터 등이 있다. [그림 3.5.2]는 이들 필터의 대략적인 특성을 보여주고 있다.

3.5.1 Butterworth 저역통과필터

[그림 3.5.2]와 같이 Butterworth 필터의 장점은 통과대역에서 평탄하며 단점은 차단주파수를 지나 완만한 주파수특성을 갖는다.

3.5.2 Chebyshev 저역통과필터

[그림 3.5.2]와 같이 Chebyshev 필터의 단점은 통과대역에서 리플을 가지지만 차단주파수가 이상적인 필터에 가까운 주파수특성을 갖는다.

3.5.3 Bessel 저역통과필터

Bessel 필터의 장점은 통과대역에서 거의 일정한 그룹지연(Group Delay)을 가진다는 것이다.

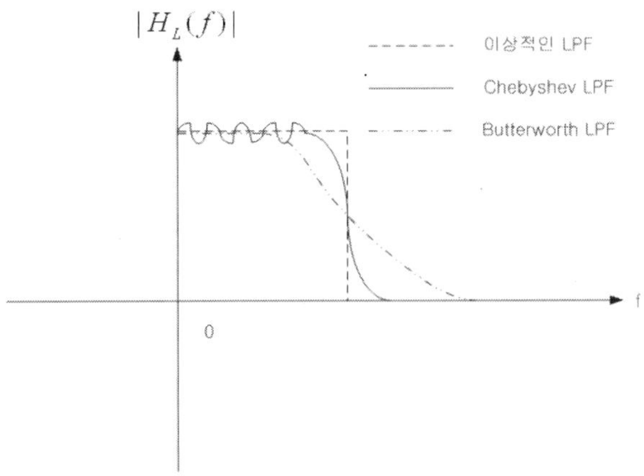

[그림 3.5.2] 실제적인 저역통과 필터들의 특성

3장 Matlab Simulink 예제

예제 3-1

Matlab을 이용하여 선형 시스템의 입력과 출력에서의 시간과 주파수 해석을 위하여 진폭이 1인 1[kHz]인 코사인함수와 100[Hz]인 코사인 함수를 곱한 후 각 부분에서의 시간함수와 스펙트럼을 구하는 Matlab Simulink 프로그램을 작성하시오.

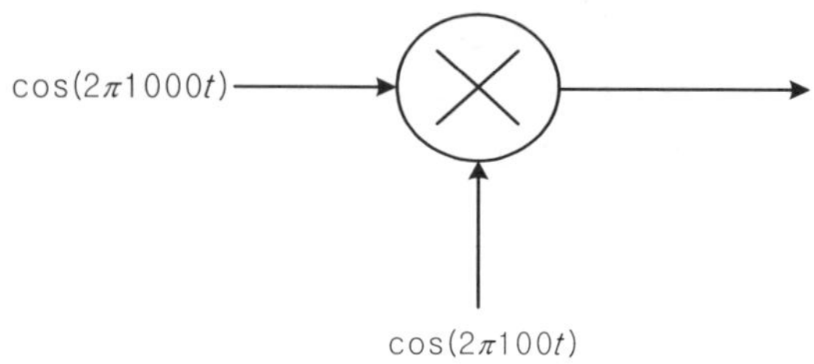

[예제 그림 3.1]

필요한 Simulink Library Block

Simulink Library Browser에서 다음과 같은 Simulink Library Block을 준비한다.

1. Simulink ▶ Sources ▶ Sine Wave
2. Simulink ▶ Math Operations ▶ Product
3. Simulink ▶ Sinks ▶ Scope
4. Signal Processing Blockset ▶ Signal Processing Sinks ▶ Spectrum Scope

풀이 3-1

1. Matlab Simulink를 실행 후 다음과 같은 블록도를 만든다.

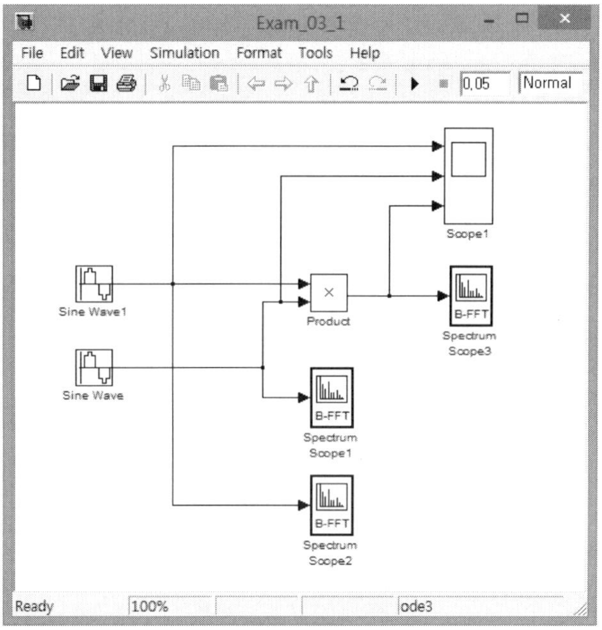

[예제 그림 3.2]

2 여기서 $\cos(2\pi 1000t)$와 $\cos(2\pi 100t)$를 만들기 위해 Sine Wave 와 Sine Wave1의 속성을 다음과 같이 입력한다.

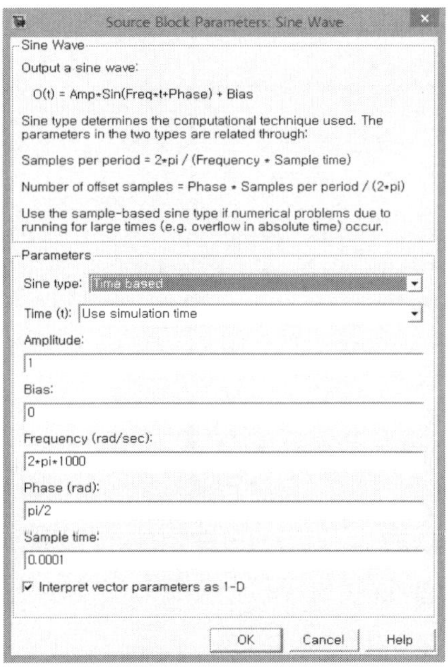

[예제 그림 3.3]

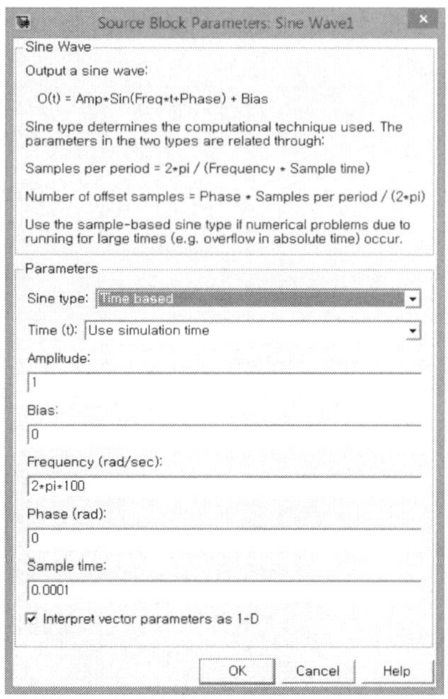

[예제 그림 3.4]

3 두 신호를 곱하기 위해 Simulink ▶ Math Operations ▶ Product 블록을 삽입하고 이것의 속성은 다음과 같다.

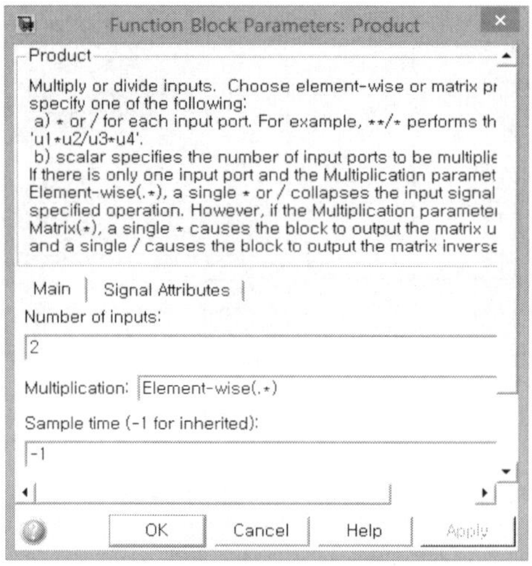

[예제 그림 3.5]

4 각 부분에서의 스펙트럼을 보기 위해 Signal Processing Blockset ▶ Signal Processing Sinks ▶ Spectrum Scope 3개를 삽입하고 이것의 속성은

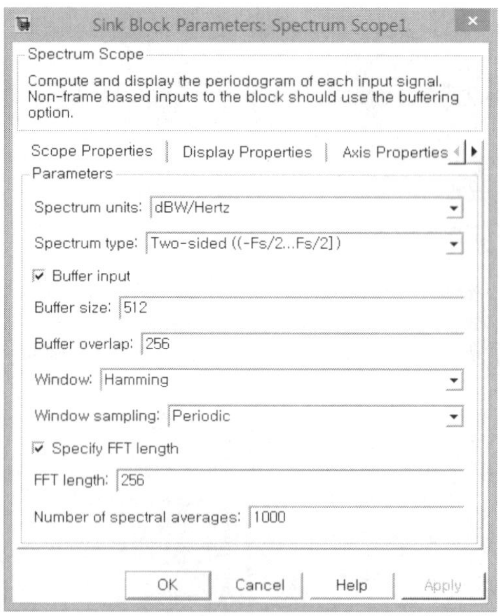

[예제 그림 3.6]

이다.

5 시뮬레이션을 수행하기 위해 다음 그림과 같이 Simulation 시간을 0.05로 입력하고 Start Simulation 버튼을 누르거나

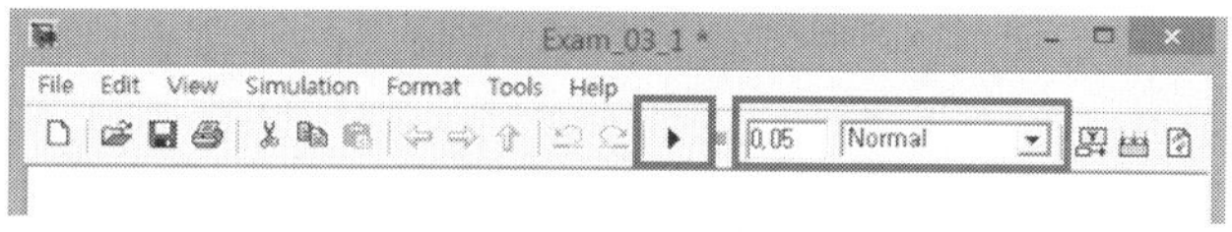

[예제 그림 3.7]

혹은 메뉴의 Simulation 메뉴를 누르고 밑의 Configuration Parameters창을 열고 다음과 같이 입력하여도 된다.

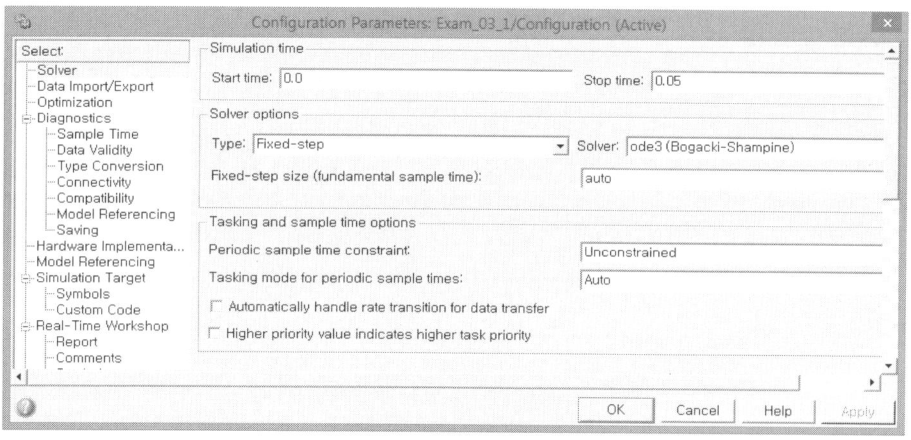

[예제 그림 3.8]

6 결과를 보기 위해 블록도의 Scope를 클릭하면 다음 그림과 같은 결과를 얻는다.

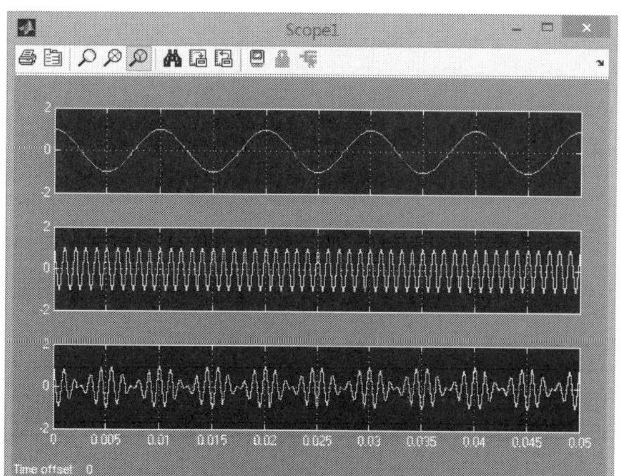

[예제 그림 3.9]

여기서 맨 위 화면은 $\cos(2\pi 100t)$, 두 번째 화면은 $\cos(2\pi 1000t)$, 세 번째 화면은 $\cos(2\pi 1000t) \times \cos(2\pi 100t)$화면이 나온다.

7 스펙트럼 파형을 보기 위해 다음 그림과 같이 Simulation 시간을 10으로 입력하고 Start Simulation 버튼을 누르면

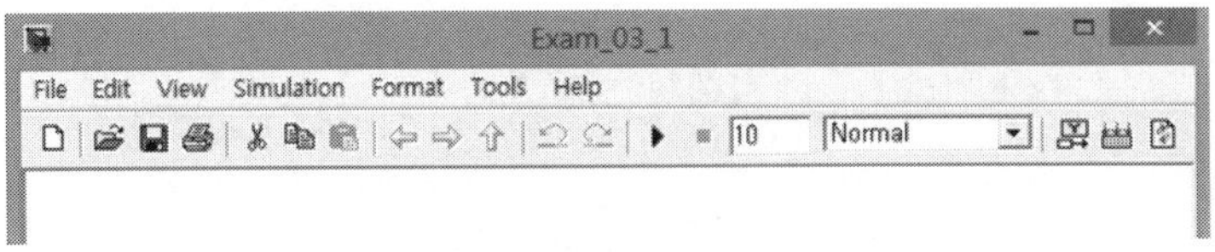

[예제 그림 3.10]

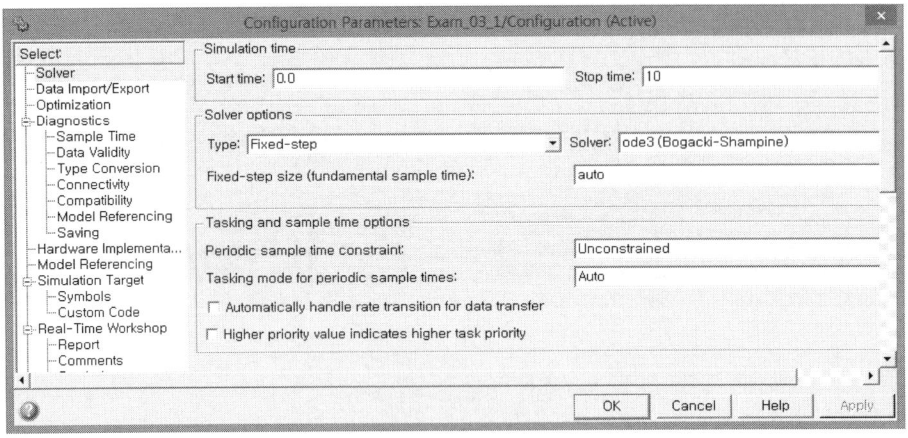

[예제 그림 3.11]

8 다음과 같이 Spectrum Scope1은 1[kHz]에 Spectrum Scope2는 100[Hz]에 스펙트럼이 나오고 Spectrum Scope3은 두 주파수의 합과 차인 1100[Hz], 900[Hz]에서 스펙트럼이 나오게 된다.

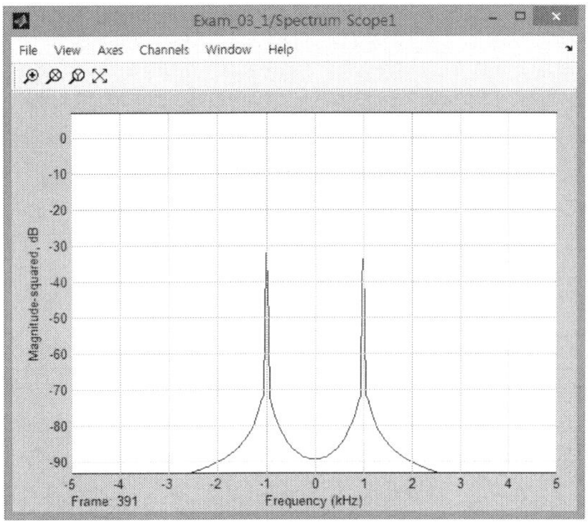

[예제 그림 3.12]

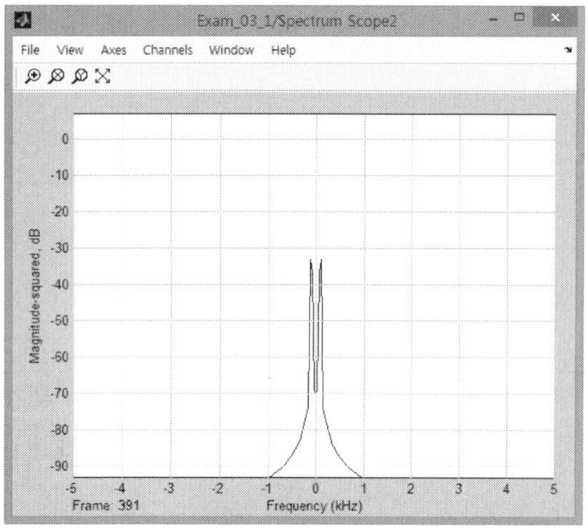

[예제 그림 3.13]

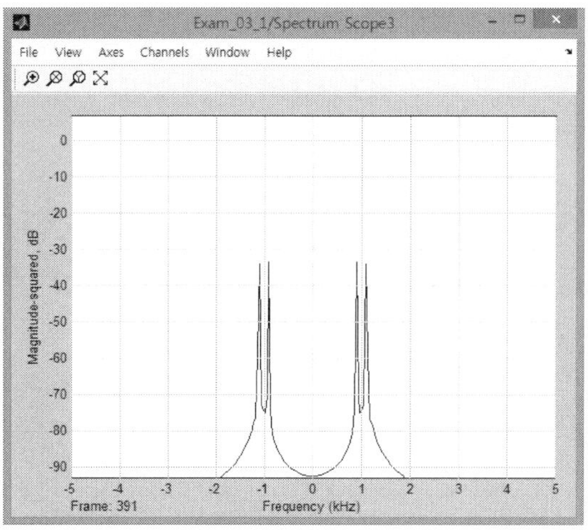

[예제 그림 3.14]

연습문제

3.1 다음 [그림 3.1]과 같은 R-L 회로를 이용하여 중첩의 원리를 설명하시오.

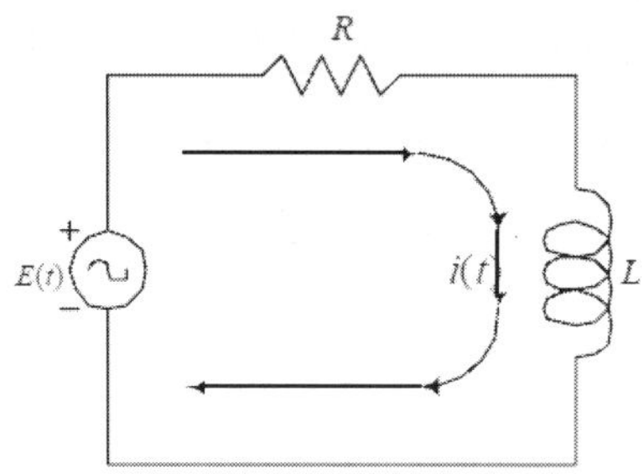

[그림 3.1] R-L 회로

3.2 문제 3.1의 회로에서 $E(t)=3[V]$, $R=1[\Omega]$ 그리고 $L=0.001[\mathrm{mH}]$일 때 전류 $i(t)$의 시간영역과 주파수영역에서의 특성을 분석하시오.

3.3 [그림 3.2]와 같은 전달함수를 갖는 필터에 아래와 같은 입력 $x(t)$가 인가될 때 출력 $y(t)$을 구하시오.

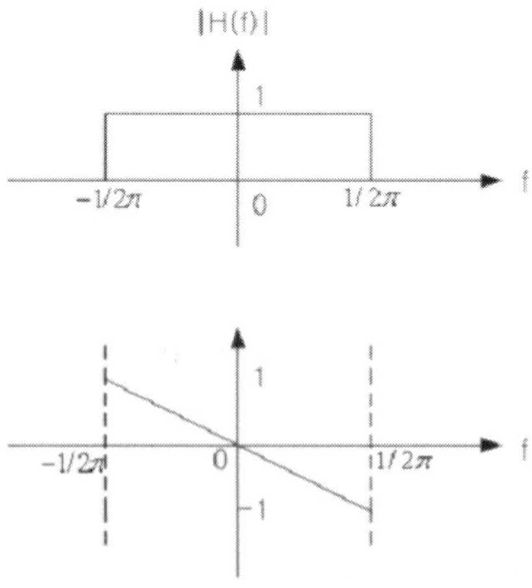

[그림 3.2] 저역통과필터

(a) 입력신호 $x(t) = 3\delta(t)$

(b) 입력신호 $x(t) = 5u(t)$

(b) 입력신호 $x(t) = 2\sin(0.5t)$

3.4 [그림 3.3]과 같은 전달함수 $H(f)$에 주기적인 입력신호 $x(t)$를 인가하였을 때 출력신호의 특성을 분석하시오.

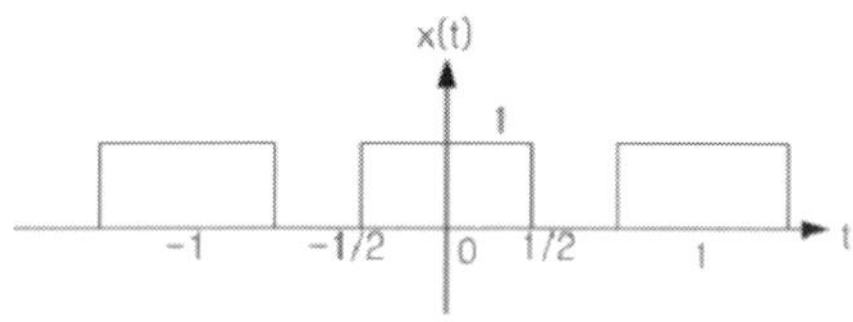

[그림 3.3a] 입력신호 $x(t)$

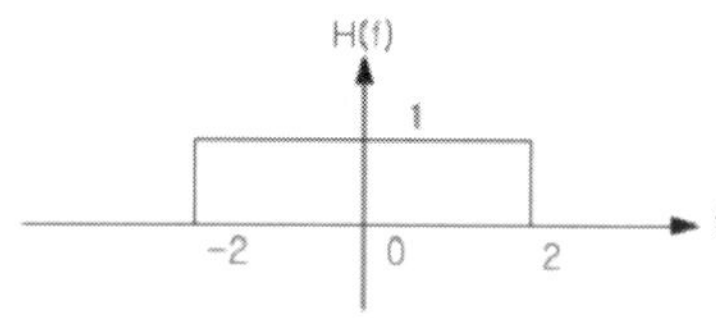

[그림 3.3b] 전달함수 $H(f)$

3.5 정보신호가 $m(t) = \sin(20\pi t)$이고 반송파가 $c(t) = \sin(4000\pi t)$인 출력신호 $f(t) = m(t)c(t)$의 주파수 스펙트럼을 구하시오.

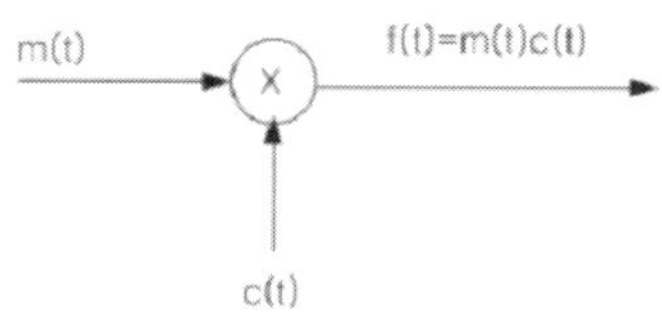

[그림 3.4] 변조회로

3.6 다음 [그림 3.5]와 같은 전파정류 신호의 주파수 성분을 구하시오.

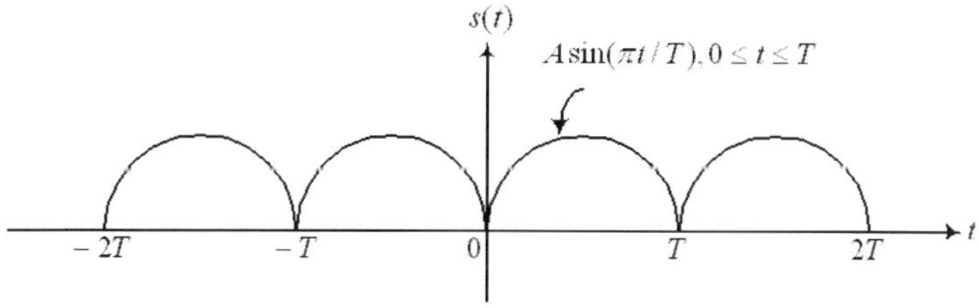

[그림 3.5] 전파정류파형

셀프평가

1. 나는 시불변 선형시스템에 대하여 이해하였다(예, 아니오).

2. 나는 전송시스템의 왜곡에 대하여 이해하였다(예, 아니오).

3. 나는 진폭과 위상왜곡을 이해하였다(예, 아니요).

4. 나는 이상적인 저역통과 필터를 완전히 이해하였다(예, 아니오).

5. 나는 이상적인 대역통과 필터를 완전히 이해하였다(예, 아니오).

6. 나는 실제적인 필터 R-C, C-R의 주파수특성을 이해하였다(예, 아니요).

** '**아니오**'가 발견되면 본문을 복습하여 '**예**'로 바꿀 수 있는 능력을 기르십시오.

Chapter 04

진폭변조

공부할 내용

1. 왜 변조를 하여야 하는가?
2. 반송파억압 양측파대 진폭변조(DSB-SC)
3. 동기검파
4. 전송반송파 양측파대 진폭변조(DSB-TC: AM)
5. 단측파대 진폭변조(LSB, USB)
6. 힐버트변환
7. 잔류측파대변조(VSB)
8. 슈퍼헤테로다인 수신기

4.1 변조의 필요성

변조는 기저대역(baseband)에 있는 신호를 고주파의 정현파를 이용하여 정현파의 주파수를 중심으로 하는 대역으로 변화시키는 것이다. 대부분의 변조된 신호는 송신기와 안테나를 통하여 송신되는데 변조의 필요성을 이야기하기 위하여 전송주파수 파장의 1/4을 사용하는 안테나를 가정하자. 음성신호의 경우 기저대역은 20KHz를 넘지 못한다. 따라서 $v=f\lambda$로부터 파장 $\lambda=\dfrac{v}{f}=\dfrac{3\times10^8[m/s]}{20\times10^3[Hz]}=15[km]$, 여기서 v는 전파의 속도, f는 주파수다. 그러므로 안테나의 길이 λ/4=3.75[km]가 되어 대략 10리 길의 길이를 갖는 안테나가 필요하게 된다. 그러나 1GHz 고주파의 정현파를 중심주파수로 변조되었다면 파장 $\lambda=\dfrac{v}{f}=\dfrac{3\times10^8[m/s]}{1\times10^9[Hz]}=0.3[m]$, 안테나길이 λ/4=7.5[cm]로서 실현가능한 물리적인 수치로 변화시킬 수 있다. 이 예를 통하여 변조의 필요성을 인식할 수 있을 것이다. 각 주파수 ω_c인 변조된 정현파의 형태는 다음과 같이 표현된다.

$$s(t)=A(t)\cos[\omega_c t+\phi(t)] \tag{4.1.1}$$

정보신호가 $A(t)$에 포함되는 즉 정보신호의 변화가 정현파의 진폭을 변화시키는 변조방식을 진폭변조라 부른다. 진폭변조에는 사용된 반송파의 사용여부에 따라 반송파억압 양측파대(double sideband-supressed carrier) 진폭변조, 전송반송파 양측파대(double sideband-transmitted carrier) 진폭변조 즉 통상적인 AM과 같이 두 종류로 분류하며 반송파주파수를 중심으로 상, 하 양측 중 한 측 대역만을 송신하는 단측파대변조(SSB: single sideband) 그리고 잔류측파대변조(VSB: vestigial sideband) 등의 진폭변조 방식이 있다.

4.2 반송파억압 양측파대 진폭변조(DSB-SC)

식 (4.1.1)에서 $A(t)$의 위치에 정보신호 $m(t)$를 넣고 $\phi(t)=0$인 상수로 가정하면 변조된 신호

$$s(t)=A_c m(t)\cos\omega_c t \tag{4.2.1}$$

로 되며 정보신호 $m(t)$가 갖는 최대 주파수가 f_m이라면 [그림 4.2.1]과 같은 주파수 특성을 가진다. 반송파 각 주파수 $\omega_c = 2\pi f_c$, f_c를 중심으로 상측으로 $f_c + f_m$ 하측으로 $f_c - f_m$까지 양측(double sideband)로 주파수특성이 나오나 반송파 주파수 f_c는 나타나지 않는다. 식 (4.2.1)을 푸리에변환하면

$$S(f) = \frac{1}{2} A_c M(f - f_c) + \frac{1}{2} A_c M(f + f_c) \tag{4.2.2}$$

로 표현된다.

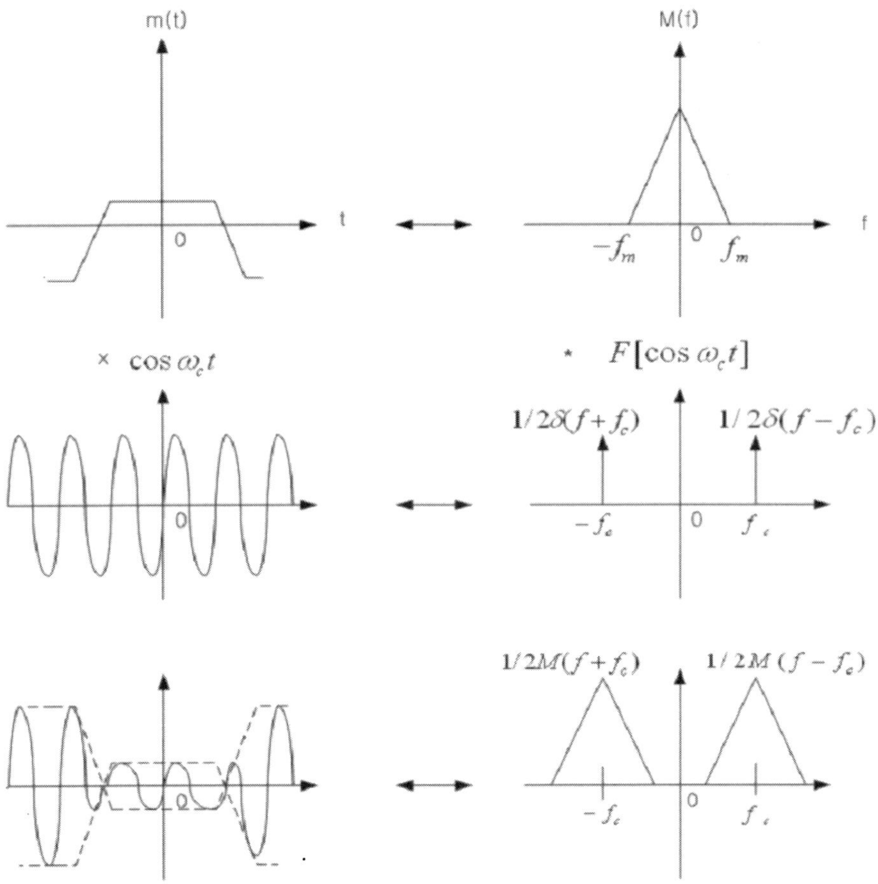

[그림 4.2.1] DSB 변조신호와 주파수 특성

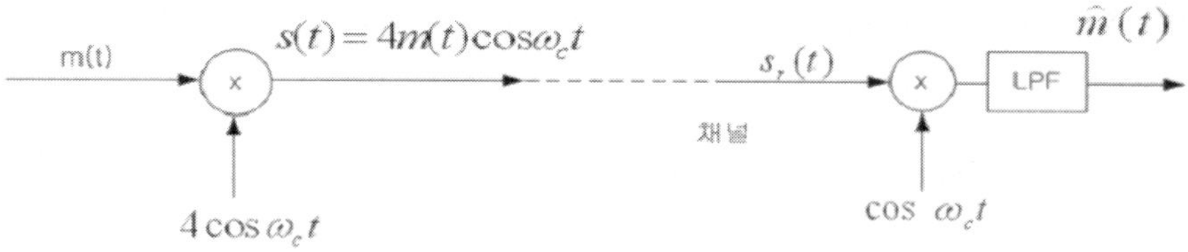

[그림 4.2.2] DSB 송신기와 수신기

[그림 4.2.2]와 같이 송신된 신호가 수신기에 그대로 도달한다고 가정하면 수신된 신호 $s_r(t)$의 위상과 수신기에서 복조를 위하여 곱해지는 정현파의 위상이 동일한 동기 검파(coherent detector, synchronous detector)는 다음과 같이 이루어진다.

$$\begin{aligned} s_r(t) &= s(t)\cos\omega_c t = 4m(t)\cos\omega_c^2 t \\ &= 2m(t)(1+\cos 2\omega_c t) = 2m(t) + 2m(t)\cos 2\omega_c t \end{aligned} \tag{4.2.3}$$

정보신호 최대주파수 $f_m \langle\langle f_c$ 이므로 $m(t)\cos 2\omega_c t$는 저역통과필터(LPF)를 통과하면 제거되고 수신기 출력은 $m(t)$만을 검출하게 된다.

4.3 전송 반송파 양측파대 진폭변조(DSB-TC:AM)

[그림 4.3.1]과 같이 정보신호 $m(t)$에 직류 바이어스 A를 더하여 $m(t)+A$로 반송파를 변조하면

$$s(t) = [A+m(t)]\cos\omega_c t \tag{4.3.1}$$

로 되며 $s(t) = Acos\omega_c t + m(t)\cos\omega_c t$이기 때문에 DSB-SC성분 $m(t)\cos\omega_c t$와 반송파 성분 $Acos\omega_c t$를 포함하여 전송하게 된다.

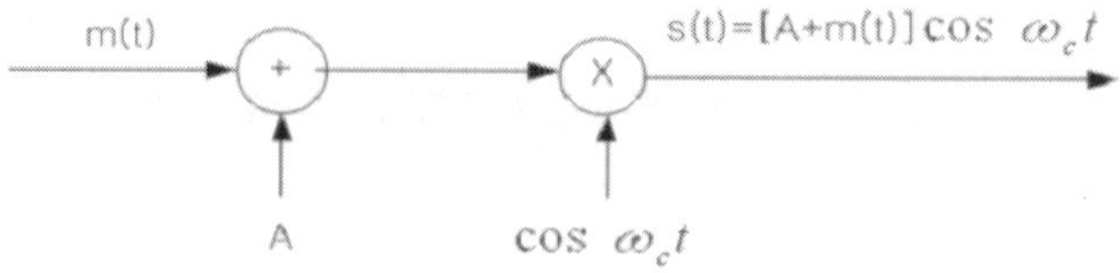

[그림 4.3.1] AM(DSB-TC) 송신기

따라서 DSB-TC라고 부르며 AM 방송 등 통상적으로 이야기하는 AM 변조방식을 의미한다. 또한 직류성분이 포함되기 때문에 변조 정도를 이야기할 수 있다.

$$\begin{aligned} s(t) &= A[1+\frac{|m(t)|_{\min}}{A}\frac{m(t)}{|m(t)|_{\min}}]\cos\omega_c t \\ &= A[1+am_n(t)]\cos\omega_c t \end{aligned} \tag{4.3.2}$$

여기서 $a=\frac{|m(t)|_{\min}}{A}$를 변조지수라고 하며 퍼센트(%)로 표현하면 변조도가 정의된다. DSB-SC에 비하여 반송파성분이 추가로 포함되기 때문에 전력효율은 떨어지지만 2 수신기에서 동기에 대한 어려움이 제거되는 단순함에 따른 경비절감 관계로 많은 부분에서 이용된다. 전력효율은 다음 식 (4.3.3)과 같이 정의된다.

$$\eta=\frac{<m^2(t)>}{A^2+<m^2(t)>}(\%) \tag{4.3.3}$$

수신기는 [그림 4.3.2]와 같이 비동기검파(또는 포락선검파)를 사용하여 정보신호를 추출할 수 있다.

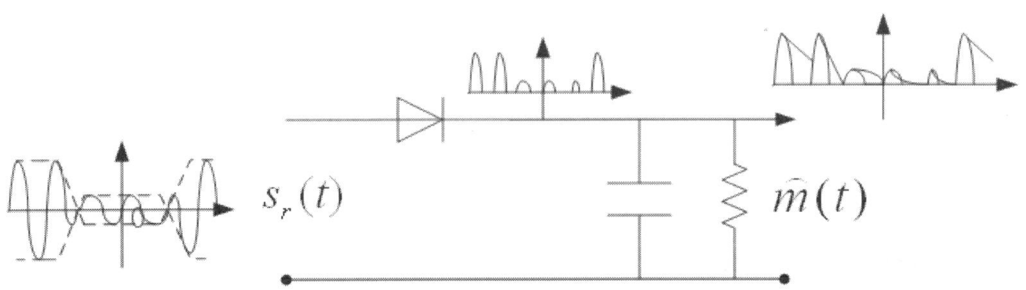

[그림 4.3.2] 비동기 포락선 검파기

4.4 단측파대 변조(SSB)

[그림 4.4.1]과 같이 양측파대 변조의 상측파대(Upper Side Band: USB) 또는 하측파대(Lower Side Band: LSB)만을 이용하는 변조방식을 단측파대 변조라 부른다. [그림 4.4.2]와 같이 DSB로부터 SSB를 만들기 위한 필터가 필요하다.

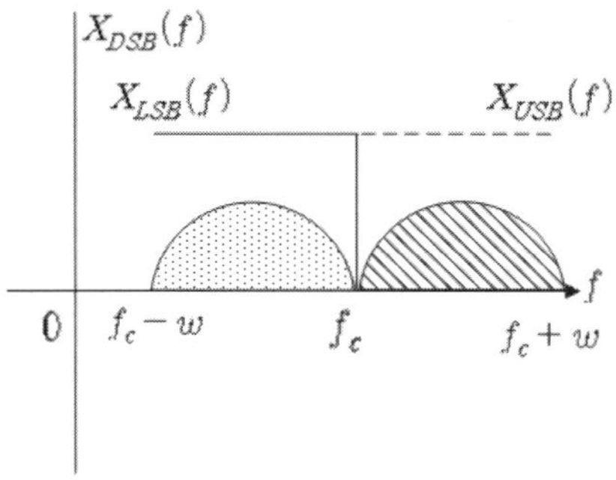

[그림 4.4.1] 단측파대 스펙트럼

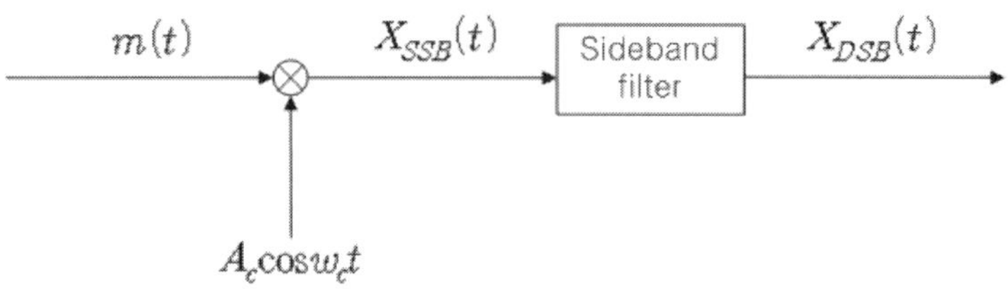

[그림 4.4.2] 단측파대 변조기

4.4.1 하측파대(LSB)변조

식 (4.2.2)로부터 DSB 신호의 주파수특성은 다음으로 주어진다.

$$S(f) = \frac{1}{2}A_c M(f+f_c) + \frac{1}{2}A_c M(f-f_c)$$

LSB 필터는 다음 식으로 주어진다

$$H_{LSB}(f) = \frac{1}{2}[sgn(f+f_c) - sgn(f-f_c)] \tag{4.4.1}$$

여기서 $sgn(f)$는 다음과 같이 정의되며 [그림 4.4.3]과 같다.

$$sgnf = \begin{cases} 1, & f > 0 \\ 0, & f = 0 \\ -1, & f < 0 \end{cases} \tag{4.4.2}$$

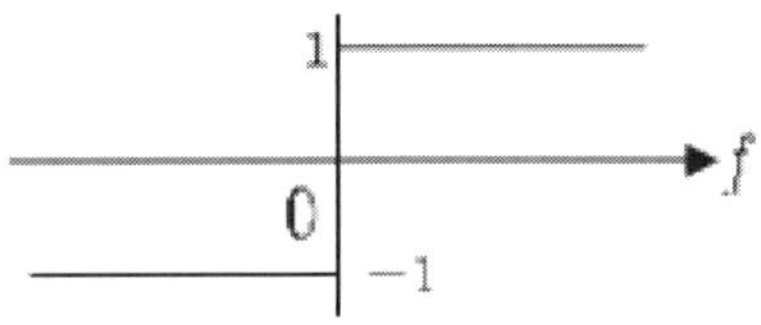

[그림 4.4.3] $sgn(f)$

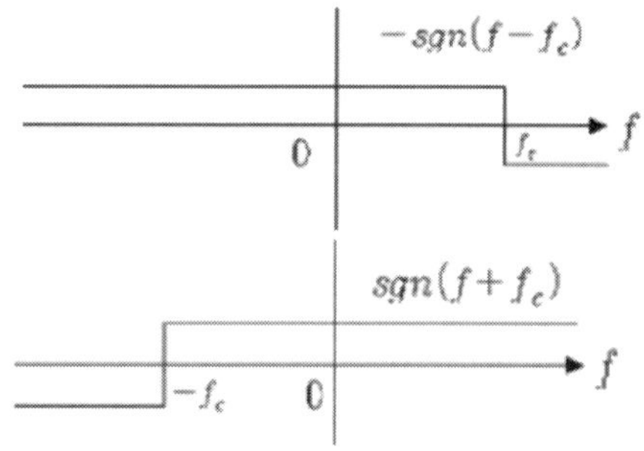

[그림 4.4.4] sgn함수의 쉬프트

[그림 4.4.4]로부터 LSB 필터는 다음과 같이 정의된다.

$$H_{LSB}(f) = \left[\frac{1}{2}sgn(f+f_c) - \frac{1}{2}sgn(f-f_c)\right] \tag{4.4.3}$$

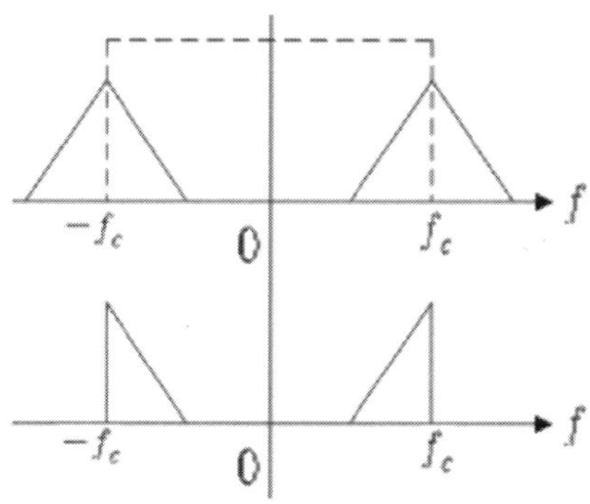

[그림 4.4.5] LSB 변조 스펙트럼

LSB 신호는 다음과 같이 이루어진다.

$$
\begin{aligned}
S_{LSB}(f) &= S_{DSB}(f)H_{LSB}(f) \\
&= \left[\frac{1}{2}A_cM(f+f_c)+\frac{1}{2}A_cM(f-f_c)\right]\ \left[\frac{1}{2}sgn(f+f_c)-\frac{1}{2}sgn(f-f_c)\right] \\
&= \frac{1}{4}A_c[sgn(f+f_c)-sgn(f-f_c)][M(f+f_C)+M(f-f_c)] \\
&= \frac{1}{4}A_c[M(f+f_c)sgn(f+f_c)+\underbrace{M(f-f_c)sgn(f+f_c)}_{M(f-f_c)} \\
&\quad -\underbrace{M(f+f_c)sgn(f-f_c)}_{M(f+f_c)}-M(f-f_c)sgn(f-f_c)] \\
&= \frac{1}{4}A_c[M(f-f_c)+M(f-f_c)] \\
&\quad +\frac{1}{4}A_c[M(f+f_c)sgn(f+f_c)-M(f-f_c)sgn(f-f_c)]
\end{aligned}
\tag{4.4.4}
$$

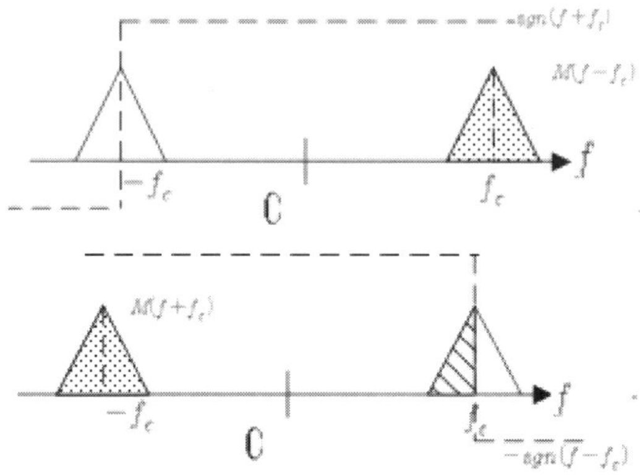

[그림 4.4.6] SSB 필터의 효과

i) DSB 로부터

$$\frac{1}{2}A_c m(t)\cos w_c t \leftrightarrow \frac{1}{4}A_c[M(f+f_c)+M(f-f_c)] \quad \cdots (1)$$

ii) Hilbert transform

$$\hat{m}(t) \leftrightarrow -jsgn(f)M(f)$$

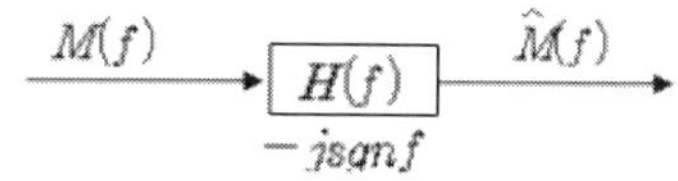

[그림 4.4.7] 주파수영역에서의 힐버트 변환

iii) Frequency translation theorem

$$m(t)e^{\pm j2\pi f_c t} \leftrightarrow M(f \mp f_c)$$

$$\hat{m}(t)e^{\pm j2\pi f_c t} \leftrightarrow -jsgn(f \mp f_c)M(f \mp f_c)$$

$$j\hat{m}(t)e^{\pm j2\pi f_c t} \leftrightarrow M(f \mp f_c)sgn(f \mp f_c)$$

식 4.4.1과 iii)으로부터

$$\Im^{-1}\frac{1}{4}A_c[M(f+f_c)sgn(f+f_c)-M(f-f_c)sgn(f-f_c)]$$

$$=\frac{1}{4}A_c j[\hat{m}(t)e^{-j2\pi f_c t}-\hat{m}(t)e^{j2\pi f_c t}]$$

$$=j\frac{1}{4}A_c\hat{m}(t)(e^{-j2\pi f_c t}-e^{j2\pi f_c t})$$

$$=j\frac{1}{4}A_c\hat{m}(t)(-2jsin2\pi f_c t)$$

$$=\frac{1}{2}A_c\hat{m}(t)\sin 2\pi f_c t \quad \cdots (2)$$

(1)과 (2)를 식 (4.4.4)에 적용하면

$$\begin{aligned} s_{LSB}(t) &= \frac{1}{2}A_c m(t)\cos 2\pi f_c t - j\frac{1}{4}A_c\widehat{m(t)}[e^{+j2\pi f_c t}-e^{-j2\pi f_c t}] \\ &= \frac{1}{2}A_c m(t)\cos 2\pi f_c t + \frac{1}{2}A_c\widehat{m(t)}sin2\pi f_c t \end{aligned} \tag{4.4.5}$$

비슷한 방법으로 상측파대 SSB 신호 $s_{USB}(t)$도 다음과 같이 표현할 수 있다.

$$s_{USB}(t)=\frac{1}{2}A_c m(t)\cos 2\pi f_c t - \frac{1}{2}A_c\widehat{m(t)}sin2\pi f_c t \tag{4.4.6}$$

4.5 잔류측파대 변조(VSB)

잔류측파대변조 VSB(vestigial side band)도 SSB의 방법과 비슷하게 VSB 필터를 사용하여 변조된다. [그림 4.5.1]은 잔류측파대 필터를 보여주며 f=0을 기준으로 기함수적인 형태를 갖는다.

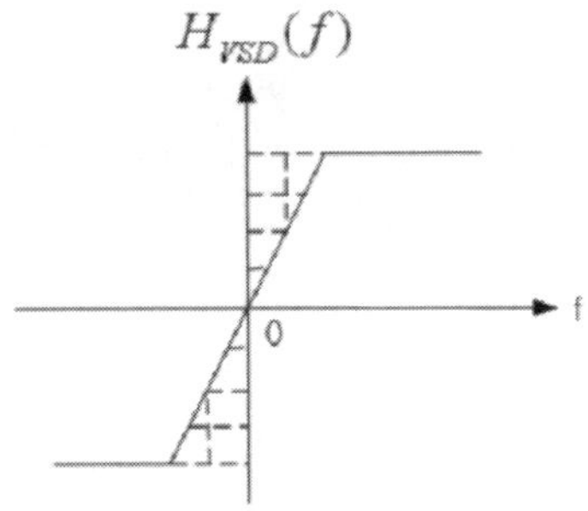

[그림 4.5.1] 잔류측파대 필터

4장 Matlab Simulink 예제

예제 4-1

다음 그림과 같이 입력 신호 $\cos(2\pi 5t)+0.5\cos(2\pi 10t)$를 $\cos(2\pi 1000t)$ 반송파 신호로 변복조하는 DSB-SC 시스템을 설계하시오.

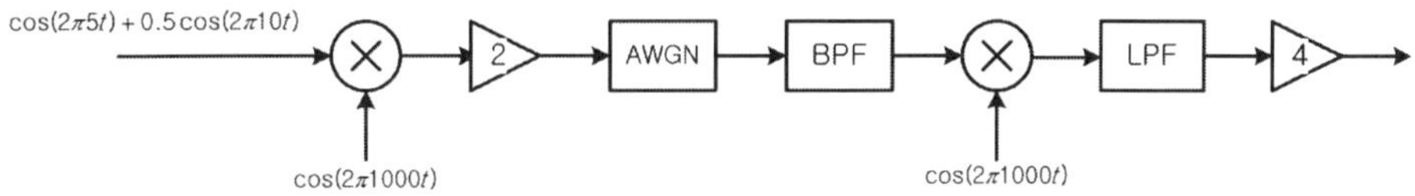

[예제 그림 4.1]

필요한 Simulink Library Block

Simulink Library Browser에서 다음과 같은 Simulink Library Block을 준비한다.

1. Simulink ▶ Sources ▶ Sine Wave
2. Simulink ▶ Math Operations ▶ Add
3. Simulink ▶ Math Operations ▶ Product
4. Simulink ▶ Math Operations ▶ Gain
5. Communications Blockset ▶ Channels ▶ AWGN Channel
6. Signal Processing Blockset ▶ Filtering ▶ Filter Implementations ▶ Analog Filter Design
7. Simulink ▶ Sinks ▶ Scope
8. Signal Processing Blockset ▶ Signal Processing Sinks ▶ Spectrum Scope

풀이 4-1

1. Matlab Simulink를 실행 후 다음과 같은 블록도를 만든다.

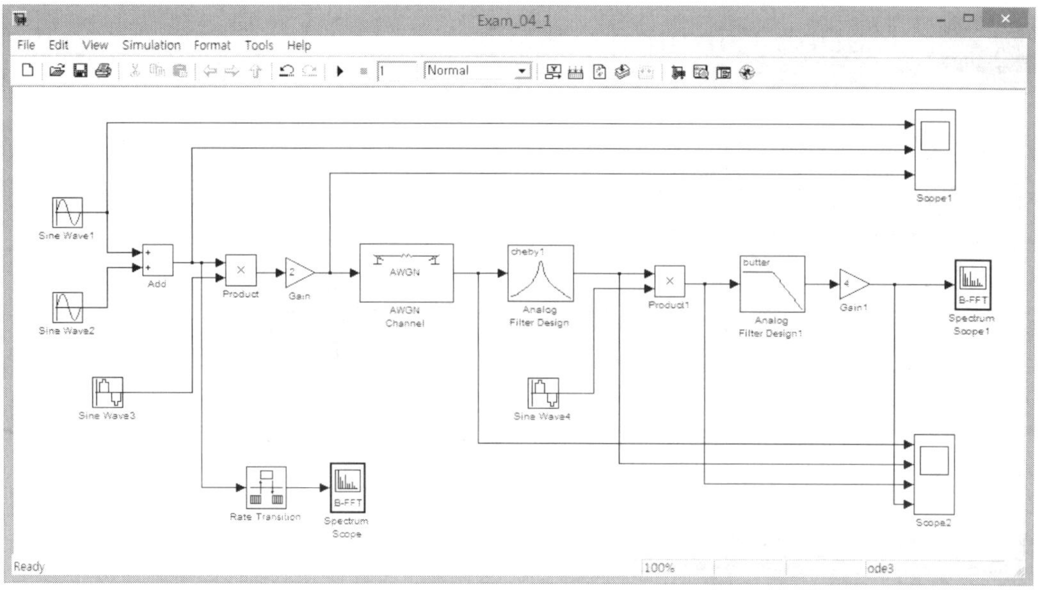

[예제 그림 4.2]

2 먼저 $\cos(2\pi 5t)$와 $0.5\cos(2\pi 10t)$를 만들기 위해 Sine Wave1 와 Sine Wave2의 속성은

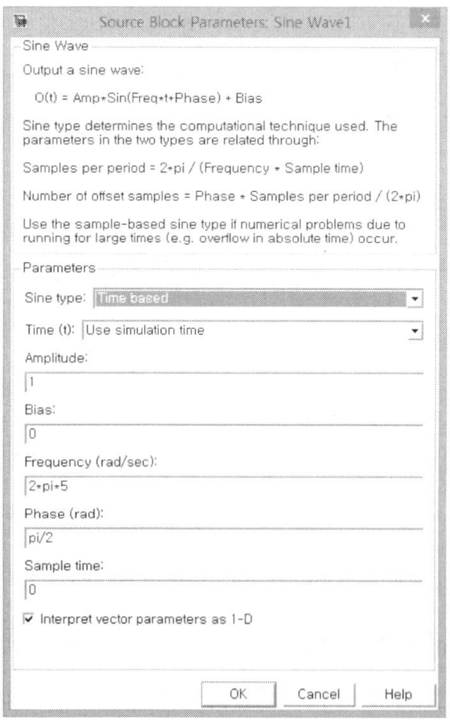

[예제 그림 4.3]

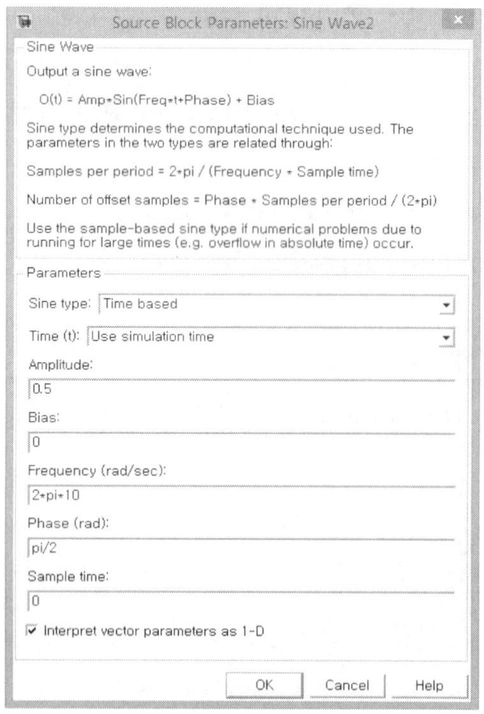

[예제 그림 4.4]

3 두 신호를 더하기 위해 Add를 넣고 이것의 속성은

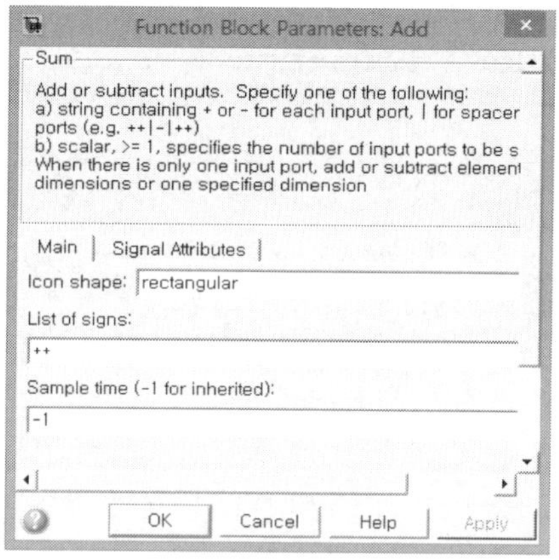

[예제 그림 4.5]

이다.

4 반송파 신호 $\cos(2\pi 1000t)$를 만들기 위해 Sine Wave3 속성은

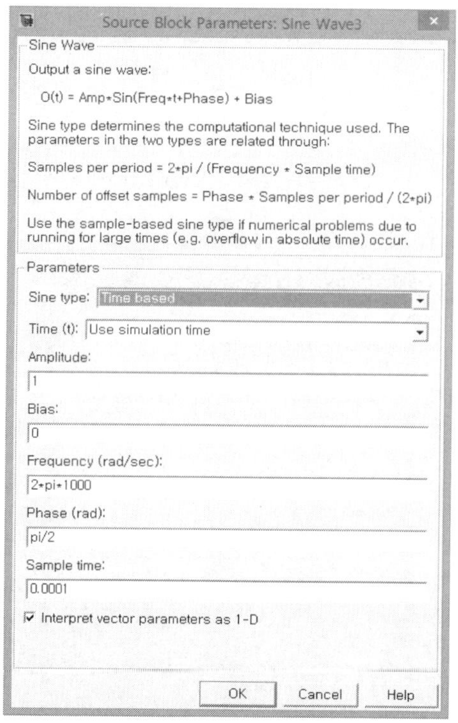

[예제 그림 4.6]

5 Add 다음 지점에서 스펙트럼을 보기 위해서는 Spectrum Scope를 삽입해야하는데 Add출력과 Spectrum Scope의 입력사이에 동작 속도를 맞추기 위해 Rate Transition를 삽입하고 Rate Transition의 속성은

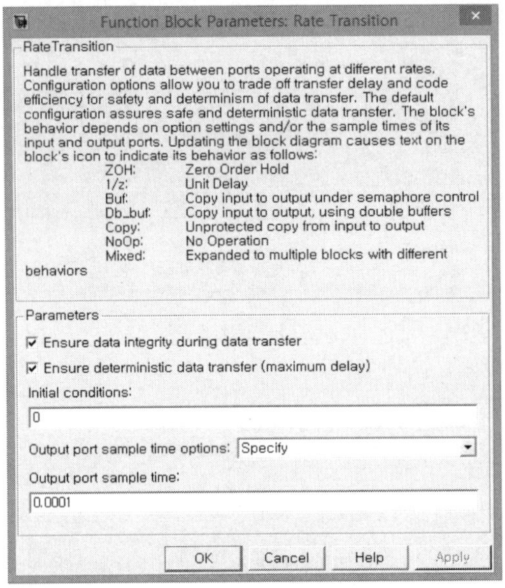

[예제 그림 4.7]

6 입력신호와 반송파 신호를 곱하기 위해 Product 속성은

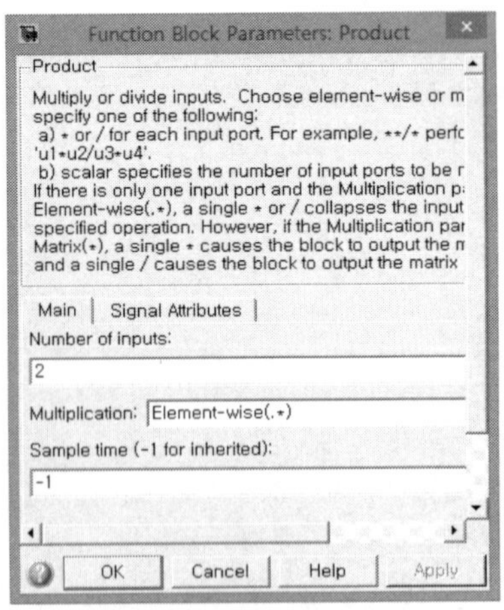

[예제 그림 4.8]

7 코사인 함수를 곱하면 진폭이 1/2로 줄기 때문에 진폭을 1로 만들어 주기 위해 Gain 함수를 삽입하고 이의 속성은

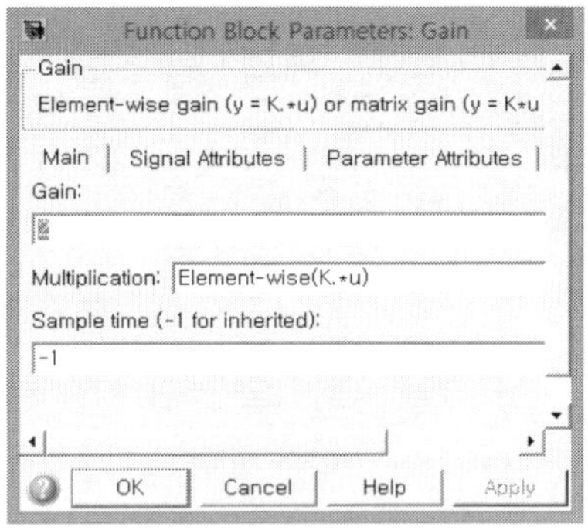

[예제 그림 4.9]

이다.

8 채널을 통과시키기 위해 AWGN Channel을 삽입하고 속성은

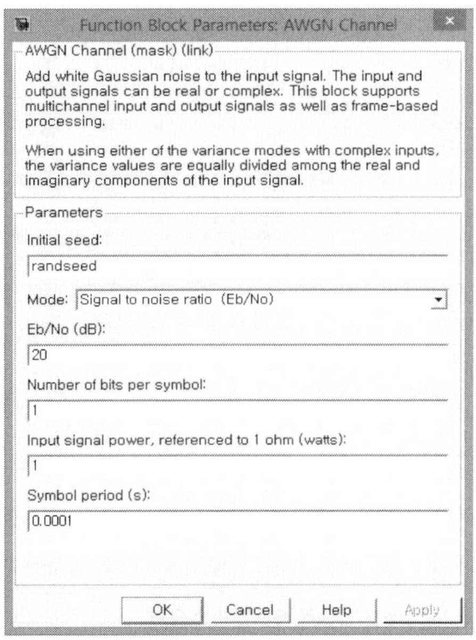

[예제 그림 4.10]

여기서 나중에 Eb/No의 값은 0-20 사이에서 조절하여 채널에서 첨가되는 잡음의 양을 조절한다.

9 수신단에 900[Hz]에서 1100[Hz]의 BPF를 삽입하기 위해서 Analog Filter Design 블록을 삽입하고 속성은

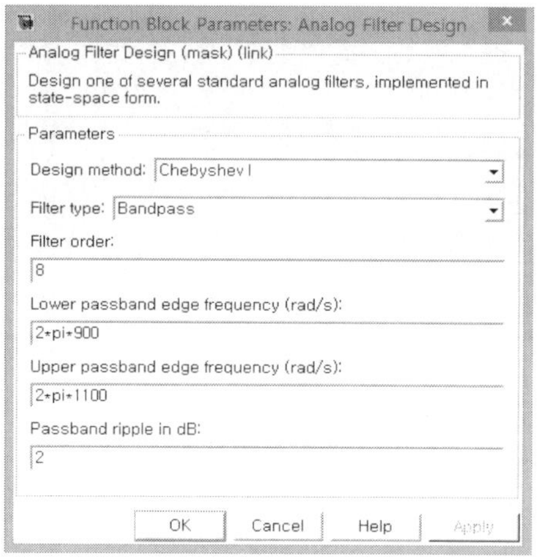

[예제 그림 4.11]

10 복조를 하기 위해 반송파 신호 Sine Wave4=$\cos(2\pi 1000t)$를 다음과 같이 만든다.

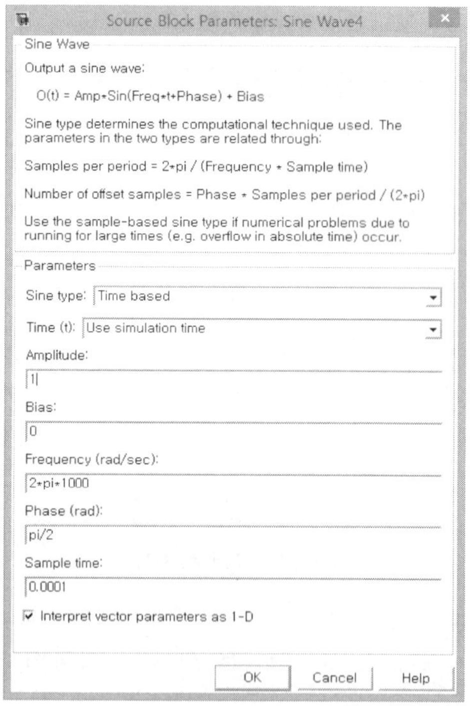

[예제 그림 4.12]

11 송신신호의 최대 주파수 100[Hz]까지만 통과시키기 위해 삽입된 LPF의 Analog Filter Design1 속성은

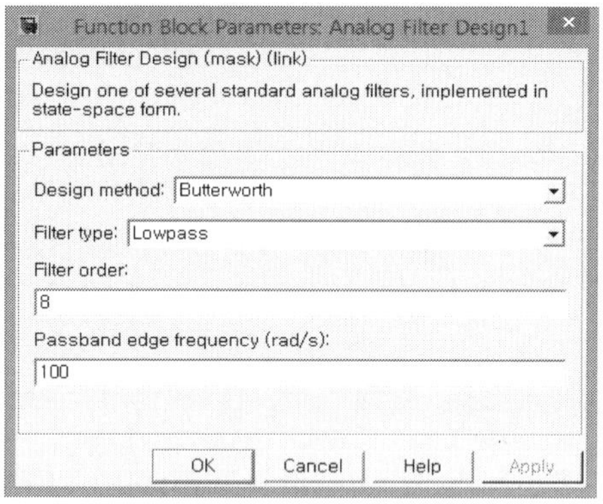

[예제 그림 4.13]

12 삽입된 Gain1 속성은

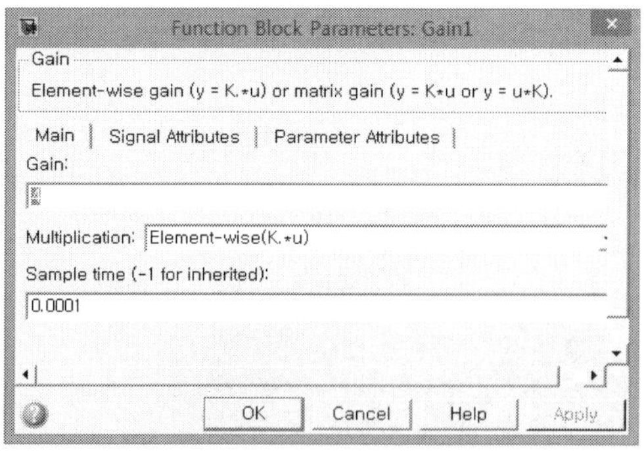

[예제 그림 4.14]

13 스펙트럼을 보기 위해 삽입한 Spectrum Scope 속성은

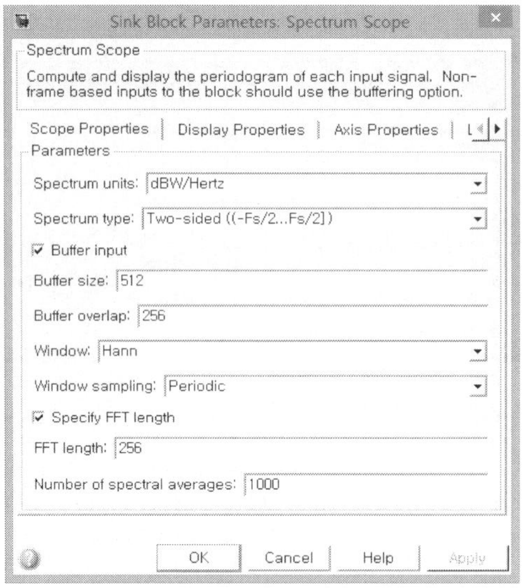

[예제 그림 4.15]

14 시뮬레이션을 수행하기 위해 Simulation 시간을 1로 입력하고 Start Simulation 버튼을 누른 후 Scope1, 2를 클릭하면 다음 그림과 같은 결과를 얻는다.

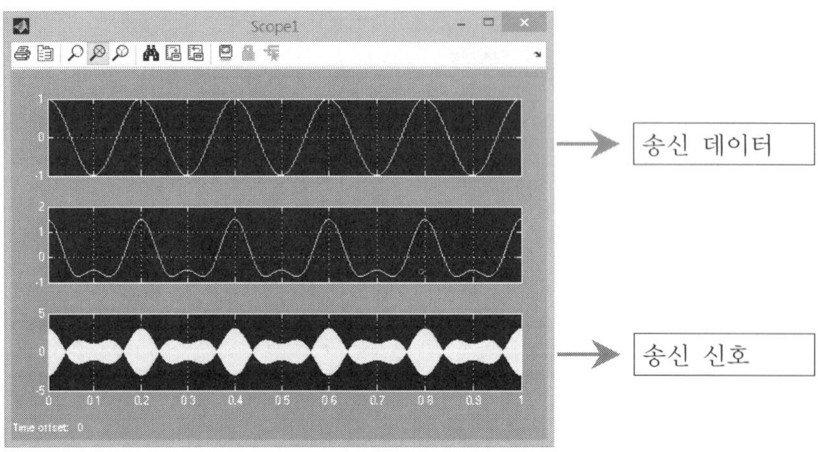

[예제 그림 4.16]

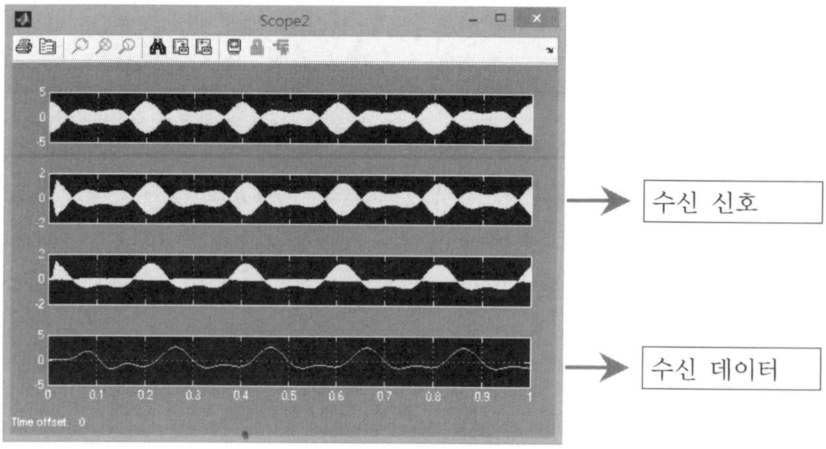

[예제 그림 4.17]

15 스펙트럼 파형을 보기 위해 다음 그림과 같이 Simulation 시간을 100으로 입력하고 Start Simulation 버튼을 누르면 다음과 같이 송수신 신호의 스펙트럼을 볼 수 있다.

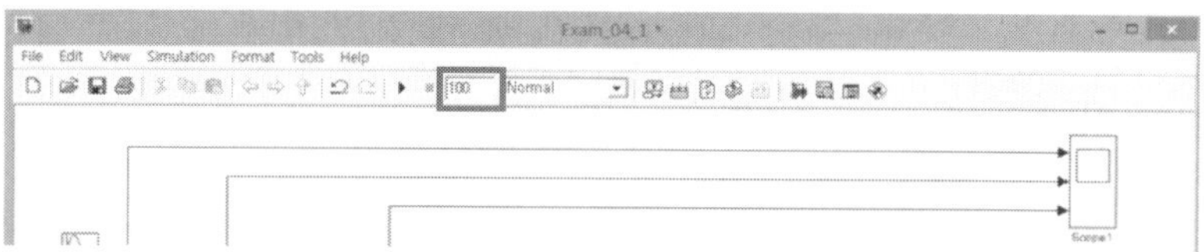

[예제 그림 4.18]

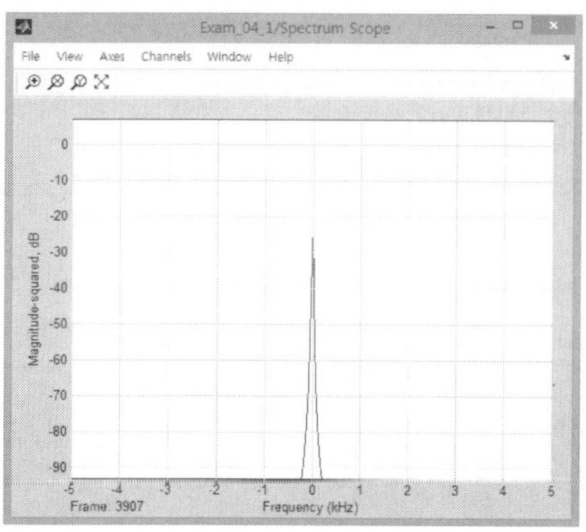

[예제 그림 4.19]

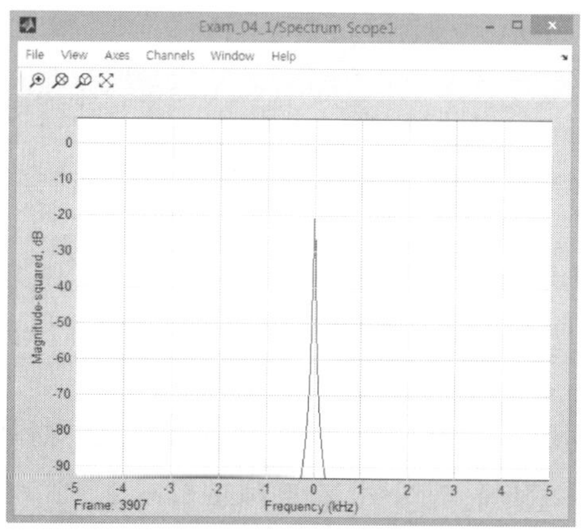

[예제 그림 4.20]

연습문제

4.1 반송파억압 양측파대변조(Double Side Band-Suppressed Carrier: DSB-SC)방식에서 정보 입력신호 $m(t)=5\cos(800\pi t)$를 반송파신호 $c(t)=50\cos(2\times10^6\pi t)$로 변조한 뒤 수신되는 개략도는 [그림 4.1]와 같다. 다음 물음에 대하여 답하시오.

(a) DSB-SC 변조신호 $f(t)=m(t)c(t)$의 시간과 주파수영역에서의 특성.

(b) 수신기 입력신호 $r(t)=f(t)$에 동기신호 $s(t)=2\cos(2\times10^6\pi t)$를 곱한 $e(t)=f(t)s(t)$의 시간과 주파수영역에서의 특성.

(c) 최대 대역폭이 $1000Hz$인 LPF를 통과한 뒤의 신호 $\hat{m}(t)$의 시간과 주파수 영역에서의 특성.

(d) 이 문제를 통하여 이해한 동기검파의 원리를 설명하시오.

4.2 두 신호 $s_1(t)=A_1\cos300\pi t$와 $s_2(t)=A_2\cos1000\pi t$를 각각 $c_1(t)=2\cos(2\times10^6\pi t)$와 $c_2(t)=2\sin(2\times10^6\pi t)$로 DSB-SC 변조한 뒤 결합한 신호 $g(t)=e_1(t)+e_2(t)$를 수신하여 복조하기 위한 수신기를 설계하십시오.

4.3 반송파억압 양측파대 변조(Double Side Band-Large Carrier: DSB-LC) 신호가 그림과 같을 때 다음에 답하시오.

(a) 변조지수

(b) 선 스펙트럼

(c) 측파대의 평균전력 대 반송파의 평균전력 비

(d) 변조율이 40%가 되기 위한 반송파 진폭의 크기

4.4 Hilbert 변환을 이용하여 다음 신호의 포락선을 구하시오.

$s(t)=\cos(2\pi t)+10\cos(300\pi t)\cos(200\pi t)$

4.5 DSB-SC에서 동기가 되지 않았을 경우 발생되는 문제점과 송수신기 설계에서 어려운 점에 대하여 검토해보십시오.

4.6 이상적인 대역통과필터의 임펄스 응답을 구하시오. 필터대역폭과 임펄스응답과의 관계를 설명하시오. 중심주파수 $f_c = 10^6 Hz$, 대역폭 B=4kHz, 그리고 크기는 A[V]이며 통과 대역에서의 위상 $\Theta(f) = -2\pi f$로 표현된다.

4.7 DSB 변조신호 $s_{DSB}(t)$=m(t)cos$2\pi f_c t$의 Fourier 변환은

$$S_{DSB}(f) = \frac{1}{2}M(f-f_c) + \frac{1}{2}M(f+f_c)$$

그림과 같은 필터를 이용하여 하측파대 변조(LSB)를 하여 다음과 같은 LSB 변조신호의 Fourier 변환은 다음과 같다.

$$S_{LSB}(f) = \frac{1}{2}H_L(f)[M(f-f_c) + M(f+f_c)]$$

정보신호 m(t)를 복조하는 방법에 대하여 검토하시오.

셀프평가

1. 나는 변조의 필요성을 이해하였다(예, 아니오).
2. 나는 변조정리를 완전히 이해하였다(예, 아니오).
3. 나는 DSB-SC와 DSB-TC를 이해하였다(예, 아니오).
4. 나는 동기검파와 비동기검파를 이해하였다(예, 아니요).
5. 나는 힐버트변환과 SSB와의 관계를 완전히 이해하였다(예, 아니오).

** '**아니오**'가 발견되면 본문을 복습하여 '**예**'로 바꿀 수 있는 능력을 기르십시오.

Chapter 05

각변조 (Angle Modulation)

공부할 내용

1. 고정주파수와 순시주파수
2. 주파수변조(FM)
3. 위상변조(PM)
4. 각변조 신호의 협대역 주파수특성
5. 각변조 신호의 광대역 주파수특성
6. Carson의 법칙
7. 주파수변별기
8. 평형변별기
9. 간섭신호에 대한 대책
10. PLL을 이용한 FM복조
11. FM 스테레오 방식

5.1 순시주파수

각변조는 진폭변조와는 달리 $s(t)=A(t)\cos[\omega_c t+\phi(t)]$에서 A(t)는 일정한 상수고 위상 $\psi(t)=\omega_c t+\phi(t)$를 정보신호 $m(t)$에 따라 다르게 변화시키는 변조방식이다. 위상 $\psi(t)$에 대한 순시주파수는 $f_i(t)=\dfrac{d\psi(t)}{2\pi dt}=f_c+\dfrac{d\phi(t)}{2\pi dt}=f_c+f_{ins}(t)$로 주어진다. 여기서 f_c는 고정주파수이며 $f_{ins}(t)$는 정보신호에 따라 수시로 변화하는 주파수 성분이다.

5.2 주파수변조(Frequency Modulation:FM)

정보신호 $m(t)$에 따라 주파수가 비례하여 변화되는 방식을 주파수변조(frequency modulation)라 한다.

$$f_{ins}(t)=f_d m(t) \tag{5.2.1}$$

여기서 f_d[Hz/$m(t)$의 단위]는 주파수편이상수(frequency-deviation constant)로서 정보신호 $m(t)$의 단위에 대한 주파수편이를 의미한다.
따라서

$$\begin{aligned}\phi(t)&=\int^t 2\pi f_{ins}(\tau)d\tau=\int^t 2\pi f_d m(\tau)d\tau=2\pi f_d\int^t m(\tau)d\tau\\&=k_f\int^t m(\tau)d\tau\end{aligned} \tag{5.2.2}$$

여기서 k_f[radian/sec/$m(t)$의 단위]는 각주파수편이상수다. 정보신호 단위에 대한 각주파수(angular frequency) 편이를 의미한다. 그리고 주파수변조 신호 $s_{FM}(t)$는 다음과 같이 정의된다.

$$s_{FM}(t)=A_c\cos[2\pi f_c t+2\pi f_d\int^t m(\tau)d\tau] \tag{5.2.3}$$

예로서 반송파 주파수가 f_c[Hz]이고 정보신호 $m(t)=u(t)$라 가정하면 $s_{FM}(t)$의 주파수는 $t<0$에서 반송파주파수 f_c[Hz]가 되며 $t>0$이면 f_c+f_d가 된다.

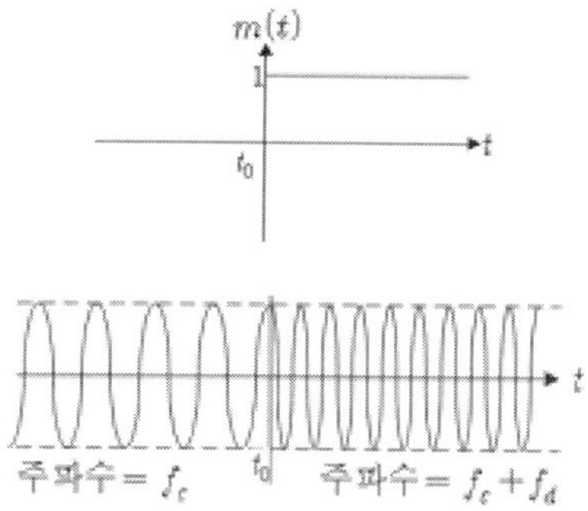

[그림 5.2.1] 단위 계단함수에 대한 주파수변조

5.3 위상변조(Phase Modulation:PM)

위상변조는 정보신호 $m(t)$에 비례하여 위상을 변화시키는 변조 방식이다.

$$\phi(t)=k_p m(t) \tag{5.3.1}$$

여기서 k_p[radian/$m(t)$의 단위]는 위상편이상수(phase deviation constant)로서 정보신호 단위에 따른 위상편이를 의미한다. 따라서 위상변조 신호 $s_{PM}(t)$는 다음과 같이 정의된다.

$$s_{PM}(t)=A_c\cos[2\pi f_c t+k_p m(t)] \tag{5.3.2}$$

예로서 반송파 주파수가 f_c[Hz]이고 정보신호 $m(t)=u(t)$라 가정하면 $s_{PM}(t)$의 위상은 $t<0$일 경우 0[rad] 그리고 $t>0$일 경우는 k_p[radian]이 된다.

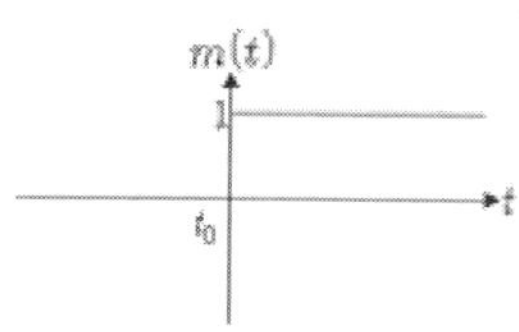

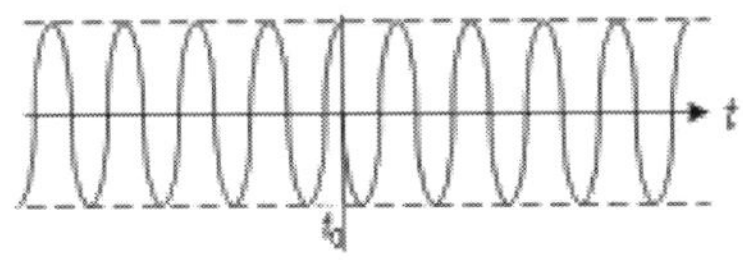

[그림 5.3.1] 단위 계단함수에 대한 위상변조

5.4 각변조의 주파수특성

각변조 신호 $s(t)$는 정보신호의 변화에 따라 순시적으로 주파수가 달라지기 때문에 복잡한 주파수 특성을 갖게 된다.

5.4.1 협대역주파수특성

$$s(t) = A_c \cos[\omega_c t + \phi(t)]$$
$$= A_c \cos\omega_c t cos\phi(t) - A_c \sin\omega_c t sin\phi(t)$$

만약 $\phi(t) \ll 1$면 $\cos\phi(t) \approx 1$, $\sin\phi(t) \approx \phi(t)$로 놓을 수 있으므로

$$s(t) = A_c \cos\omega_c t - A_c \phi(t) \sin\omega_c t \qquad (5.4.1a)$$

한편 AM의 형태는

$$s_{AM}(t) = A\cos\omega_c t + m(t)\cos\omega_c t \qquad (5.4.1b)$$

이기 때문에 협대역 각변조 신호는 $s_{AM}(t)$ 신호 즉 DSB-TC 특성과 비슷함을 알 수 있다. 따라서 각 변조 협대역의 주파수특성은 정보신호가 갖는 대역폭의 2배가 된다.

5.4.2 광대역주파수특성

문제를 단순하게 분석하기 위하여 정보신호 $m(t)$가 단일 주파수 $\omega_m = 2\pi f_m$을 갖는 정현파로 가정하면 위상은 다음과 같이 정의된다.

$$\phi(t) = \beta\sin\omega_m t \qquad (5.4.2)$$

여기서 β는 변조지수(modulation index)로 FM과 PM에서 최대위상편이를 의미한다. 예로서 정보신호 $m(t)=Asinw_m t$인 PM변조에서 위상 $\phi(t)$는 다음과 같다.

$$\phi(t)=k_p m(t)=Ak_p \sin w_m t=\beta \sin \omega_m t \tag{5.4.3}$$

이 경우 변조지수 $\beta=Ak_p$가 된다. 정보신호 $m(t)=Acosw_m t$인 FM 변조에서

$$\begin{aligned}\frac{d\phi(t)}{dt}&=k_f m(t)=k_f Acosw_m t,\\ \phi(t)&=\int k_f Acos\omega_m tdt=k_f\frac{A}{\omega_m}sin\omega_m t=\beta \sin w_m t\end{aligned} \tag{5.4.4}$$

이 경우 $\beta=\frac{k_f A}{w_m}=\frac{2\pi f_d A}{2\pi f_m}=\frac{f_d}{f_m}A$, f_d는 고정된 상수이므로 β는 정보신호 주파수 f_m의 영향을 받는다. 만약 $f_m \gg 1$이면 $\beta \ll 1$이 되고 [그림 5.4.1]과 같이 정보신호 최대주파수 f_m의 2배가 중요한 의미를 가지며 $f_m \ll 1$이면 $\beta \gg 1$이 되므로 f_m의 배수로 이루어지는 많은 측파 대역을 [그림 5.4.2]와 같이 갖게 된다.

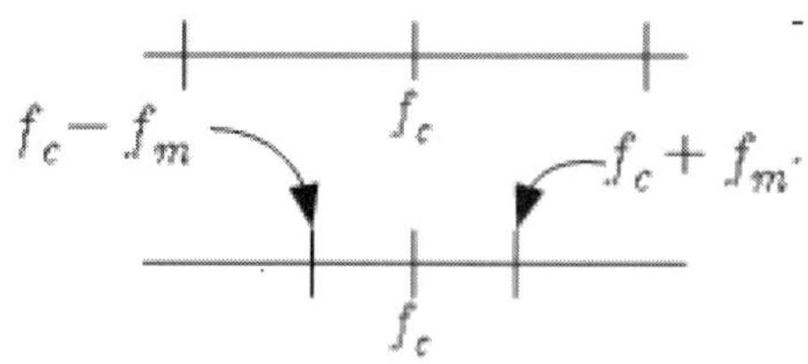

[그림 5.4.1] $f_m \gg 1$이면 $\beta \ll 1$인 FM 주파수특성

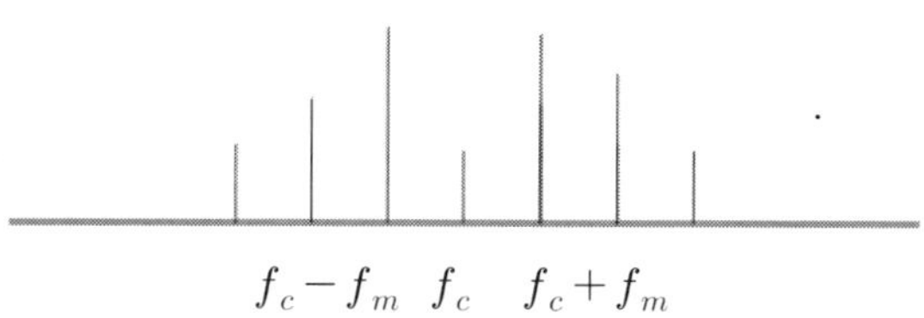

[그림 5.4.2] $f_m \ll 1$이면 $\beta \gg 1$인 경우의 FM 주파수 특성

식 (5.4.3)으로부터

$$\begin{aligned} s(t) &= A_c \cos(\omega_c t + \beta \sin \omega_m t) \\ &= Re[A_c e^{j\omega_c t} e^{j\beta \sin \omega_m t}] \end{aligned} \tag{5.4.5}$$

여기서 $e^{j\beta \sin \omega_m t}$는 주기함수기 때문에 푸리에급수로 전개할 수 있다.

$$e^{j\beta \sin \omega_m t} = \sum_{n=-\infty}^{\infty} c_n e^{jn\omega_m t} \tag{5.4.6}$$

여기서 푸리에계수 c_n은 다음과 같이 구할 수 있다.

$$c_n = \frac{\omega_m}{2\pi} \int_{-\frac{\pi}{\omega_m}}^{\frac{\pi}{\omega_m}} [e^{j\beta \sin \omega_m t}] e^{-jn\omega_m t} dt$$

$$\left(w_m = 2\pi f_m = \frac{2\pi}{T_m},\ \frac{1}{T_m} = \frac{w_m}{2\pi},\ w_m t = x,\ t = \frac{x}{w_m},\ dt = \frac{1}{w_m} dx\right) \tag{5.4.7}$$

$$= \frac{1}{2\pi} \int_{-\pi}^{\pi} [e^{-j(nx - \beta \sin x)}] dx = J_n(\beta)$$

여기서 $J_n(\beta)$는 n과 β의 함수로서 차수 n이고 β를 변수로 하는 1종 Bessel 함수라 부른다. [그림 5.4.3]은 이 Bessel함수의 특성을 보여준다.

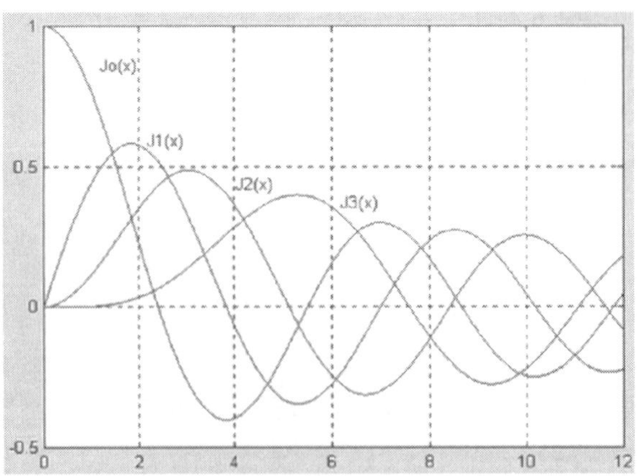

[그림 5.4.3] 1종 Bessel 함수 $J_n(\beta)$

식 (5.4.7)을 식 (5.4.6)에 대입하면

$$e^{j\beta \sin \omega_m t} = \sum_{n=-\infty}^{\infty} J_n(\beta) e^{jn\omega_m t} \tag{5.4.8}$$

식 (5.4.8)을 식 (5.4.5)에 대입하면

$$s(t) = Re[A_c e^{j\omega_c t} \sum_{n=-\infty}^{\infty} J_n(\beta) e^{jn\omega_m t}]$$

$$= Re[A_c \sum_{n=-\infty}^{\infty} J_n(\beta) e^{j(\omega_c + n\omega_m)t}]$$

$$s(t) = A_c \sum_{n=-\infty}^{\infty} J_n(\beta) \cos(\omega_c + n\omega_m)t \tag{5.4.9}$$

식 (5.4.9)에서 $s(t)$는 ω_c를 중심주파수로 ω_m의 정수배로 무한대까지 스펙트럼이 넓게 분포되었으며 대역폭이 무한함을 알 수 있다. 한편 Bessel함수 $J_n(\beta)$는 n이 짝수이면 $J_n(\beta) = J_{-n}(\beta)$, 그리고 n이 홀수이면 $J_n(\beta) = -J_{-n}(\beta)$인 특성을 갖는다. [그림 5.4.4]는 각변조 신호 $s(t)$의 주파수 스펙트럼을 보여준다.

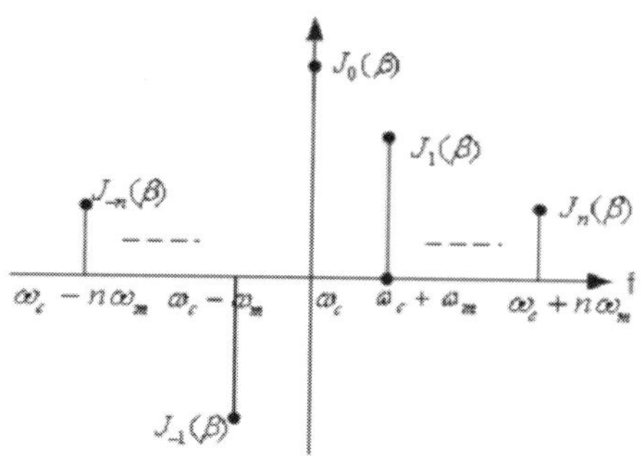

[그림 5.4.4] 각변조 신호의 주파수스펙트럼

그러나 무한대의 대역폭은 통신에서 사용할 수 없고 $\lim_{n \to \infty} J_n(\beta) = 0$이기 때문에 전력의 대부분을 포함하는 [그림 5.4.5]와 같이 적절한 범위의 대역폭을 설정할 수 있다.

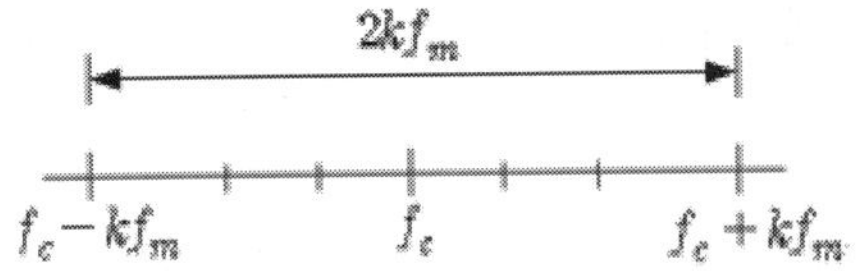

[그림 5.4.5] $n=k$까지의 대역폭

다음과 같이 전력비 P_r을 정의하면

$$P_r = \frac{k\text{번째대역폭까지의 전력}}{\text{총전력}} = \frac{\frac{1}{2}A_c^2 \sum_{n=-k}^{k} J_n^2(\beta)}{\frac{1}{2}A_c^2}$$

$$= J_0^2(\beta) + 2\sum_{n=1}^{k} J_n^2(\beta)$$

적절한 전력비에서 대역폭 $B=2kf_m$이 되며 $P_r \geq 0.98$이 되는 조건에서 $k=\beta+1$의 관계를 갖는다. 따라서 광대역에서의 대역폭은

$$B \cong 2(\beta+1)f_m \tag{5.4.10}$$

으로 정의 된다. 만약 $\beta \ll 1$이면 $B=2f_m$으로 협대역 대역폭이 된다. 지금까지의 분석은 정보신호가 단일 주파수 f_m인 정현파신호에서 분석이 이루어 졌다. 대역폭 W를 갖는 임의의 신호를 고려하면

$$D = \frac{\text{최대주파수편이}}{W} = \frac{f_d|m(t)|_{\max}}{W}$$

로 정의되는 주파수편이 비 D를 이용하면

$$B = 2(D+1)W \tag{5.4.11}$$

로 대역폭을 정의할 수 있으며 Carson의 법칙이라 한다. 만약 $D \ll 1$면 $B=2W$로 협대역이 된다.

5.5 FM 신호의 복조

5.5.1 주파수변별기

주파수변별기(frequency discriminator)는 [그림 5.5.1]과 같이 입력된 신호의 주파수에 비례하여 출력 전압을 달리 하는 기능을 갖는다.

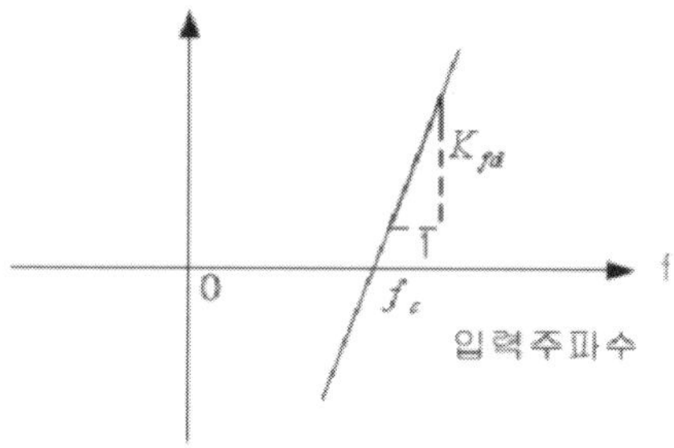

[그림 5.5.1] 주파수변별기 특성

주파수변별기 입력에

$$s_r(t) = A_c \cos[\omega_c t + k_f \int^t m(\tau)d\tau] \tag{5.5.1}$$

가 입력되면 변별기 출력

$$\begin{aligned} s_{fd}(t) &= \frac{1}{2\pi} K_{fd} \frac{d\phi(t)}{dt} = \frac{1}{2\pi} K_{fd} \frac{d[k_f \int^t m(\tau)d\tau]}{dt} \\ &= \frac{1}{2\pi} K_{fd} k_f m(t) = K_{fd} f_d m(t) \end{aligned} \tag{5.5.2}$$

로서 정보신호 $m(t)$를 변별해 낼 수 있다. 여기서 K_{fd}[V/Hz]는 변별기 상수, $k_f = 2\pi f_d$, 그리고 $\phi(t) = k_f \int^t m(\tau)d\tau$이다. 식 (5.5.1)의 양변을 미분하면

$$\frac{ds_r(t)}{dt} = -A_c[\omega_c + k_f m(t)]\sin[\omega_c t + k_f \int^t m(\tau)d\tau]$$

로 되어 $m(t)$가 정현파의 진폭을 변조하는 형태로 변한다. $\omega_c \gg k_f m(t)$이므로 포락선검파기를 통과하면 출력 $s_{fd}(t) = A_c k_f m(t) = 2\pi A_c f_d m(t)$를 얻을 수 있다. 이 경우 식 (5.5.2)에서 변별기상수 $K_{fd} = 2\pi A_c$의 크기를 갖는다. 따라서 [그림 5.5.2]와 같이 미분기와 통상적인 포락선검파를 통하여 FM의 복조가 가능하다. [그림 5.5.3]은 [그림 5.5.2]의 FM 복조기를 회로로 구성한 것이다.

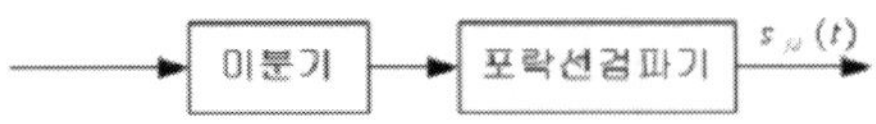

[그림 5.5.2] FM 복조기

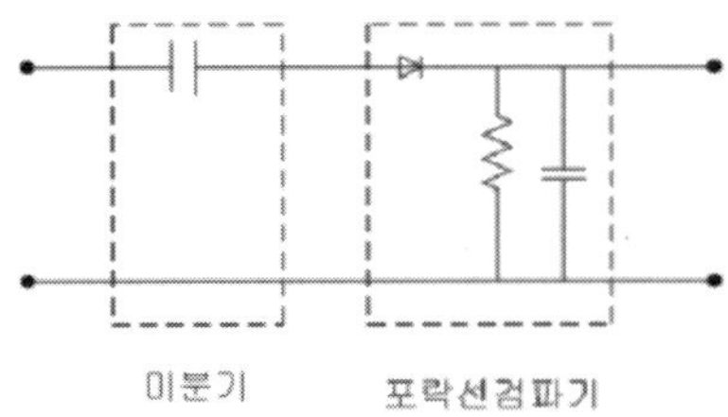

[그림 5.5.3] FM 복조기의 회로도

[그림 5.5.4]는 C-R회로로 구성되는 미분기의 전달함수 $|H(f)|$의 특성을 보여준다. 선형을 유지하는 구간이 크지 않음을 알 수 있다.

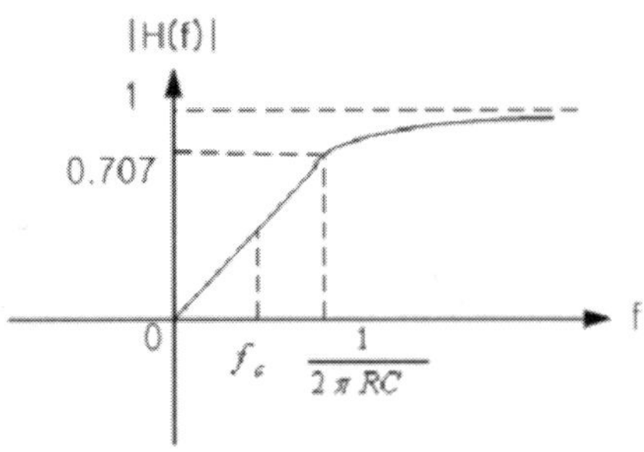

[그림 5.5.4] C-R 회로의 전달함수

5.5.2 평형변별기(balanced discriminator)

[그림 5.5.5]는 평형변별기의 회로도를 보여준다. 평형변별기는 공진주파수 $f_1 > f_2$를 달리하는 두 개의 공진회로 $H_1(f)$와 $H_2(f)$를 이용하여 한 개일 때 [그림 5.5.5]와 같이 선형영역이 좁았던 것을 결합 $||H_1(f)| - |H_2(f)||$을 통하여 선형영역을 넓이는 방식이다.

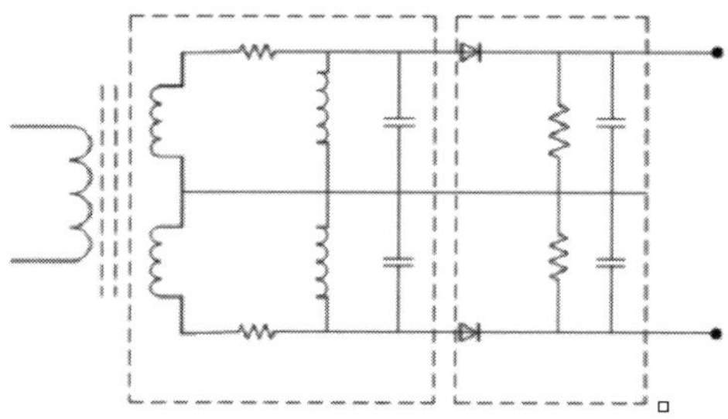

[그림 5.5.5] 평형변별기 회로도

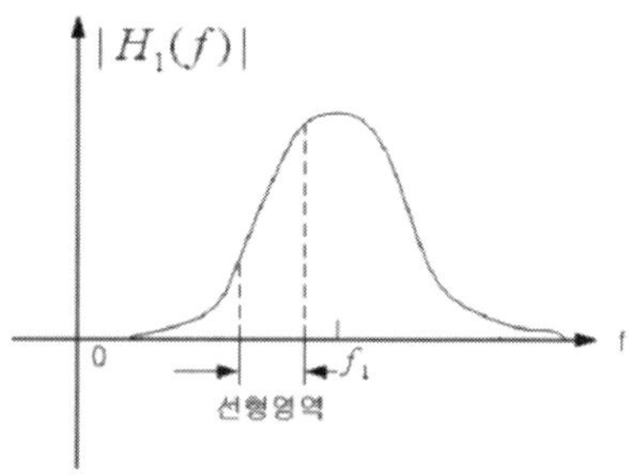

[그림 5.5.6] 공진주파수 f_1인 공진회로 전달함수 특성

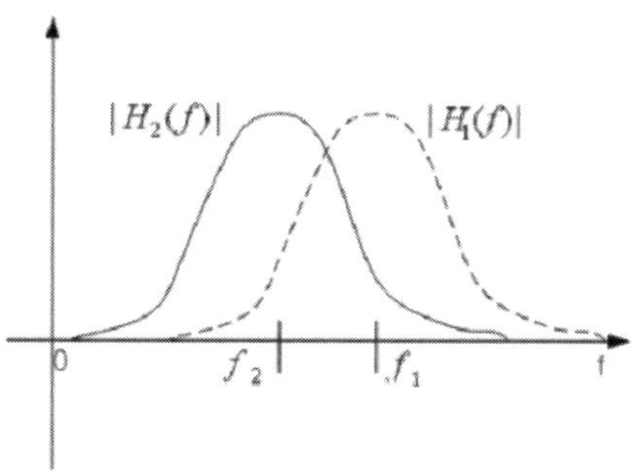

[그림 5.5.7] 공진주파수 f_1, f_2인 공진회로 전달함수 특성

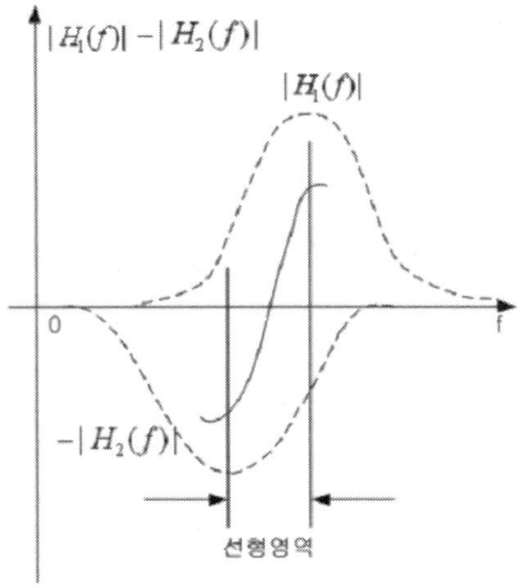

[그림 5.5.8] $|H_1(f)-H_2(f)|$ 특성

5.6 간섭신호에 대한 대책

수신기에서 주파수 변별기는 입력 주파수가 커질수록 출력이 크게 된다. 따라서 높은 주파수의 간섭신호는 수신기에서 강조되어 더욱 큰 영향을 미치게 된다. 이를 해결하려고 간섭신호를 제거하기 위하여 적절한 필터를 사용하면 유익한 신호까지 손실된다. 간섭신호에 대한 대책은 [그림 5.6.1]과 같이 송신기에서 프리엠패시스(pre-emphasis)를 통하여 이 부분의 신호를 강조하여 보내고 수신기에서는 디엠패시스(de-emphasis)를 이용하여 억제하면 신호의 손실을 막고 송신기와 수신기사이에서 발생된 간섭성분은 수신측에서 억제할 수 있다.

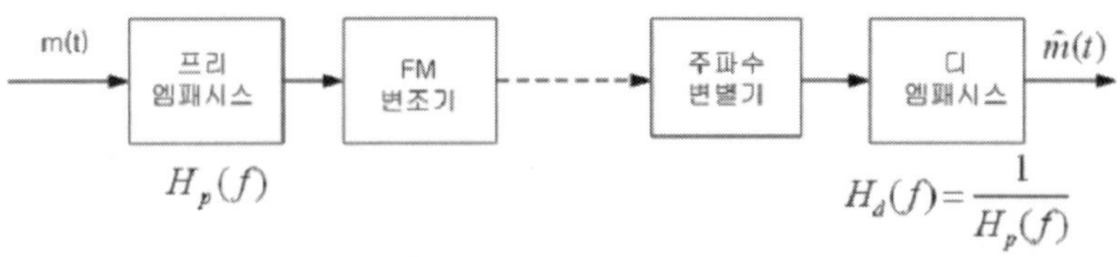

[그림 5.6.1] 간섭신호제거를 위한 시스템

5.7 PLL을 이용한 FM 복조

위상고정루프(Phase Locked Loop: PLL)는 다양하게 이용되는 매우 유용한 시스템이다. 이 절에서는 PLL을 이용하여 FM을 복조할 수 있는 방법을 살펴본다. PLL은 [그림 5.7.1]과 같이 위상비교기(phase detector: PD), 루프필터(loop filter), 루프증폭기(loop amplifier) 그리고 전압제어 발진기(voltage controlled oscillator: VCO)로 구성된다.

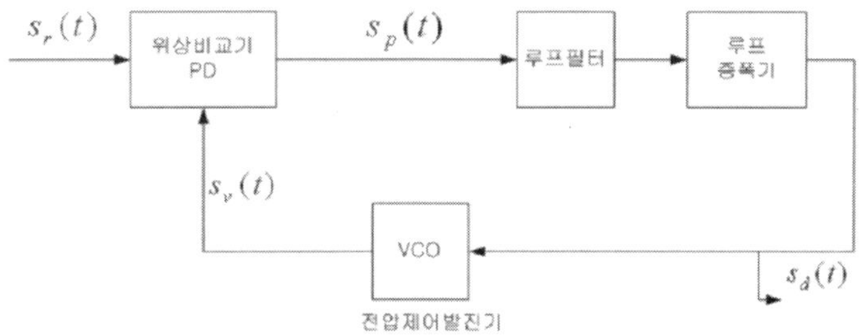

[그림 5.7.1] PLL 구성도

여기서 위상비교기는 입력신호 $s_r(t)$와 전압제어발진기출력 $s_v(t)$의 위상을 비교한다. 전압제어발진기는 입력된 신호 $s_d(t)$에 따라 출력신호 $s_v(t)$의 주파수를 변화시킨다. 따라서 출력신호 $s_v(t)$의 위상 $\phi_v(t)=k_v\int^t s_d(\tau)d\tau$로 변화한다. 여기서 k_v [radian/sec/V]는 VCO 변조지수다. 입력신호 위상은 $\phi(t)$로 두 위상을 비교하여 신호 $s_p(t)$를 만들어 낸다. 위상이 완전히 고정되면 $\phi_v(t)\simeq\phi(t)$관계를 갖는다. 따라서 $\frac{d\phi_v(t)}{dt}\simeq\frac{d\phi(t)}{dt}$ 관계를 가지며 $k_v s_d(t)\simeq k_f m(t)$로부터 $s_d(t)\approx\frac{k_f}{k_v}m(t)$로부터 정보신호를 추출할 수 있다. 즉 VCO 입력신호 $s_d(t)$가 정보신호가 된다.

5장 Matlab Simulink 예제

예제 5-1

Matlab을 이용하여 FM 변복조 시스템을 알아보기 위해 다음 그림과 같은 FM 변복조 시스템을 설계하시오. 단 FM 반송파 주파수는 1000[Hz], 주파수 편이는 100[Hz]로 하시오.

[예제 그림 5.1]

필요한 Simulink Library Block

Simulink Library Browser에서 다음과 같은 Simulink Library Block을 준비한다.

1. Simulink ▶ Sources ▶ Sine Wave
2. Simulink ▶ Signal Attributes ▶ Rate Transition
3. Communications Blockset ▶ Modulation ▶ Analog Passband Modulation ▶ FM Modulator Passband
4. Communications Blockset ▶ Channels ▶ AWGN Channel
5. Communications Blockset ▶ Modulation ▶ Analog Passband Modulation ▶ FM Demodulation Passband
6. Signal Processing Blockset ▶ Filtering ▶ Filter Implementations ▶ Analog Filter Design
7. Simulink ▶ Sinks ▶ Scope

풀이 5-1

1 Matlab Simulink를 실행 후 다음과 같은 블록도를 만든다.

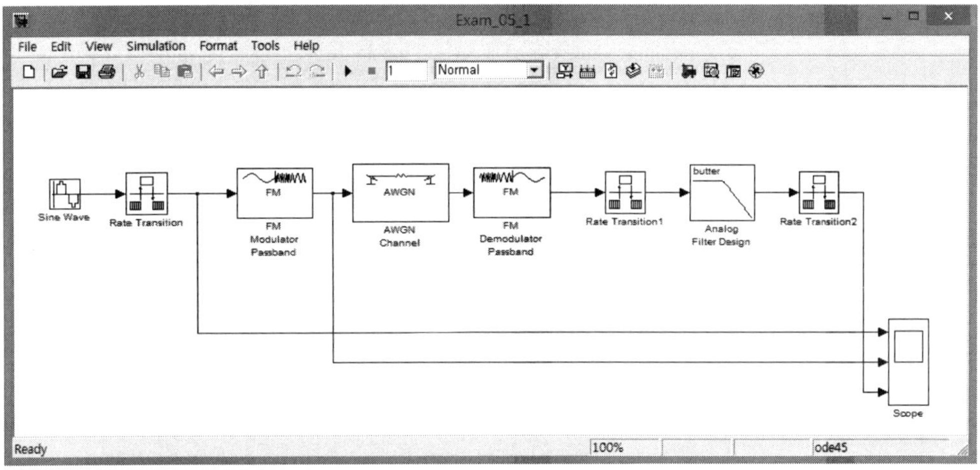

[예제 그림 5.2]

2 입력신호 $8\cos(2\pi 10t)$를 만들어 주기 위해 Sine Wave 속성은

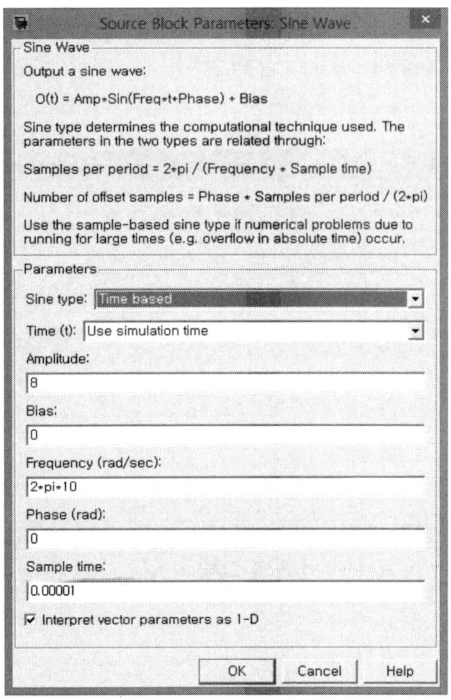

[예제 그림 5.3]

3 Sine Wave와 FM Modulator Passband사이의 동작 속도를 맞추기 위해 다음과 같이 Rate Transition을 삽입한다.

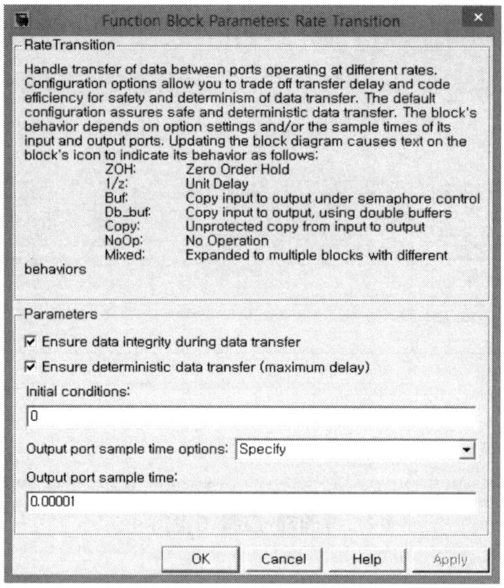

[예제 그림 5.4]

4 FM 반송파 주파수를 1000[Hz], 주파수 편이는 100[Hz]로 하기 위해 FM Modulator Passband의 속성을 다음과 같이 입력한다.

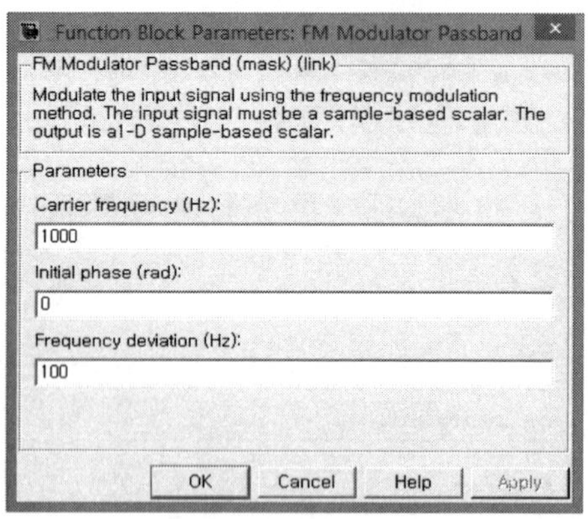

[예제 그림 5.5]

5 채널을 통과시키기 위해 AWGN Channel의 속성은

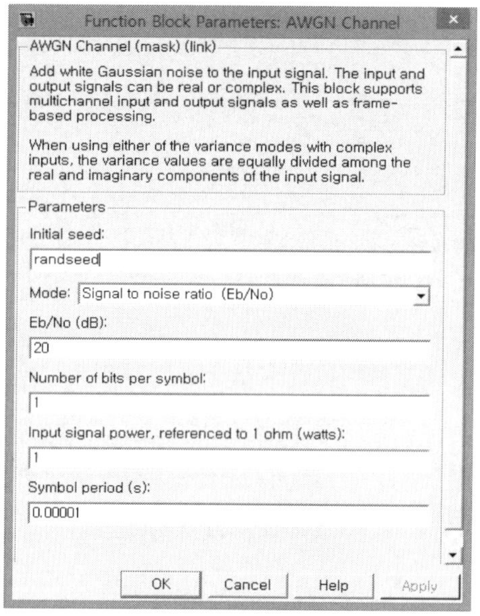

[예제 그림 5.6]

여기서 나중에 Eb/No의 값은 0-20 사이에서 조절하여 채널에서 첨가되는 잡음의 양을 조절한다.

6 FM Demodulation Passband의 속성은 송신단에서처럼

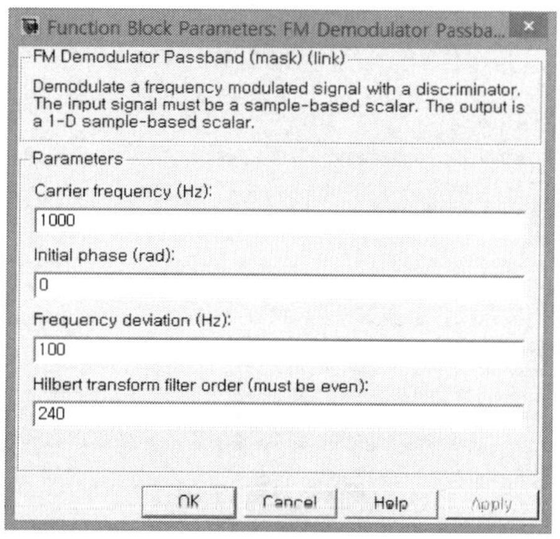

[예제 그림 5.7]

7 송신 신호 주파수 10[Hz] 이하만을 통과시키기 위해 다음과 같이 Analog Filter Design을 삽입하고 여기서 Passband edge frequency를 $2\times\pi\times 15$[rad/s]정도로 입력하여 준다.

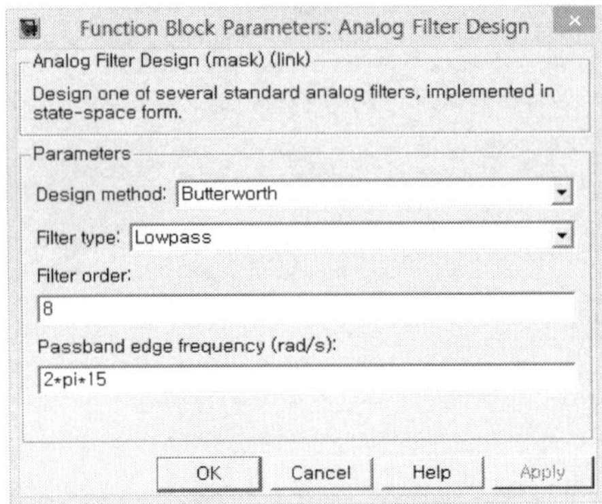

[예제 그림 5.8]

8 상이한 속도를 맞추기 위해 Rate Transition1을 다음과 같이 입력한다.

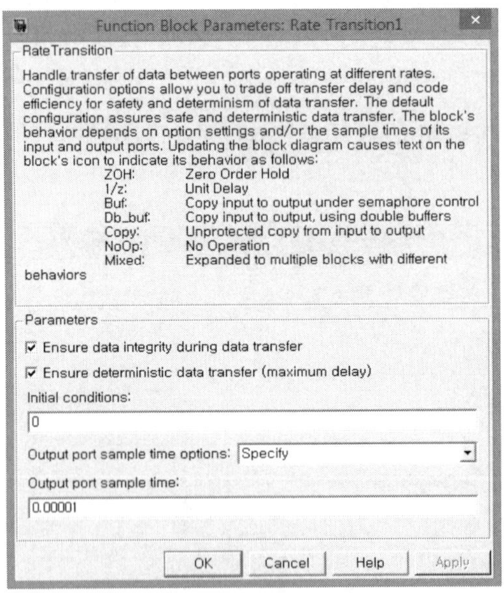

[예제 그림 5.9]

9 시뮬레이션을 수행하기 위해 Simulation 시간을 1로 입력하고 Start Simulation 버튼을 누른 후 Scope1, 2를 클릭하면 다음 그림과 같은 결과를 얻는다.

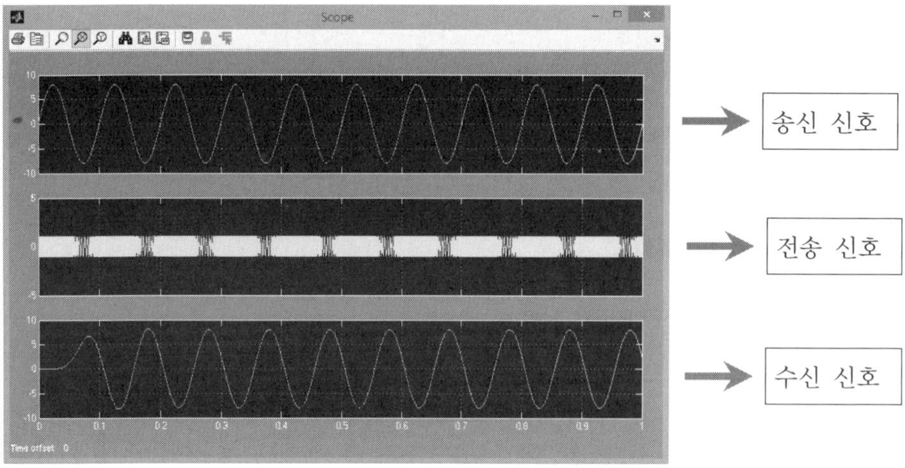

[예제 그림 5.10]

Scope 화면을 좀 더 자세히 보기 위해 도구 그림의 속성을 클릭하여 x축을 확대하거나 Scope 화면의 x축에 마우스 커서를 갖다놓고 더블클릭하면 다음 그림과 같은 확대 화면을 얻을 수 있다.

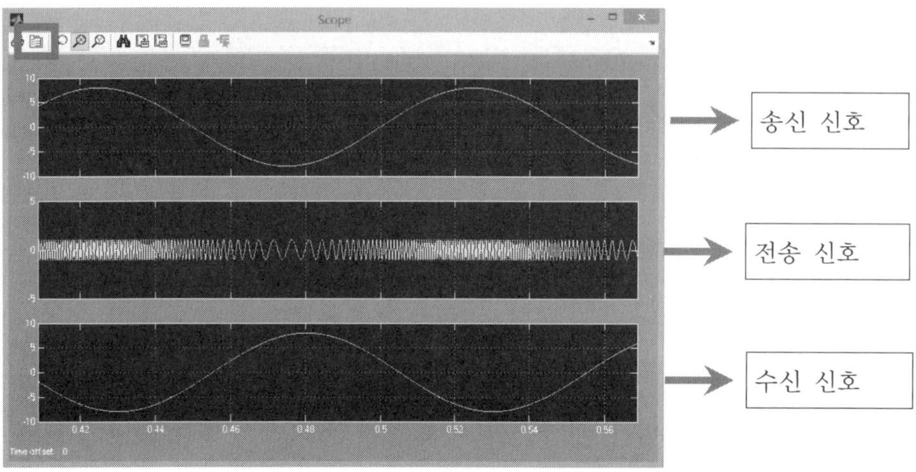

[예제 그림 5.11]

연습문제

5.1 다음 신호의 $t=10$[sec]일 때 순시주파수를 구하시오.

(a) $s(t)=\cos(t+t^2)$

(b) $s(t)=100[\sin(t)\cos(20\pi t)+\cos(t)\sin(20\pi t)]$

(c) $s(t)=e^{-j300\pi t^2}$

(d) $s(t)=20\cos(5\pi t+30^o)$

5.2 다음 [그림 5.1]과 같은 정보신호에 대하여 주파수변조 FM과 위상변조 PM을 그림으로 설명하시오. 단 변조지수 k_f및 k_p는 임으로 정하여 수행하시오.

5.3 다음 정보신호에 대한 FM 신호의 대역폭을 구하시오. 단 $k_f=10[Hz/V]$이다.

(a) $m(t)=50\cos(100\pi t)$ [V]

(b) $m(t)=40\cos(200\pi t)$ [V]

(c) $m(t)=5\sin(150\pi t)$ [V]

5.4 각 변조 신호가 다음과 같이 주어질 때 물음에 답하시오.

$s_{FM}(t)=100\cos[2\times10^3\pi t+2\sin200\pi t]$

(a) 순시주파수

(b) 대역폭

(c) 각변조에서 이 대역폭은 협대역 도는 광대역 여부

(d) FM과 PM에서 각각 정보신호 $m(t)$

5.5 부하저항이 1[Ω]인 아래의 FM 신호에 대하여 물음에 답하시오.

(a) 총 평균전력

(b) 최대주파수편이

(c) 근사적인 대역폭

(d) 총 평균전력에 대한 신호전력의 비율

5.6 PLL에서 FM변조 기능과 VCO 기능을 비교하시오. 그리고 FM신호로부터 정보신호를 복조할 수 있는 원리를 설명하시오.

셀프평가

1. 나는 진폭변조와 각변조의 차이를 이해하였다(예, 아니오).

2. 나는 위상변조와 주파수변조를 이해하였다(예, 아니오).

3. 나는 주파수변조의 대역특성을 이해하였다(예, 아니요).

4. 나는 Carson 법칙을 이해하였다(예, 아니오).

5. 나는 미분기와 FM 복조와의 관계를 이해하였다(예, 아니오).

6. 나는 PLL의 특성과 FM 복조와의 관계를 이해하였다(예, 아니요).

** '**아니오**'가 발견되면 본문을 복습하여 '**예**'로 바꿀 수 있는 능력을 기르십시오.

Chapter 06

확률이론

공부할 내용

1. 확률의 의미
2. 랜덤변수
3. 확률분포함수
4. 확률밀도함수
5. 평균(mean), 분산(variance)
6. 이항분포
7. Poisson 분포
8. Gaussian 확률밀도함수
9. Rayleigh 확률밀도함수
10. Rician 확률밀도함수
11. 랜덤과정
12. 정상상태
13. Ergodic 과정
14. 랜덤과정의 전력스펙트럼밀도

확률(probability)은 예측하기 어렵고 정확성을 기약할 수 없을 때 자주 이용되는 단어다. 예로서 내일의 날씨 예측은 확률로만이 가능하며 정확성을 위해서는 많은 데이터가 요구될 것이다. 동전을 던지면 앞면이 나올지 뒷면이 나올지 정확히 알아낼 수 없다. 단지 수없이 던지면 앞면과 뒷면이 절반 정도 나올 것이다. 확률로 이야기하지 않아도 될 확실한 것은 내일 동쪽에서 해가 뜬다는 것이다. 확률이 높은 사건은 일어날 수 있다는 것을 신뢰성을 갖고 예측할 수 있다. 통신에서 이용되는 확률이론은 예측할 수 없는 간섭신호로부터 손상된 데이터로부터 정확히 정보신호를 복원하여 추출하기 위하여 공부하게 된다. 따라서 확률이론을 공부하고 이를 통신시스템에 응용하지 못한다면 기술자로서는 무의미한 이론을 공부한 것이 된다. 확률이론은 통신에서 발생되는 랜덤신호와 잡음을 표현하기 위하여 중요하게 사용되는 분야다. 랜덤신호는 시간상에서 과거와 현재의 값으로 미래의 값을 정확하게 예측할 수 없는 신호다. 따라서 통신에서 발생되는 확률적인 현상을 수학모델로 표현할 수 있는 통계적인 방식을 이해하여야한다.

6.1 확률의 개요

만약 사건 A가 시간의 함수로 명백한 함수로 표현하거나 예측할 수 없을 때 이 사건은 랜덤(random)하게 발생한다고 한다. 확률이론은 이러한 랜덤현상을 기술하는 수학적인 도구다. 예로서 동전을 던지는 것을 생각해보자. 동전을 던지면 앞면(H)과 뒷면(T) 두 가지의 사건(event)이 발생된다. 사건 H가 발생될 확률은 다음 식 (6.1.1)과 같이 정의된다.

$$P(H) = \lim_{N \to \infty} \frac{N_H}{N} \tag{6.1.1}$$

여기서 N은 동전을 던진 회수이며 N_H는 그중 앞면이 나온 개수이다. 따라서 $N \geq N_H \geq 0$이기 때문에 $0 \leq P(H) \leq 1$의 관계를 갖는다. 주사위를 던지는 문제를 생각하면 주사위는 6개의 수 {1,2,3,4,5,6}로 이루어졌으며 각 수가 나올 확률은 동일하게 1/6이다. 4미만의 수 {1,2,3}이 나올 확률은 3/6=1/2이다. 짝수 {2,4,6}이 나올 확률도 3/6=1/2이 된다.

6.2 랜덤변수(random variable)

실험의 모든 가능한 측정값의 집합을 S라 하고 발생값을 a라 하면 랜덤변수 X는 X(a)로 표현되는 값을 갖는다. 이러한 관점에서 보면 랜덤변수는 측정값 집합의 샘플 공간에서 정의되는 실수값 함수다. 만약 랜덤변수가 어느 범위 내에 있는 임의의 값을 가질 수 있다면 연속랜덤변수(a continuous random variable)라 부르고 이와 달리 개수와 같은 샘플공간에서 정의되면 이산랜덤변수(discrete random variables)라하고 동일한 방법으로 처리할 수 있다.

6.2.1 확률분포함수(probability distribution functions)

X가 앞절에서 언급한 랜덤변수 그리고 x를 임의의 허용되는 랜덤변수 값이라면 확률분포함수는 측정 랜덤변수 X가 허용된 값 x 이하인 사건이 발생할 확률로 다음 식 (6.2.1)과 같이 정의된다.

$$F_X(x) = P(X \le x) \tag{6.2.1}$$

식(6.2.1)은 누적확률함수(the cumulative probability function)라 부르며 확률밀도함수(the probability density function)는 다음 식 (6.2.2)와 같이 정의한다.

$$f_X(x) = \lim_{\Delta x \to 0} \frac{F(x+\Delta x) - F(x)}{\Delta x} = \frac{dF(x)}{dx} \tag{6.2.2}$$

$$F(x) = P(x_1 < X < x_2) = \int_{x_1}^{x_2} f_X(x)dx \tag{6.2.3}$$

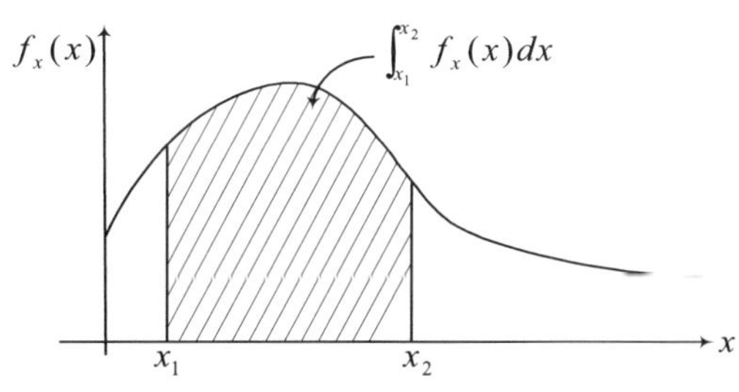

[그림 6.2.1] $P(x_1 < X < x_2) = \int_{x_1}^{x_2} f_X(x)dx$

$F(x)$와 $f_X(x)$는 다음과 같은 특성을 갖는다.

1. $0 \leqq F(x) \leqq 1, -\infty \leqq x \leqq \infty$ (6.2.4a)
2. $F(-\infty) = 0, F(\infty) = 1$ (6.2.4b)
3. $F(x)$는 x의 증가에 따라 점차적으로 증가하는 함수다.
4. $P(x_1 \leqq X \leqq x_2) = F(x_2) - F(x_1)$ (6.2.4c)
5. $f_X(x) \geqq 0$ (6.2.4d)
6. $\int_{-\infty}^{\infty} f_X(x)dx = 1$ (6.2.4e)
7. $F(x) = \int_{-\infty}^{x} f_X(u)du$ (6.2.4f)
8. $\int_{x_1}^{x_2} f_X(x)dx = P(x_1 \leq X \leq x_2) = F(x_2) - F(x_1)$ (6.2.4g)

6.2.2 평균(mean), 분산(variance)

멀티테스터를 이용하여 1KΩ 저항값을 측정하는 문제를 생각해보자. 각 측정값이 표 6.2.1과 같은 결과를 얻었다.

〈표 6.2.1〉 1 KΩ 저항의 $N(=1000)$회 측정값

측정값(Ω) x_i	빈도 n_i	$\frac{\text{측정빈도}}{\text{총측정회수}}$ n_i/N	$x_i\ xn_i/N$
1005	2	0.002	2.01
1004	10	0.01	10.04
1003	50	0.05	50.15
1002	100	0.1	100.2
1001	150	0.15	150.15
1000	300	0.3	300
999	200	0.2	199.8
998	100	0.1	99.8
997	80	0.08	79.76
996	7	0.007	6.97
995	1	0.001	0.995
계	1000	1	999.88

총 측정회수 $N=1000$회이며 측정값 x_i, 측정값의 빈도를 n_i라 하면 측정값의 평균(mean, expectation, average)은 다음 식 (6.2.5)와 같이 구할 수 있다.

$$\overline{X}=E[x]=\frac{1}{N}\sum_{i=1}^{N}x_i n_i=\sum_{i=1}^{N}x_i\frac{n_i}{N} \tag{6.2.5}$$

식 (6.3.1)에서 N이 상당히 크다면 $\frac{n_i}{N}$은 랜덤변수 X의 값 x_i로 측정할 확률이 된다.

$$P(x_i)=\lim_{N\to\infty}\frac{n_i}{N} \tag{6.2.6}$$

따라서 평균값,

$$E[x]=1005\times0.002+1004\times0.01+1003\times0.05+1002\times0.1+1001\times0.15+1000\times0.3+999\times0.2+998\times0.1+997\times0.08+996\times0.007+995\times0.001=999.88.$$

로 되며 분산(variance)은 다음 식 (6.2.7)과 같이 정의된다.

$$\sigma^2=E[(X-\overline{X})^2]=\sum_{i=1}^{N}(x_i-\overline{X})^2P(x_i)=2.6519 \tag{6.2.7}$$

이 예에서는 이산 랜덤변수에 대한 경우지만 연속 랜덤변수의 경우도 같은 개념으로부터 설명 할 수 있다. 연속 랜덤변수에서 평균은 다음 식 (6.2.8)로 표현되며 이산 랜덤변수에서의 평균 식 (6.2.5)와 비교할 수 있다.

$$E[X]=\int_{-\infty}^{\infty}xf_X(x)dx \tag{6.2.8}$$

그리고 연속 랜덤변수에 대한 분산은 식 (6.2.9)와 같이 표현되며 이산랜덤변수에서의 분산 식 (6.2.7)과 비교할 수 있다.

$$\sigma^2=E[(X-\overline{X})^2]=\int_{-\infty}^{\infty}(x-\overline{X})^2f_X(x)dx \tag{6.2.9}$$

6.3 확률밀도함수의 종류

6.3.1 2항 분포

실험에서 두 개의 가능한 출력이 나오며 $P(A)=p$, $P(\overline{A})=1-P(A)=1-p$일 때 독립적인 시도횟수를 n이라하면 A가 k회 $\overline{A}$가 n−k회 발생할 확률분포는 다음과 같이 정의된다.

$$f_K(k)=\binom{n}{k}p^k(1-p)^{n-k}=\binom{n}{k}=p^k q^{n-k} \tag{6.3.1}$$

여기서

$$\binom{n}{k}=\frac{n!}{k!(n-k)!},\quad q=1-p$$

이다. $n \neq n(n-1)\cdots\cdots 3\cdot 2\cdot 1$ 이 확률분포를 2항 분포(binomial distribution) 또는 Bernoulli 분포라고 한다.
따라서 평균값은

$$\begin{aligned}\overline{K}&=\sum_{k=0}^{n}kf_K(k)\\&=np(1-p)^{n-1}+n(n-1)p^2(1-p)^{n-2}+\frac{n(n-1)(n-2)p^3(1-p)^{n-3}}{2!}+\cdots\\&=np[(1-p)^{n-1}+(n-1)p(1-p)^{n-2}+\frac{(n-1)(n-2)p^2(1-p)^{n-3}}{2!}+\cdots]\\&=np\sum_{k=0}^{n-1}\frac{(n-1)!p^k(1-p)^{n-1-k}}{k!(n-1-k)}=np\sum_{k=0}^{n-1}f_K(k)=np,\end{aligned}$$

여기서 $\sum_{k=0}^{n-1}f_K(k)=1$

따라서

$$\overline{K}=np \tag{6.3.2}$$

로 된다. 그리고 분산은

$$\sigma^2 = \sum_{k=0}^{\infty}(k-\overline{K})^2 f_X(k)$$

$$= \sum_{k=0}^{n} k^2 f_X(k) - 2\overline{K}\sum_{k=0}^{n} k f_X(k) + \overline{K^2}\sum_{k=0}^{n} f_X(k)$$

$$= \sum_{k=0}^{n} k^2 f_K(k) - (\overline{K})^2$$

여기서

$$\sum_{k=0}^{n} k^2 f_K(k)$$

$$= np(1-p)^{n-1} + 2n(n-1)p^2(1-p)^{n-2} + \frac{3n(n-1)(n-2)p^3(1-p)^{n-3}}{2!} + \cdots$$

$$= np((1-p)^{n-1} + 2(n-1)p(1-p)^{n-2} + \frac{3(n-1)(n-2)p^2(1-p)^{n-3}}{2!} + \cdots)$$

$$= np((1-p)^{n-1} + (n-1)p(1-p)^{n-2} + \frac{(n-1)(n-2)p^2(1-p)^{n-3}}{2!} + \cdots$$

$$+ (n-1)p(1-p)^{n-2} + (n-1)(n-2)p^2(1-p)^{n-3} + \cdots)$$

$$= np\sum_{k=0}^{n-1} f_X(k) + p(n-1)\sum_{k=0}^{n-2} f_X(k),\ \text{여기서}\ \sum_{k=0}^{n-1} f_K(k) = \sum_{k=0}^{n-2} f_K(k) = 1$$

$$= np[1 + p(n-1)]$$

그러므로 분산은

$$\sigma^2 = np[1+p(n-1)] - (np)^2 = np(1-p) \tag{6.3.3}$$

로 된다.

6.3.2 Poisson 분포

이항분포에서는 실험횟수가 n으로 유한하지만 Poisson 분포에서는 무한의 횟수까지 가능하다. Poisson 분포는 주어진 시간에 사건이 발생되는 수를 모델로 한다. 예로서 교환대의 호(call)의 발생, 배전판에서 과전류에 의해 불규칙적인 퓨즈 단선, 백화점 출입구의 입장 손님의 수 등 여러 가지 현상을 모델화 할 수 있는 중요한 확률분포 중의 하나다.

Poisson 분포는 이항분포에서 $n \gg k$ 이면

$$f_X(k) = \frac{n^k p^k (1-p)^n}{k!}$$

$(np)^k/k!$은 $e^{np} = \sum_{k=0}^{n} \frac{(np)^k}{k!}$의 $(k+1)$번째 전개 항 중의 하나이므로 만약 $np \ll 1$이면

$$\sum_{k=0}^{n} f_X(k) = (1-p)^n e^{np} = 1$$

따라서

$$(1-p)^n = e^{-np}$$

그러므로 Poisson 분포는 다음 식 (6.3.4)와 같이 정의 할 수 있다.

$$f_X(k) = \frac{(\lambda)^k e^{-\lambda}}{k!} \tag{6.3.4}$$

여기서 $\lambda = np$이다. Poisson 분포의 평균값은

$$\overline{K} = \sum_{k=0}^{n} k f_X(k) = \sum_{k=0}^{n} k \frac{\lambda^k e^{-\lambda}}{k!} = e^{-\lambda}\left[0 + \lambda + \lambda^2 + \frac{\lambda^3}{2!} + \cdots + \frac{\lambda^{n-1}}{(n-1)!}\right]$$

그리고 만약 $np \ll 1$이고 n이 매우 크면 평균 $\overline{K}$

$$\overline{K} = \lambda e^{-\lambda} e^{\lambda} = \lambda = np \tag{6.3.5}$$

식 (6.3.4)에서

$$f_X(k) = \frac{(\lambda)^k e^{-\lambda}}{k!} = \frac{(\overline{K})^k e^{-\overline{K}}}{k!} \tag{6.3.6}$$

이 분포는 Poisson 분포로 알려져 있으며 단지 평균값을 알고 불규칙적인 사건의 발생확률을 계산하는데 유용하게 사용된다. 한편 Poisson 분포의 분산 σ^2은 평균 $\overline{K}$와 같으며 다음과 같이 쉽게 증명할 수 있다.

$$\begin{aligned}
\sigma^2 &= \sum_{k=0}^{\infty} (k - \overline{K})^2 f_X(k) \\
&= \sum_{k=0}^{\infty} k^2 f_X(k) - E[2k\overline{K} f_X(k)] + E[\overline{K^2} f_X(k)] \\
&= \sum_{k=0}^{\infty} k^2 f_X(k) - \overline{K}^2 \\
&= \sum_{k=0}^{\infty} \frac{k^2 (\overline{K})^k e^{-\overline{K}}}{k!} - \overline{K}^2
\end{aligned}$$

여기서

$$\begin{aligned}
\sum_{k=0}^{\infty} \frac{k^2 (\overline{K})^k e^{-\overline{K}}}{k!} &= e^{-\overline{K}} \left(\overline{K} + \frac{4(\overline{K})^2}{2!} + \frac{9(\overline{K})^3}{3!} + \frac{16(\overline{K})^3}{4!} + \cdots\right) \\
&= e^{-\overline{K}} \left(\overline{K} + 2(\overline{K})^2 + \frac{3(\overline{K})^3}{2!} + \frac{4(\overline{K})^3}{3!} + \cdots\right) \\
&= \overline{K} e^{-\overline{K}} \left(1 + \overline{K} + \frac{(\overline{K})^2}{2!} + \frac{(\overline{K})^3}{3!} + \cdots + \overline{K} + \frac{2(\overline{K})^2}{2!} + \frac{3(\overline{K})^3}{3!} + \cdots\right) \\
&= \overline{K} e^{-\overline{K}} (e^{\overline{K}} + \overline{K} e^{\overline{K}}) = \overline{K}(1 + \overline{K})
\end{aligned}$$

따라서

$$\sigma^2 = \overline{K}(1 + \overline{K}) - \overline{K}^2 = \overline{K} \tag{6.3.7}$$

으로 평균값과 같음을 알 수 있다.

예제 6.3.1

소방서에서 긴급전화를 하루 평균 3통 받는다. 어느 특정한 날의 긴급 전화에 대하여 다음에 답하시오.

(a) 전화가 없을 확률

(b) 한 통의 전화가 걸려올 확률

(c) 4회 이하로 전화가 걸려올 확률

풀이

식 (6.3.4)에서

$$f_X(k) = \frac{(\lambda)^k e^{-\lambda}}{k!} = \frac{(\overline{K})^k e^{-\overline{K}}}{k!}$$

$\overline{K} = \lambda = 3$이므로

(a) $f_X(k=0) = \dfrac{(\lambda)^k e^{-\lambda}}{k!} = \dfrac{3^0 e^{-3}}{0!} = e^{-3} = 0.0498$

(b) $f_X(k=1) = \dfrac{3^1 e^{-3}}{1!} = 3e^{-3} = 0.1494$

(c) $f_X(k \le 4) = \dfrac{3^0 e^{-3}}{0!} + \dfrac{3^1 e^{-3}}{1!} + \dfrac{3^2 e^{-3}}{2!} + \dfrac{3^3 e^{-3}}{3!} + \dfrac{3^4 e^{-3}}{4!}$

$$= e^{-3}\left(1 + 3^1 + \frac{3^2}{2} + \frac{3^3}{3!} + \frac{3^4}{4!}\right) = 0.8153$$

예제 6.3.2

겨울에 전열기에 의하여 1주일에 평균 6회 연구실의 전원차단 스위치를 열리게 하여 업무에 막대한 지장을 준다. 1주일에 3번 전원이 차단될 확률을 구하라.

풀이

$$f_X(k) = \frac{(\lambda)^k e^{-\lambda}}{k!} = \frac{(\overline{K})^k e^{-\overline{K}}}{k!}$$

$\overline{K} = \lambda = 6$

$$f_X(k=3) = \frac{(6)^3 e^{-6}}{3!} = 0.0892$$

6.3.3 Gaussian 확률밀도 함수

통신채널에서 열 잡음 등에 의하여 더해지는 AWGN(Additive White Gaussian Noise)는 다음 식 (6.3.8)로 정의되는 Gaussian 확률 밀도함수를 갖는다.

$$f_X(x) = \frac{1}{\sqrt{(2\pi)}\,\sigma_x} exp[\frac{-(x-\overline{X})^2}{2\sigma_x^2}], \quad -\infty < x < \infty \tag{6.3.8}$$

여기서 $\overline{X}$와 σ_x^2은 각각 평균과 분산이다. 이 확률밀도함수는 [그림 6.3.1]과 같은 형태를 가지며 다음과 같은 특성을 갖는다.

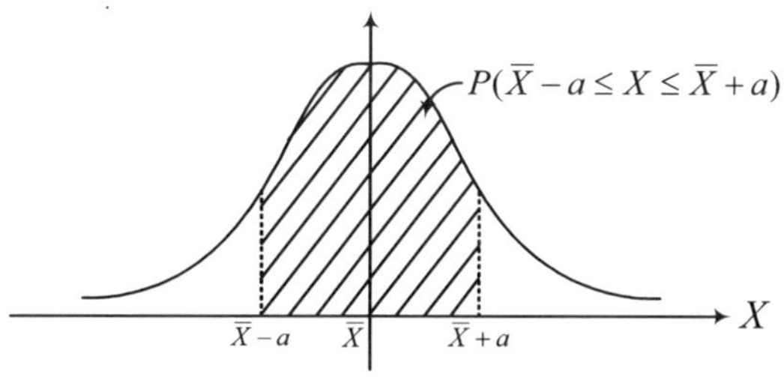

[그림 6.3.1] Gaussian 확률밀도 함수

$$P(\overline{X}-a \leqq X \leqq \overline{X}+a) = \int_{\overline{X}-a}^{\overline{X}+a} \frac{\exp[-(x-\overline{X})^2/2\sigma_x^2]}{\sqrt{2\pi\sigma_x^2}} dx$$

(매개변수 $u=(x-\overline{X})/\sigma_x$, $du = 1/\sigma_x dx$, $dx = \sigma_x du$, $x = \overline{X} \pm a$면 $u = \pm a/\sigma_x$ 이므로)

$$P(\overline{X}-a \leq X \leq \overline{X}+a) = 1 - 2\int_{a/\sigma_x}^{\infty} \frac{e^{-u^2/2}}{\sqrt{2\pi}} du = 1 - 2Q(\frac{a}{\sigma_x}) \tag{6.3.9}$$

여기서

$$Q(y) = \int_y^{\infty} \frac{e^{-u^2/2}}{\sqrt{2\pi}} du \tag{6.3.10}$$

다. 만약 $u \gg 1$면

$$Q(y) \cong \frac{e^{-y^2/2}}{y\sqrt{2\pi}} \tag{6.3.11}$$

로 근사화 할 수 있다. Q함수에 대한 데이터는 부록 D에 나와 있다. 이와 관련하여 오류함수 (error function)는 다음 식 (6.3.12)와 같이 정의된다.

$$erf(y) = \frac{2}{\sqrt{\pi}} \int_0^y e^{-u^2} du \tag{6.3.12a}$$

$$erf(y) = 1 - 2Q(\sqrt{2y}) \tag{6.3.12b}$$

그리고 상보오류함수(complementary error function)는 erfc(y)=1−erf(y)로 정의된다.

Gaussian 확률밀도 함수의 평균 $\overline{X}$와 분산σ^2에 대하여 검토해 보자.

(i) 평균 $\overline{X}$

$$\overline{X}=\int_{-\infty}^{\infty} x f_X(x)dx=\frac{1}{\sqrt{(2\pi)}\,\sigma}\int_{-\infty}^{\infty} x\exp[\frac{-(x-\overline{X})^2}{2\sigma^2}]dx$$

여기서

$$(t=\frac{x-\overline{X}}{\sigma},\ \ \sigma t=x-\overline{X}, x=\sigma t+\overline{X},\ \ dx=\sigma dt)$$

로 매개변수를 바꾸면

$$\begin{aligned}\overline{X}&=\frac{1}{\sqrt{(2\pi)}\,\sigma}\int_{-\infty}^{\infty}(\sigma t+\overline{X})e^{-\frac{t^2}{2}}\sigma dt=\frac{1}{\sqrt{(2\pi)}\,\sigma}\int_{-\infty}^{\infty}(\sigma^2 t+\overline{X}\sigma)e^{-\frac{t^2}{2}}dt\\&=\frac{1}{\sqrt{(2\pi)}\,\sigma}\int_{-\infty}^{\infty}\sigma^2 te^{-\frac{t^2}{2}}dt+\frac{1}{\sqrt{(2\pi)}\,\sigma}\int_{-\infty}^{\infty}\overline{X}\sigma e^{-\frac{t^2}{2}}dt\\&=\frac{1}{\sqrt{(2\pi)}}\int_{-\infty}^{\infty}\sigma te^{-\frac{t^2}{2}}dt+\frac{\overline{X}}{\sqrt{(2\pi)}}\int_{-\infty}^{\infty}e^{-\frac{t^2}{2}}dt\\&=\overline{X}\end{aligned}\qquad(6.3.13)$$

여기서 첫 번째 적분항은 $te^{-\frac{t^2}{2}}$이 기함수기 때문에 0된다. 그리고

$$\int_{-\infty}^{\infty}e^{-\frac{t^2}{2}}dt=\sqrt{2\pi}$$

를 이용했다.

(ii) 분산 σ^2

이 경우 $x=0$축에 대한 모멘트를 생각하면

$$\begin{aligned}\sigma^2&=\frac{1}{\sqrt{(2\pi)}\,\sigma}\int_{-\infty}^{\infty}x^2\exp[\frac{-x^2}{2\sigma^2}]dx\ \ (t=\frac{x}{\sigma},\ \ \sigma t=x,\ \ dx=\sigma dt)\\&=\frac{1}{\sqrt{(2\pi)}\,\sigma}\int_{-\infty}^{\infty}\sigma^2 t^2\exp[\frac{-t^2}{2}]\sigma dt\\&=[\frac{1}{\sqrt{(2\pi)}}\int_{-\infty}^{\infty}t^2\exp[\frac{-t^2}{2}]dt]\sigma^2\\&=\sigma^2\end{aligned}\qquad(6.3.14)$$

여기서 $\frac{1}{\sqrt{(2\pi)}}\int_{-\infty}^{\infty}t^2\exp[\frac{-t^2}{2}]dt=1$인 관계를 이용하였다.

예제 6.3.3

Gaussian 확률밀도함수를 이용하여 다음 물음에 답하라.

(a) 평균 $\overline{X}$ 까지의 확률, $(-\infty \le x \le \overline{X})$을 구하여라.

(b) $\overline{X}-\sigma \le X \le \overline{X}+\sigma$, $\overline{X}-2\sigma \leqq X \leqq \overline{X}+2\sigma$, $\overline{X}-3\sigma \leqq X \leqq \overline{X}+3\sigma$ 사이의 확률을 구하여라. 여기서 σ는 표준편차다.

풀이

(a) $$P(-\infty \le x \le \overline{X}) = \frac{1}{\sqrt{(2\pi)}\,\sigma}\int_{-\infty}^{\overline{X}} \exp[\frac{-(x-\overline{X})^2}{2\sigma^2}]dx$$

$t = \dfrac{x-\overline{X}}{\sigma}$, $\sigma t = x - \overline{X}, x = \sigma t + \overline{X}$, $dx = \sigma dt$라 놓으면

$$= \frac{1}{\sqrt{(2\pi)}\,\sigma}\int_{-\infty}^{0} \exp[-\frac{t^2}{2}]\sigma dt$$

$$= \frac{1}{\sqrt{(2\pi)}}\int_{-\infty}^{0} \exp[-\frac{t^2}{2}]dt$$

$$= \frac{1}{\sqrt{(2\pi)}}\sqrt{\frac{\pi}{2}} = 0.5$$

(b) $$P(\overline{X}-\sigma \le x \le \overline{X}+\sigma) = \frac{1}{\sqrt{(2\pi)}\,\sigma}\int_{\overline{X}-\sigma}^{\overline{X}+\sigma} \exp[\frac{-(x-\overline{X})^2}{2\sigma^2}]dx$$

$(t = \dfrac{x-\overline{X}}{\sigma}$, $\sigma t = x - \overline{X}, x = \sigma t + \overline{X}$, $dx = \sigma dt$라 놓으면)

$$= \frac{1}{\sqrt{(2\pi)}}\int_{-1}^{1} \exp[-\frac{t^2}{2}]dt$$

$= 0.6827$

$$P(\overline{X}-2\sigma \le x \le \overline{X}+2\sigma)) = \frac{1}{\sqrt{(2\pi)}}\int_{-2}^{2} \exp[-\frac{t^2}{2}]dt = 0.9545$$

$$P(\overline{X}-3\sigma \le x \le \overline{X}+3\sigma)) = \frac{1}{\sqrt{(2\pi)}}\int_{-3}^{3} \exp[-\frac{t^2}{2}]dt = 0.9973$$

참고

MATLAB프로그램을 이용하여

$$\frac{1}{\sqrt{(2\pi)}}\int_{-1}^{1}\exp[-\frac{t^2}{2}]dt$$

을 다음과 같이 구할 수 있다.

```
>> syms t;
>> eval(int(1/sqrt(2*pi)*exp(-t^2/2), -1,1))
ans = 0.6827
```

예제 6.3.4

잡음이 $\overline{X}=0,\ \sigma^2=1$인 Gaussian 확률밀도함수를 갖는다. 그림 6.3.2와 같은 영역의 면적(확률) $P(a \le X \le \infty)=0.001$되는 잡음의 크기 a를 구하여라.

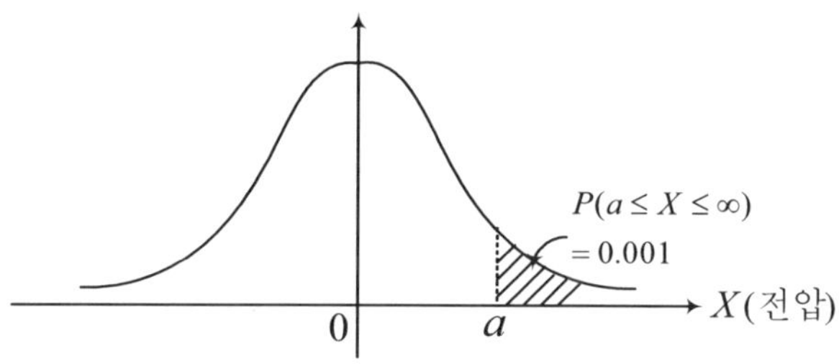

[그림 6.3.2] 잡음의 확률밀도 함수($\overline{X}=0,\ \sigma^2=1$)

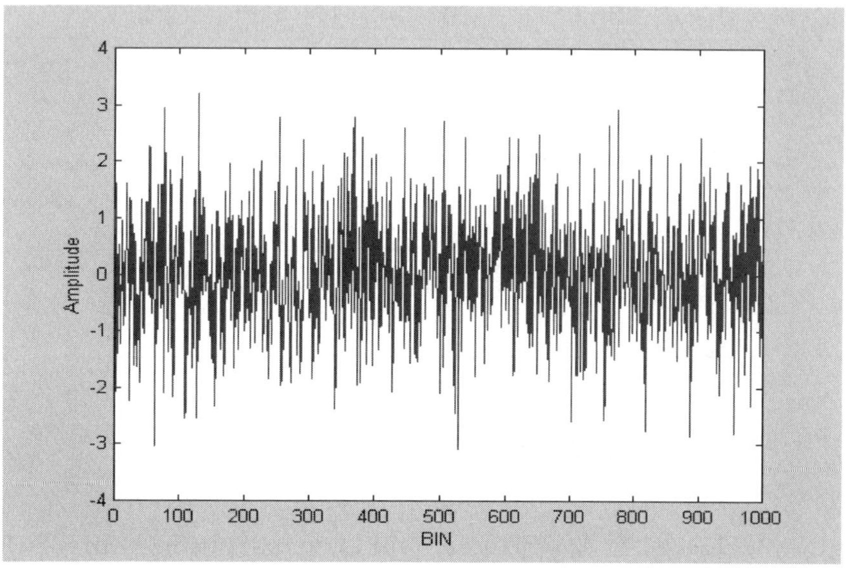

[그림 6.3.3] 잡음의 형태

풀이

$$P(a \le x \le \infty) = \frac{1}{\sqrt{(2\pi)}} \int_a^{\infty} \exp[-\frac{x^2}{2}]dx = Q(a) = 0.001$$

따라서 부록 D의 표를 이용하거나 MATLAB을 이용하면 대략 $a = 3.09$가 된다.

6.3.4 Rayleigh 확률밀도 함수

Rayleigh 확률밀도함수는 이동통신 채널의 페이딩을 포함한 여러 다른 물리적인 현상에서 발생될 수 있다. 만약 X와 Y가 서로 독립적인 Gaussian 확률밀도를 갖는 랜덤변수면 다음 식 (6.3.15)와 같이 정의되는 랜덤변수 R에 대하여 고려해본다.

$$R = \sqrt{X^2 + Y^2} \tag{6.3.15}$$

Rayleigh 확률밀도함수는 다음 식 (6.3.16)으로 정의된다.

$$\begin{aligned} f_R(r) &= \frac{r}{\sigma^2} exp[-\frac{r^2}{2\sigma^2}], r \ge 0 \\ &= 0, \qquad\qquad\qquad r < 0 \end{aligned} \tag{6.3.16}$$

Rayleigh 확률밀도함수의 형태는 [그림 6.3.4]와 같이 표현된다.

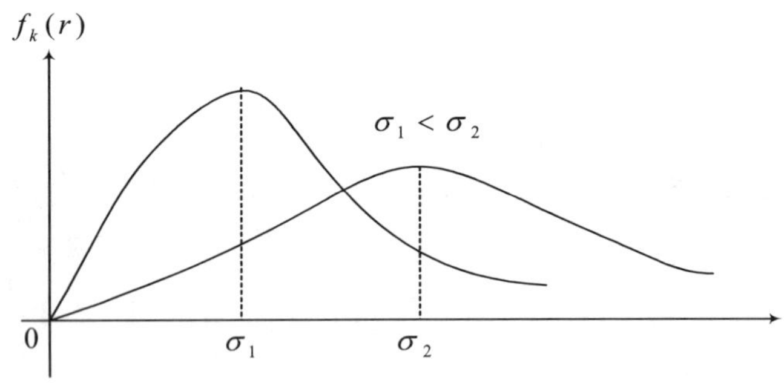

[그림 6.3.4] Rayleigh 확률밀도함수

Rayleigh 확률밀도함수의 평균값(mean value, expectation value)은 다음과 같이 구할 수 있다.

$$\overline{R} = \int_0^{\infty} r f_R(r) dr = \int_0^{\infty} \frac{r^2}{\sigma^2} e^{-\frac{r^2}{2\sigma^2}} dr = \sqrt{\frac{\pi}{2}}\sigma \quad (6.3.17)$$

자승 평균값(mean square value)

$$\overline{R^2} = \int_0^{\infty} r^2 f_R(r) dr = \int_0^{\infty} \frac{r^3}{\sigma^2} e^{\frac{-r^2}{2\sigma^2}} dr = 2\sigma^2 \quad (6.3.18)$$

따라서 R의 분산은 다음 식 (6.3.19)로부터 구할 수 있다.

$$\sigma_R^2 = \overline{R^2} - (\overline{R})^2 = (2 - \frac{\pi}{2})\sigma^2 = 0.429\sigma^2 \quad (6.3.19)$$

식 (6.3.17)과 식 (6.3.19)에서 Rayleigh 확률분포함수의 평균 $\overline{R}$과 분산 σ_R^2은 둘 다 Rayleigh 랜덤변수 R을 발생하는 Gaussian 랜덤변수의 분산 σ^2을 파라미터로 하는 함수가 되기 때문에 독립적으로 조정하는 것이 불가능함을 알 수 있다.

예제 6.3.5

다음과 같은 현상과 Rayleigh 확률분포함수를 연계하여 검토하여라.

(a) Gaussian 잡음전압이 중심주파수가 f_0이고 대역폭 W인 대역통과 필터를 통과한 출력

(b) x축과 y축으로 과녁의 중심을 향하여 화살이 쏘아질 때 과녁의 중심으로부터의 위치분포

(c) 이동통신채널에서의 직접파가 없이 반사파에 의한 페이딩 신호

풀이

(a) 대역폭 W가 f_0에 비하여 매우 작다면 $n(t)$를 다음과 같이 표현하는 것이 편리하다.

$$n(t) = n_c(t)\cos(\omega_o t + \theta) - n_s(t)\sin(\omega_o t + \theta)$$

$$= R(t)\cos[\omega_o t + \phi(t) + \theta]$$

여기서

$$R(t) = \sqrt{n_c(t)^2 + n_s(t)^2}$$

$$\phi(t) = \tan^{-1}\left[\frac{n_s(t)}{n_c(t)}\right]$$

이다. $R(t)$는 느리게 변화하는 포락선이고 $\phi(t)$는 위상이다. 그리고 $n(t)$, $n_c(t)$, $n_s(t)$가 Gaussian 잡음이기 때문에 $R(t)$는 Rayleigh 확률 밀도를 갖는다.

(b) 과녁의 중심 (0,0)로부터 임의의 한 점 $P(x,y)$까지의 거리 R은 다음과 같이 표현된다.

$$R = \sqrt{x^2 + y^2}$$

그리고 x축과 R과의 이루는 각을 $\phi(t)$라면

$$y = R\sin\phi(t)$$

로 된다. 여기서

$$\phi(t) = \tan^{-1}\frac{y}{x}$$

로 되며 구간 $[0,2\pi]$ 사이에서 균일하게 분포한다. 그리고 과녁 상의 한 점 $P(x,y)$는 중심점 (0,0)을 최대로 하여 랜덤하게 발생되기 때문에 Gaussian 분포로 가정할 수 있다. 따라서 R은 Rayleigh 확률밀도를 갖는다.

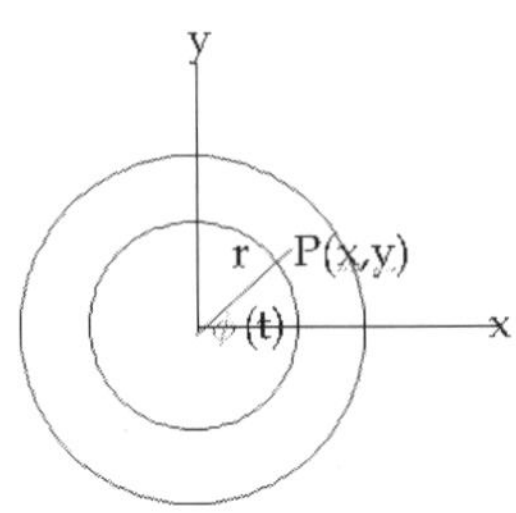

[그림 6.3.5] 과녁상의 한 점 $P(x,y)$

(c) 이동통신 수신기에서 도달하는 N개의 반사파의 합을 다음과 같이 표현하면

$$s(t) = Re\left[\sum_{n=1}^{N} z_n(t)e^{j2\pi f_c t}\right]$$

$$= Re\left[\sum_{n=1}^{N} [x_n(t) + jy_n(t)]e^{j2\pi f_c t}\right]$$

$$= Re[x(t) + jy(t)]e^{j2\pi f_c t}]$$

여기서

$$x(t) = \sum_{n=1}^{N} x_n(t),\ \ y(t) = \sum_{n=1}^{N} y_n(t)$$

이며 이 결과의 $x(t)$를 예제 (a)의 $n_c(t)a$로 $y(t)$를 $n_s(t)$에 대응시키면 Rayleigh 확률밀도함수의 특성을 알 수 있다.

6.3.5 Log-normal 확률밀도 함수

Log-normal 확률밀도 함수는 Rayleigh 확률밀도함수와 같이 이동통신에서 긴 주기(long-term) 페이딩채널의 현상을 모델화 하는데 사용되는 함수다. 실험적인 결과로부터 두 랜덤변수 X와 Y가 다음과 같은 관계가 있을 때

$$Y = \ln X \tag{6.3.20a}$$

$$X = e^{Y} \tag{6.3.20b}$$

Y는 평균 $\overline{Y}$, 분산 σ_Y^2를 갖는 Gaussian 랜덤변수와 가까워짐을 확인하였다. 그러므로 Y의 확률밀도 함수는

$$f_Y(y) = \frac{1}{\sqrt{2\pi\sigma_Y^2}} exp[-\frac{(y-\overline{Y})}{2\sigma_Y^2}] \tag{6.3.21a}$$

$$f_Y(y) = f_X(x)|\frac{dx}{dy}|,\ f_X(x) = f_Y(y)|\frac{dy}{dx}| \tag{6.3.21b}$$

의 관계를 이용하면 Log-normal 확률밀도함수는 다음 식 (6.3.22)로 표현할 수 있다.

$$f_X(x) = \frac{1}{\sqrt{2\pi}\,\sigma_Y x} exp[-\frac{(\ln x - \overline{Y})^2}{2\sigma_Y^2}],\ \ x \ge 0$$
$$= 0,\ \ x < 0 \tag{6.3.22}$$

로 변환할 수 있다. 대수 밑이 e가 아니고 10일 경우, $Y = \log x$는 다음 (6.3.23)의 변환식에 의하여 쉽게 얻을 수 있다.

$$f_X(x) = \left(\frac{20\log_{10}e}{x}\right) f_Y(y) \tag{6.3.23}$$

Log-normal 확률밀도함수의 평균과 분산은 다음 식 (6.3.24)와 같다.

$$\overline{X} = e^{[\overline{Y} + \frac{1}{2}\sigma_Y^2]} \tag{6.3.24a}$$

$$\sigma_X^2 = [e^{\sigma_Y^2} - 1]e^{2(\overline{Y} + \frac{1}{2}\sigma_Y^2)} \tag{6.3.24b}$$

6.3.6 Rician 확률밀도함수

이동통신에서 Rician 확률밀도 함수는 직접파와 반사파가 결합된 신호를 표현할 때 사용하며 다음 식 (6.3.25)로 표현된다.

$$f_R(r) = 2\frac{r}{\overline{r^2}} exp\left(-\frac{r^2 + a^2}{\overline{r^2}}\right) I_0\left(\frac{r}{\sqrt{\overline{r^2}/2}} \cdot \frac{a}{\sqrt{\overline{r^2}/2}}\right) \tag{6.3.25}$$

여기서 r은 페이딩 신호의 포락선이며 $\overline{r^2}$은 페이딩 신호의 평균이고 a는 직접파의 진폭이다. 그리고 $I_0(\cdot)$는 영차 변형 Bessel 함수로서 다음 식 (6.3.26)과 같이 표현될 수 있다.

$$I_0(z) = \sum_{n=0}^{\infty} \frac{z^{2n}}{2^{2n} n! n!} \tag{6.3.26}$$

만약 $z \gg 1$이면 (6.3.27)은 다음과 같이 표현될 수 있다.

$$I_0(z) = \frac{e^z}{(2\pi z)^{1/2}}\left(1 + \frac{1}{8z} + \frac{9}{128z^3} + \cdots +\right) \tag{6.3.27}$$

6.3.7 균일 확률밀도 함수

정현파에서 임의로 랜덤하게 발생되는 위상은 2π 라디안 범위에서 균일한 분포를 갖는 것으로 알려져 있다. 따라서 이 경우 확률밀도 함수는 다음 식 (6.3.28)로 표현할 수 있다.

$$\begin{aligned} f_X(x) &= \frac{1}{2\pi}, 0 \le x \le 2\pi \\ &= 0,\ \text{다른 경우} \end{aligned} \tag{6.3.28}$$

따라서 평균은

$$\overline{X} = \int_0^{2\pi} x \frac{1}{2\pi} dx = \frac{1}{2\pi} \frac{x^2}{2} |_0^{2\pi} = \pi \tag{6.3.29}$$

그리고 분산은

$$\begin{aligned} \sigma_X^2 &= \int_0^{2\pi} (x - \overline{X})^2 \frac{1}{2\pi} dx = \frac{1}{2\pi} [\frac{x^3}{3} - \overline{X^2} x]_0^{2\pi} \\ &= \frac{1}{2\pi} [\frac{(2\pi)^3}{3} - 2\pi^3] = \frac{1}{2\pi} [\frac{8\pi^3}{3} - 2\pi^3] = \frac{\pi^2}{3} \end{aligned} \tag{6.3.30}$$

로 된다.

예제 6.3.6

−5[V]와 5[V]사이에 균일하게 발생되는 랜덤전압이 전파정류기로 들어간다. 전파정류기 출력의 확률밀도 함수를 구하여라.

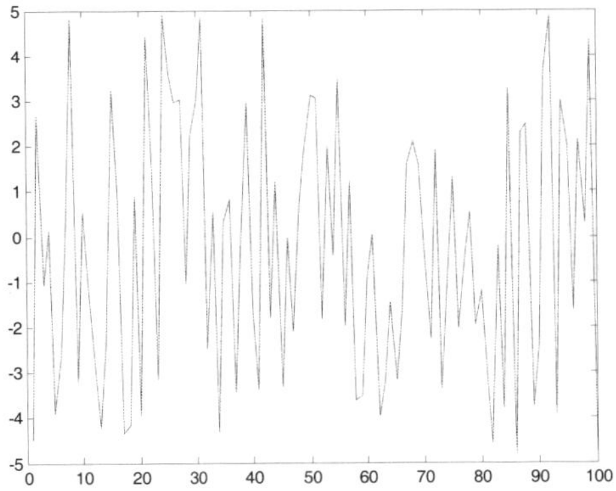

[그림 6.3.6] 균일 랜덤전압

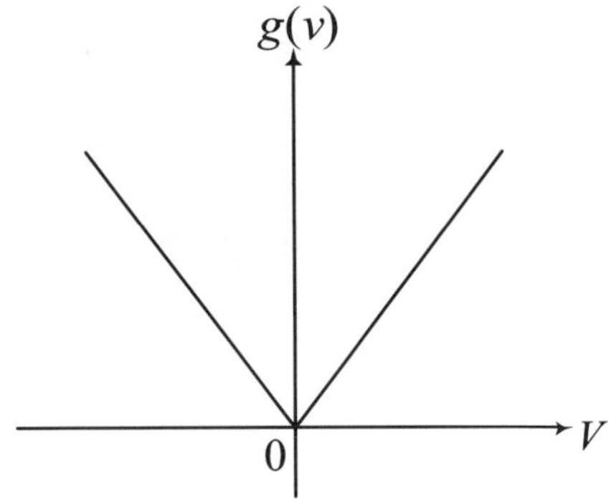

[그림 6.3.7] 전파정류기

풀이

전압이 음인 전파정류기 출력이 존재하지 않기 때문에 출력 전압분포는 다음 [그림 6.3.8]과 같은 균일 확률밀도함수를 가진다.

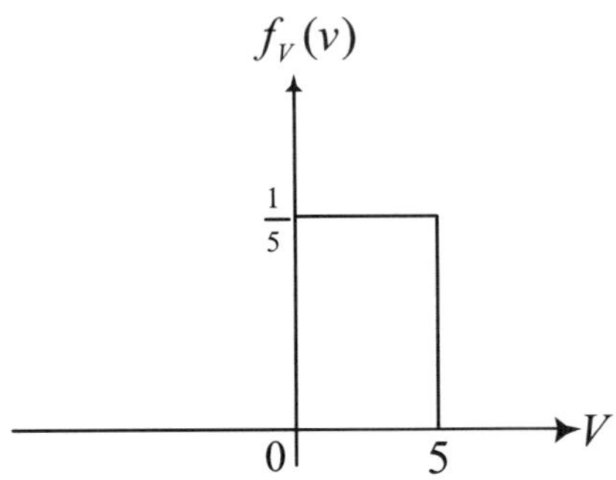

[그림 6.3.8] 정류전압의 확률밀도 함수

6.4 랜덤 과정(random processor)

[그림 6.4.1]에서 X_1은 시간 t_1 그리고 X_2는 시간 t_2에서의 전압이라 하고 파형 $X(t,\ S_i)$는 샘플함수라 하고 여기서 S_i는 표본공간 S의 구성요소다. 전체표본함수의 집합을 앙상블(ensemble)이라 하며 전체 표본함수들을 발생시키는 우연실험을 랜덤과정 또는 확률과정이라 한다. 시간함수 $X(t,\ S)$는 다음과 같이 구분할 수 있다. $X(t,S_i)$는 하나의 잡음발생기 출력을 의미하고$X(t_{i,}S)$는 특정시간 t_i에 대한 랜덤변수다. 그리고 $X(t_{i,}S_i)$는 하나의 숫자를 의미한다. 랜덤변수와 랜덤과정과의 차이는 표본공간의 결과가 하나의 숫자가 된다는 것은 랜덤변수고 랜덤과정은 하나의 시간함수가 된다는 것이다.

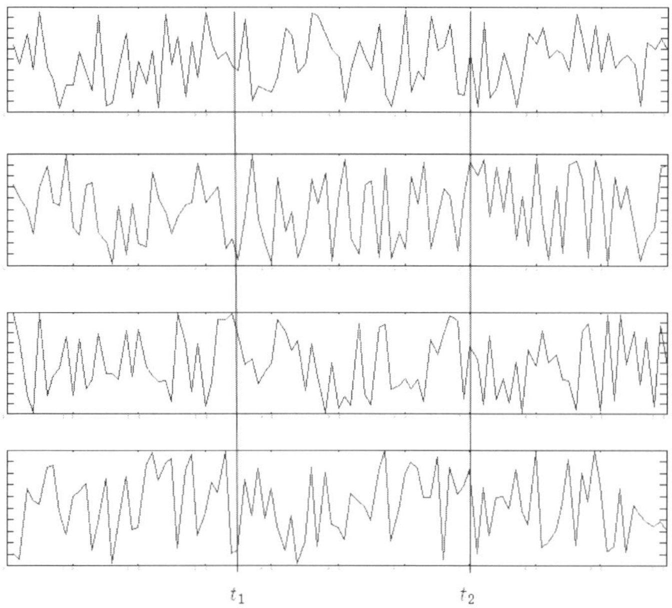

[그림 6.4.1] 표본함수의 앙상블

랜덤과정의 중요한 변수는

(i) 평균(mean)

$$m_x(t) = E[X(t)] = \overline{X(t)} \tag{6.4.1}$$

(ii) 분산(variance)

$$\sigma_X^2(t) = E\{[X(t) - \overline{X(t)}]^2\} = \overline{X^2(t)} - [\overline{X(t)}]^2 \tag{6.4.2}$$

(iii) 공분산(covariance)

$$\begin{aligned} cov_X(t, t+\tau) &= E\{[X(t) - \overline{X(t)}][X(t+\tau) - \overline{X(t+\tau)}]\} \\ &= E[X(t)X(t+\tau)] - \overline{X(t)}\,\overline{X(t+\tau)} \end{aligned} \tag{6.4.3}$$

로 정의된다. 식 (6.4.3)의 처음 항은 앙상블 평균으로 계산된 자기상관함수(autocorrelation function)이다. $t_1 = t, t_2 = t+\tau, X_1 = X(t_1), X_2 = X(t_2)$면 자기상관함수는 랜덤과정의 결합확률밀도 함수를 이용하여 식 (6.4.4)와 같이 표현할 수 있다.

$$R_X(t_1, t_2) = \int_{-\infty}^{\infty}\int_{-\infty}^{\infty} x_1 x_2 f_{X_1X_2}(x_1, t_1; x_2, t_2)\, dx_1 dx_2 \tag{6.4.4}$$

식 (6.4.4)는 정상상태와 비정상상태 랜덤 과정에 동시에 이용될 수 있는 정의식이다. 여기서 정상상태(stationary)라 함은 시간의 쉬프트에 따른 통계적인 특성이 변하지 않음을 의미한다. 즉 정상상태 과정에서 $f_{X_1X_2}(\cdot)$는 시간 t의 함수로서 시간차 $\tau = t_2 - t_1$에 의존하게 된다. 따라서 $R_X(t_1, t_2) = R_X(\tau)$는 τ의 함수가 된다. 한편 넓은 의미의 정상상태, WSS(wide sense stationary)는 시간의 쉬프트에 따라 평균과 자기상관함수가 변화하지 않는 랜덤과정을 말한다.

$$E[X(t)] = m_x \text{ : 일정한 상수} \tag{6.4.5a}$$

그리고

$$R_X(t_1, t_2) = R_X(t_2 - t_1) = R_X(\tau) \tag{6.4.5b}$$

을 의미한다.

WSS 랜덤과정의 자기 상관함수는 앞에서와 같이 시간차 $\tau = t_2 - t_1$의 함수로서 만약 τ의 변화에 따라 $R_X(\tau)$가 느리게 변하면 $X(t)$가 낮은 주파수 성분을 포함하고 이와 반대로 $R_X(\tau)$가 빠르게 변하면 높은 주파수를 포함하고 있다고 생각할 수 있다. 실수 WSS 랜덤과정의 자기상관 함수는 다음과 같은 특성을 갖는다.

(1) $R_X(\tau) = R_X(-\tau)$ 우함수

증명

$R_X(\tau) = E\{X(t)X(t+\tau)\}$

$R_X(-\tau) = E\{X(t)X(t-\tau)\}$

$(s = t-\tau,\ t = s+\tau)$

$R_X(-\tau) = E\{X(s+\tau)X(s)\} = E\{X(t+\tau)X(t)\} = R_X(\tau)$

(2) $R_X(0) \geq R_X(\tau)$ 모든 τ.

증명

$E[X_1^2 + X_2^2] = E[X_1^2 + X_2^2 - 2X_1X_2] \geq 0$

따라서

$E[X_1^2 + X_2^2] = 2R_X(0) \geq E[2X_1X_2] = 2R_X(\tau)$

이므로

$R_X(0) \geq R_X(\tau)$

의 관계를 갖는다.

(3) $R_X(\tau) \Leftrightarrow S_X(f)$ 자기상관 함수의 Fourier 변환은 전력 스펙트럼밀도가 된다. 다음 절 6.5절에서 상세히 다룬다.

(4) $R_X(0) = E[X^2(t)]$ $R_X(0)$는 신호의 평균전력과 같다. $\tau = 0$일 때 정의에서 성립한다. 특별한 경우 앙상블 평균과 시간평균이 같은 랜덤과정을 Ergodic 과정이라 부르며 Ergodic 과정에서는 시간평균과 앙상블 평균을 서로 대체할 수 있다. 따라서 평균은

$$m_X = E\{X(t)\} = < X(t) >$$

분산은

$$\sigma_X^2 = E\{[X(t) - \overline{X(t)}]^2\} = < [X(t) - < X(t) >]^2 >$$

그리고 자기상관함수

$$R_X(\tau) = E\{X(t)X(t+\tau)\} = < X(t)X(t+\tau) >$$

로 표현할 수 있으며 여기서 시간평균은

$$< x(t) > = \lim_{T \to \infty} \frac{1}{2T} \int_{-T}^{T} x(t) dt$$

로 정의된다.

예제 6.4.1

다음 함수의 자기함수 $R_X(\tau)$를 구하라.

$X(t) = A cos(\omega t + \theta)$

여기서 A와 ω는 상수이며 θ는 $[0, 2\pi]$ 사이에 균일하게 분포되어 있는 랜덤변수다.

풀이

$$R_X(\tau) = E[A cos(\omega t_1 + \theta) A cos(\omega t_1 + \omega\tau + \theta)]$$

$$= \frac{A^2}{2} E[\cos(2\omega t_1 + \omega\tau + 2\theta) + \cos\omega\tau]$$

$$= \frac{A^2}{2} \int_0^{2\pi} \frac{1}{2\pi} [\cos(2\omega t_1 + \omega\tau + 2\theta) + \cos\omega\tau] d\theta$$

$$= \frac{A^2}{2} cos\omega\tau$$

이 결과로부터 주기함수의 자기상관 함수도 주기함수임을 확인할 수 있다.

예제 6.4.2

랜덤 과정이 다음 형태의 샘플 함수를 갖는다.

$$X(t) = A, \quad 0 \le t \le 1$$
$$= 0, \quad \text{다른 경우}$$

여기서 A는 0과 10사이에 균일한 분포를 갖는 랜덤변수다. 자기상관함수를 구하라.

풀이

$$R_X(\tau) = E[X(t_1)X(t_1+\tau)]$$

$$= \int_0^{10} A^2(\frac{1}{10})dA = \frac{A^3}{30}|_0^{10} = \frac{1000}{30} = 33.33, 0 \le t_1, t_2 \le 1$$

$= 0$, 다른 경우

예제 6.4.3

신호 $s(t) = 20\cos(\omega t + \theta)$를 송신하였을 때 채널의 영향으로 신호를 왜곡시키는 신호 $n(t)$가 더해질 때 다음을 구하라. 단 ω는 상수이며 θ는 구간 $[0, 2\pi]$에서 균일분포를 갖는다. 그리고 $n(t)$는 자기상관함수 $R_n(\tau) = e^{-|\tau|}$를 갖고 평균은 0이다.

(a) 신호 $s(t)$의 자기상관함수

(b) 수신신호 $r(t) = s(t) + n(t)$의 자기상관함수

(c) 수신신호의 평균전력

풀이

(a) 신호 $s(t)$의 자기상관함수

$$R_s(\tau) = 20^2 E[\cos(\omega t_1 + \theta)\cos(\omega t_1 + \omega\tau + \theta)]$$

$$= 200E\left[\frac{1}{2}[\cos(2\omega t_1 + \theta) + \cos(\omega\tau)]\right]$$

$$= 200\int_0^{2\pi} \frac{1}{2\pi}\left[\cos(2\omega t_1 + \omega\tau + \theta) + \cos(\omega\tau)\right]\frac{1}{2}d\theta$$

$$= 100\cos(\omega\tau)$$

(b) 수신신호 $r(t) = s(t) + n(t)$의 자기 상관함수

$$R_r(\tau) = E[(s(t) + n(t))(s(t+\tau) + n(t+\tau))]$$

$$= E[(s(t)s(t+\tau)] + E[(n(t)s(t+\tau)] + E[n(t+\tau)s(t)] + E[n(t+\tau)n(t)]$$

여기서

$$E[(n(t)s(t+\tau)] = E[(n(t)]E[s(t+\tau)] = 0, E[n(t+\tau)s(t)] = E[n(t+\tau)]E[s(t)] = 0$$

이므로

$$R_r(\tau) = R_s(\tau) + R_n(\tau) = 100\cos\omega\tau + e^{-|\tau|}$$

(c) 수신신호의 평균전력

$$E[r^2(t)] = R_r(0) = 100\cos(\omega \times 0) + e^0 = 101$$

6.5 상관함수와 전력스펙트럼밀도

광의의 정상 랜덤과정이고 Ergodic 과정이면 Wiener-Khinchine 정리는 랜덤과정의 전력스펙트럼밀도와 자기상관함수의 푸리에변환 쌍으로 다음 식 (6.5.1)과 (6.5.2)와 같이 정의된다.

$$S_X(f)=\int_{-\infty}^{\infty} R_X(\tau)e^{-j2\pi f\tau}d\tau \tag{6.5.1}$$

$$R_X(\tau)=\int_{-\infty}^{\infty} S_X(f)e^{j2\pi f\tau}df \tag{6.5.2}$$

여기서 평균전력은

$$R_X(0)=\int_{-\infty}^{\infty} S_X(f)df \tag{6.5.3}$$

로부터 구할 수 있으며 $S_X(f)$는 전력스펙트럼밀도함수다. [그림 6.5.1]에서 입력 에너지스펙트럼밀도 $G_x(f)$와 입력 전력스펙트럼밀도 $S_x(f)$에 대한 전달함수 $H(f)$와 시스템의 출력에 대하여 검토해보자.

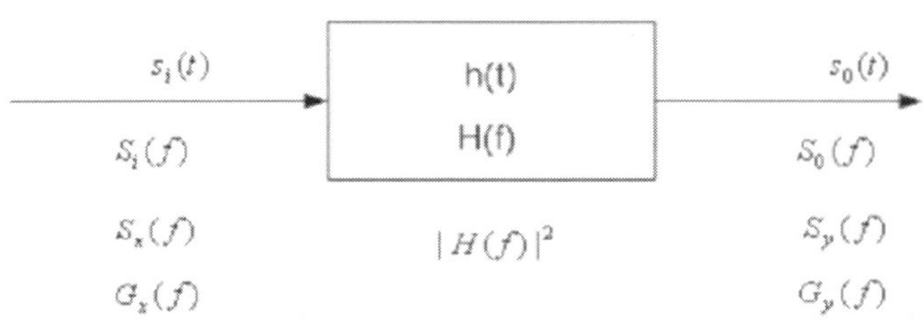

[그림 6.5.1] 전달함수 $H(f)$인 시스템의 전력 및 에너지스펙트럼밀도 응답

입력신호 $s_i(t)$와 출력신호 $s_o(t)$의 푸리에변환은 각각 $S_i(f)$와 $S_o(f)$로 표현되며 $S_o(f)=H(f)S_i(f)$의 관계를 갖는다. 그리고 양변을 제곱하면 $S_o^2(f)=H^2(f)S_i^2(f)$이 된다. 만약 $s_i(t)$가 전력 신호면 입력된 전력 스펙트럼밀도 $S_x(f)$에 대한 출력된 전력 스펙트럼 밀도 $S_y(f)$는 다음과 같이 정의된다.

$$S_y(f) = |H(f)|^2 S_x(f) \tag{6.5.4a}$$

여기서 입력 전력 스펙트럼밀도 $S_x(f) = S_i(f)^2$, $S_y(f) = S_o(f)^2$ 이다. 만약 $s_o(t)$가 에너지 신호면 입력된 에너지 스펙트럼밀도 $G_x(f)$에 대한 출력된 에너지 스펙트럼 밀도 $G_y(f)$는 다음과 같이 정의된다.

$$G_y(f) = |H(f)|^2 G_x(f) \tag{6.5.4b}$$

여기서 입력 에너지 스펙트럼밀도 $G_x(f) = S_i(f)^2$, $G_y(f) = S_o(f)^2$ 이다.

예제 6.5.1

그림 6.5.1과 같은 RC 필터의 입력에 전력 스펙트럼밀도 $S_{n_i}(f) = \frac{1}{2}N_0 = 5\times 10^{-8}\,V^2/Hz$인 백색 Gaussian 잡음 신호가 들어갈 때 콘덴서 C에 걸리는 출력 $n_0(t)$에 대하여 다음을 구하여라. 단 $R = 1\Omega$이고 $C = 1\mu F$다.

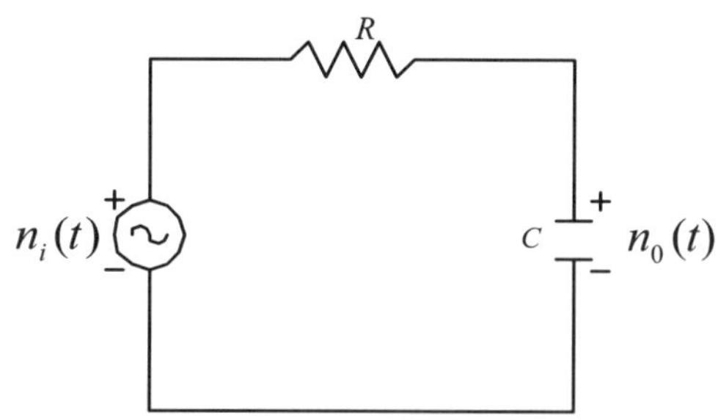

[그림 6.5.1] RC필터

(a) 전달함수 $H(f)$
(b) 출력 스펙트럼밀도 $S_{n_0}(f)$
(c) 출력 신호 $n_0(t)$의 자기상관 함수 $R_{n_0}(\tau)$
(d) $n_o(t)$의 평균자승 $\overline{n_o(t)}^2$
(e) $n_o(t)$의 자승평균 $\overline{n_o^2(t)}$
(f) 출력 신호의 확률밀도함수 $f_{N_o}(n)$

풀이

(a) $H(f)=\dfrac{\dfrac{1}{j2\pi fC}}{R+\dfrac{1}{j2\pi fC}}=\dfrac{1}{1+j(f/f_3)}$

여기서

$$f_3=\frac{1}{2\pi RC}=\frac{1}{2\pi(1)10^{-6}}=0.16\times10^6$$

는 3dB 차단주파수다.

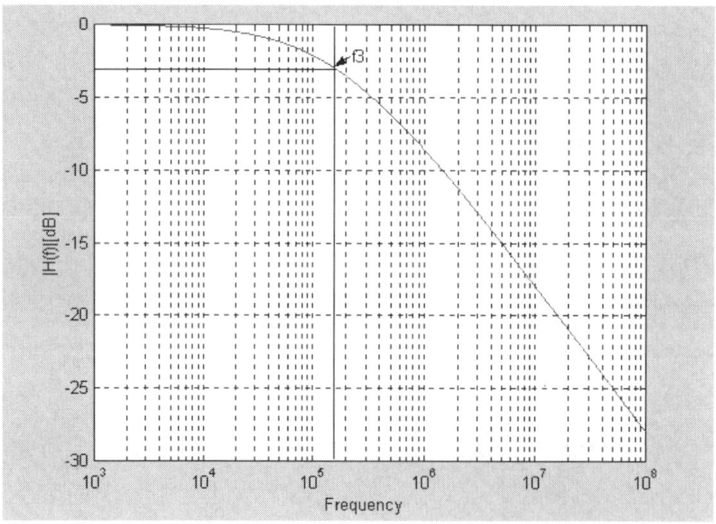

[그림 6.5.2] $H(f)$의 진폭 스펙트럼

$$|H(f)|=\frac{1}{\sqrt{1+(f/f_3)^2}}$$

[그림 6.5.2]는 $|H(f)|$의 주파수스펙트럼을 보여준다. 그림에서 3dB의 차단주파수 점을 확인할 수 있다.

(b) $S_{n_0}(f)=S_{n_i}(f)|H(f)|^2=\dfrac{\frac{1}{2}N_0}{1+(f/f_3)^2}=\dfrac{5\times10^{-8}}{1+(f/f_3)^2}$

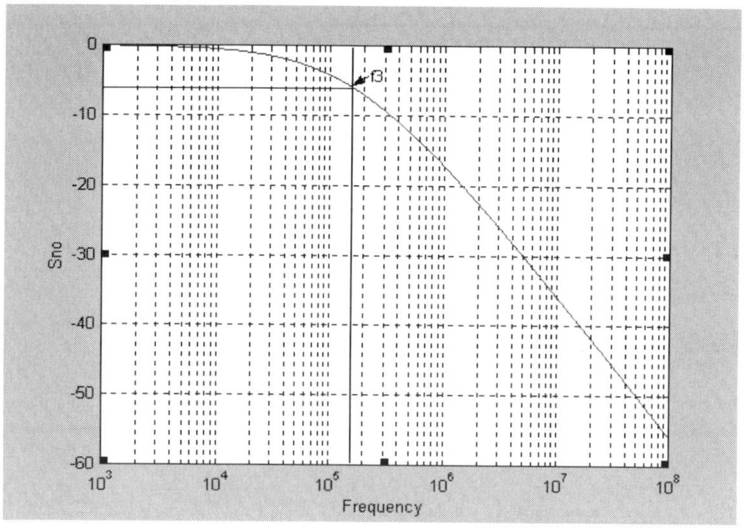

[그림 6.5.3] $S_{no}(f)$의 주파수 스펙트럼

(c) 식 (6.5.2)로부터

$$R_{n_o}(\tau)=\int_{-\infty}^{\infty}S_{n_o}(f)e^{j2\pi f\tau}df=\int_{-\infty}^{\infty}\frac{\frac{1}{2}N_0}{1+(f/f_3)^2}e^{j2\pi f\tau}df$$

$$e^{-|\tau|/\alpha}\leftrightarrow\frac{2\alpha}{1+(2\pi f\alpha)^2}$$

로부터 $\alpha=RC$ 따라서

$$\begin{aligned}R_{n_o}(\tau)&=\frac{N_0}{4RC}e^{-|\tau|/RC}\\&=\frac{10\times10^{-8}}{4(1)(10^{-6})}e^{-|\tau|/(10^{-6})}=0.025e^{-|\tau|/(10^{-6})}\end{aligned}$$

의 자기상관함수를 얻을 수 있다.

(d) $n_o(t)$의 평균자승 $\overline{n_o(t)}^2=\lim_{|\tau|\to\infty}R_{n_o}(\tau)=\lim_{|\tau|\to\infty}E\{X(t)\}E\{X(t+\tau)\}=0$

(e) $n_o(t)$의 자승평균 $\overline{n_o^2(t)} = \lim_{|\tau| \to 0} R_{n_o}(\tau) = \lim_{|\tau| \to 0} E\{X(t)\}E\{X(t+\tau)\} = \frac{N_0}{4RC} = \sigma^2$

$$\sigma^2 = \frac{10 \times 10^{-8}}{4(1)(10^{-6})} = 0.025$$

분산값을 갖는다.

(f) 출력 신호의 확률밀도함수 $f_{N_o}(n)$

입력이 Gaussian 이면 출력도 Gaussian이기 때문에

$$f_{N_o}(n) = \frac{1}{\sqrt{2\pi \frac{N_0}{4RC}}} exp[-\frac{n^2}{2(\frac{N_0}{4RC})} T] = \sqrt{\frac{2RC}{\pi N_0}} exp[-\frac{2RCn^2}{N_0}]$$

$$= \sqrt{\frac{2(1)(10^{-6})}{\pi 10 \times 10^{-8}}} exp[\frac{-2(1)(10^{-6})n^2}{10 \times 10^{-8}}] = 2.5231 e^{-20n^2} zaz$$

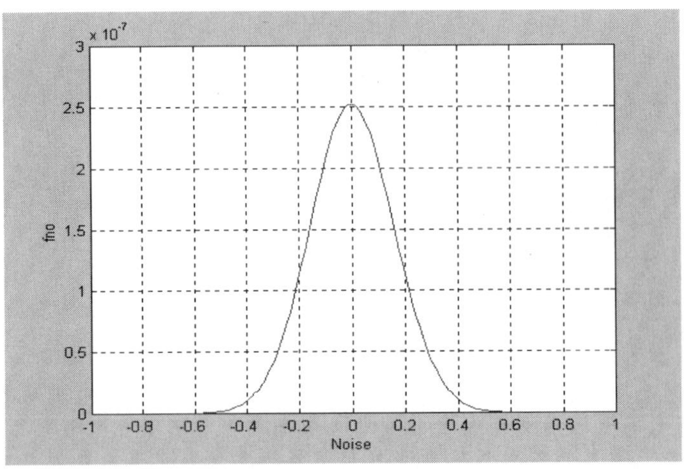

[그림 6.5.4] 출력신호의 확률밀도 함수 f_{no}

6장 Matlab Simulink 예제

예제 6-1

sin$t$와 sin$t$의 autocorrelation을 구하는 Matlab Simulink 프로그램을 설계하시오.

필요한 Simulink Library Block

Simulink Library Browser에서 다음과 같은 Simulink Library Block을 준비한다.

1. Simulink ▶ Sources ▶ Sine Wave
2. Signal Processing Blockset ▶ Statistics ▶ Correlation
3. Simulink ▶ Sinks ▶ Scope
4. Simulink ▶ Sinks ▶ To workspace

풀이 6-1

1. Matlab Simulink를 실행 후 다음과 같은 블록도를 만든다.

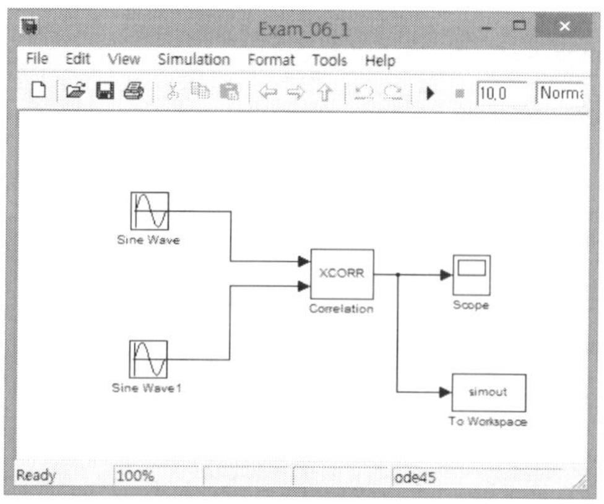

[예제 그림 6.1]

2 우선 sin(t)를 만들어 주기 위해 Sine Wave 와 Sine Wave1의 속성을 다음과 같이 입력한다.

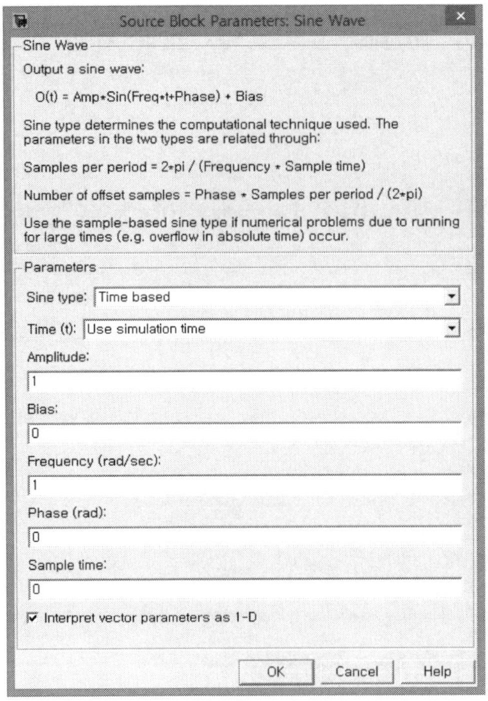

[예제 그림 6.2]

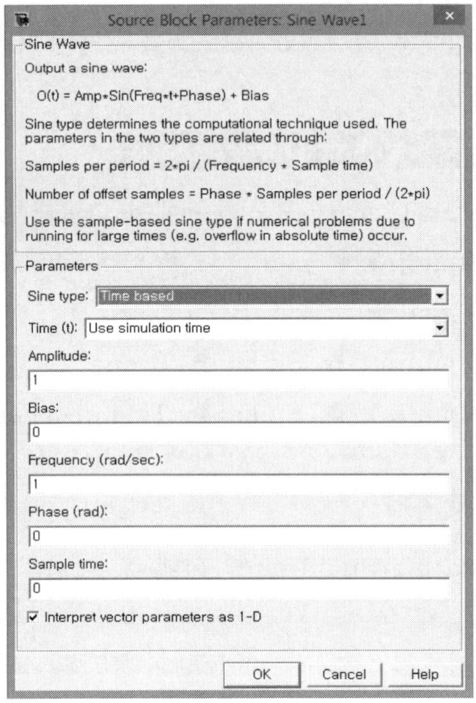

[예제 그림 6.3]

3 상관값을 얻기 위해 Correlation의 속성은

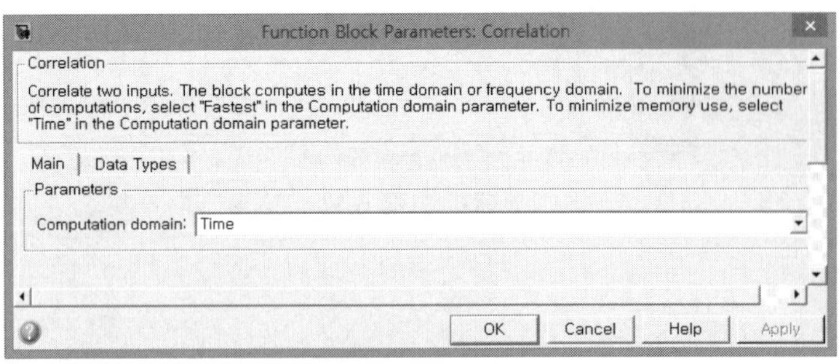

[예제 그림 6.4]

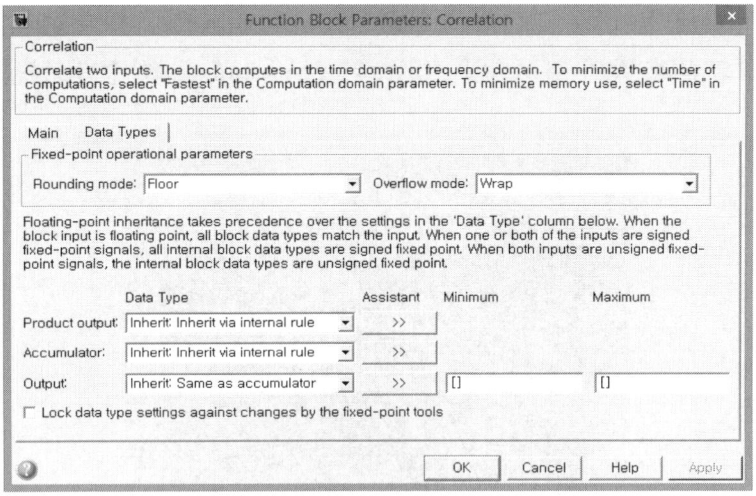

[예제 그림 6.5]

4 To workspace의 속성은

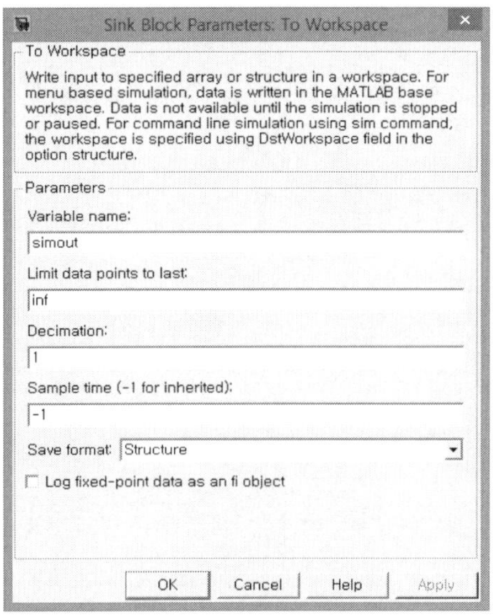

[예제 그림 6.6]

5 Simulation 시간을 10로 입력하고 Start Simulation 버튼을 누른 후 Scope를 클릭하면 다음 그림과 같이 $\sin(t)$와 $\sin(t)$의 Correlation 함수를 얻을 수 있다.

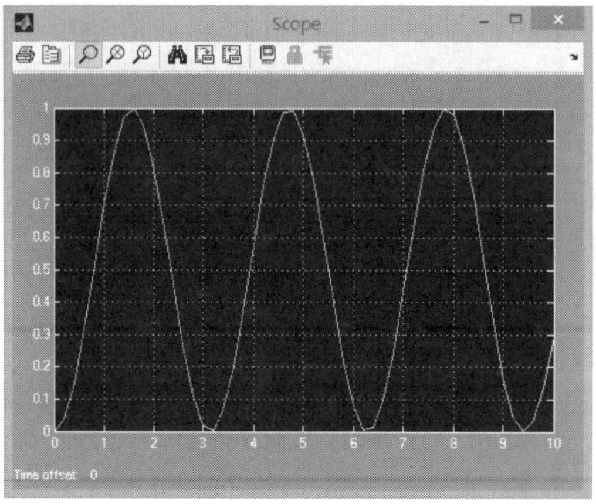

[예제 그림 6.7]

연습문제

6.1 다음과 같은 균일 분포를 갖는 확률밀도 함수에 대하여 물음에 답하여라.

$f_X(x) = \frac{1}{2\pi}, -5 \leq x \leq 5$

$= 0,$ 그 외

(a) 평균 $\overline{X}$

(b) 분산 σ_X^2

6.2 다음 회로에서 입력 $e_i(t)$에 대한 출력이 $e_0(t)$ 일 때 다음 물음에 답하여라. 단 $e_i(t) = 3e^{-3t}$, $R = 1[\Omega]$, $L = 1[H]$다.

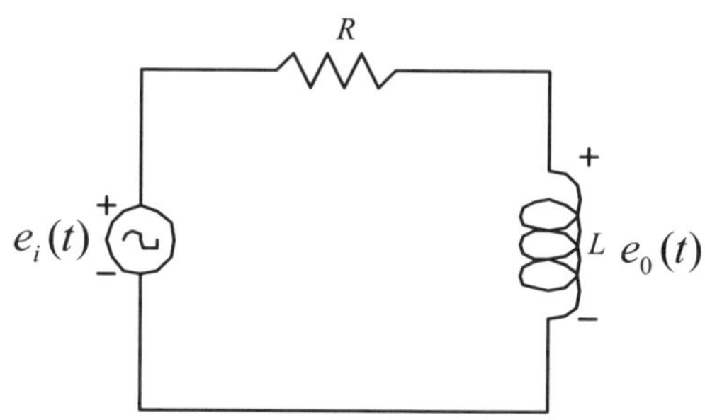

[그림 6.1] RL 회로

(a) 입력신호의 스펙트럼밀도 $S_i(f)$

(b) 전달함수 $H(f)$

(c) 출력 스펙트럼 밀도

(d) 출력신호의 자기상관 함수 $R_0(\tau)$

(e) 출력신호 $e_0(t)$

6.3 Gaussian 확률밀도 함수

$$f_X(x) = \frac{1}{\sqrt{(2\pi)}\,\sigma} exp\left[\frac{-(x-\overline{X})^2}{2\sigma^2}\right], \quad -\infty < x < \infty$$

에서 다음의 물음에 답하라.

(a) $\sigma = 1, \overline{X} = 0$와 $\sigma = 1, \overline{X} = 2$ 각 경우의 대략적인 그림을 그려라.

(b)$\sigma = 1, \overline{X} = 0$와 $\sigma = 3, \overline{X} = 0$ 각 경우의 대략적인 그림을 그려라.

6.4 Poisson 분포가 다음과 같을 때

$$f_X(k) = \frac{e^{-3}3^k}{k!}$$

(a) $P(X < 3)$

(b) $P(X = 3)$

(c) $P(X > 2)$

(d) $P(X = 2)$

6.5 동전을 두 번 던질 때 다음 사건들과 확률을 정의하라.

(a) 처음 시도에 H(Head)가 나올 사건

(b) 두 번째에 T(Tail)이 나올 사건

(c) 둘다 동일할 사건

(d) 두 경우 서로 다를 사건

셀프평가

1. 나는 랜덤변수와 확률을 이해하였다(예, 아니오).

2. 나는 누적분포함수와 확률밀도함수와의 관계를 완전히 이해하였다(예, 아니오).

3. 나는 Gaussian 확률밀도함수를 이해하였다(예, 아니오).

4. 나는 랜덤과정과 안정상태를 이해하였다(예, 아니요).

5. 나는 전력스펙트럼의 시스템출력에 대한 특성을 완전히 이해하였다(예, 아니오).

6. 나는 상관함수와 전력스펙트럼밀도와의 관계를 완전히 이해하였다(예, 아니요).

** '**아니오**'가 발견되면 본문을 복습하여 '**예**'로 바꿀 수 있는 능력을 기르십시오.

Chapter 07

펄스변조와 펄스부호변조

공부할 내용

1. Nyquist 샘플링 주파수
2. 주파수영역에서의 표본화 정리
3. 시간영역에서의 표본화정리
4. 펄스진폭변조(PAM)
5. 펄스폭변조(PWM)
6. 펄스위치변조(PPM)
7. 펄스부호변조(PCM)
8. 표본화, 양자화 부호화

펄스변조는 정보신호를 진폭변조나 각 변조와 같이 정현파에 실리는 대신 펄스열에 실려 보내는 변조방식이다. 따라서 반송파는 펄스열이 되며 정보신호의 크기에 따라 펄스의 진폭이 달라지는 펄스진폭변조(pulse amplitude modulation: PAM), 정보신호의 크기에 따라 펄스의 폭이 달라지는 펄스폭변조(pulse width modulation : PWM) 그리고 정보신호의 크기에 따라 펄스의 위치가 달라지는 펄스위치변조(pulse position modulation: PPM) 3종류가 있으며 펄스변조는 아날로그 변조의 범주에 속한다. 한편 펄스부호변조(pulse code modulation: PCM)은 AM, 각 변조(FM, PM) 그리고 펄스변조와는 달리 아날로그신호를 디지털신호로 변화시키는 A/D(analog/digital) 변환기의 개념으로 접근하여야 한다. PCM은 아날로그 신호로부터 표본화(sampling), 양자화(quantization) 그리고 부호화(coding)를 거쳐 이루어진다.

7.1 표본화 이론

아날로그신호를 일정한 주기 T_s[sec]로 샘플링한 이산신호(discrete signal)로부터 표본화되기 전의 아날로그신호를 복원하는 문제를 생각해보자. 예로서 학생 2명이 있는데 학생 A는 게으르고 학생 B는 너무 부지런하다고 가정한다. 아날로그신호를 스윗치 조작을 통하여 샘플링하도록 한다면 [그림 7.1.1]과 같이 학생 A는 너무 긴 시간간격 T_A[sec]로 샘플링을 하고 이에 반하여 학생 B는 매우 짧은 시간간격 T_B[sec]로 샘플링을 하였다. 학생 A로부터 샘플링된 부족한 신호로부터 본래의 신호를 복원하기는 불가능할 것이다. 이에 반하여 학생 B는 샘플된 신호로부터 본래의 신호를 복원할 수 있으나 너무도 많은 데이터를 처리하게 되는 문제가 따른다. 즉 샘플링주기 T_A[sec]는 너무 크고 T_B[sec]는 너무 좁기 때문에 본래의 신호를 복원할 수 있으면서 표본값 크기가 적절한 주기 T_s를 설정하는 문제를 해결하는 것이 표본화 이론의 기본 개념이다. [그림 7.1.2]는 신호 $s(t)$의 샘플링과정과 이에 대응되는 주파수스펙트럼을 보여준다. 이를 이용하여 표본화정리를 증명할 수 있다.

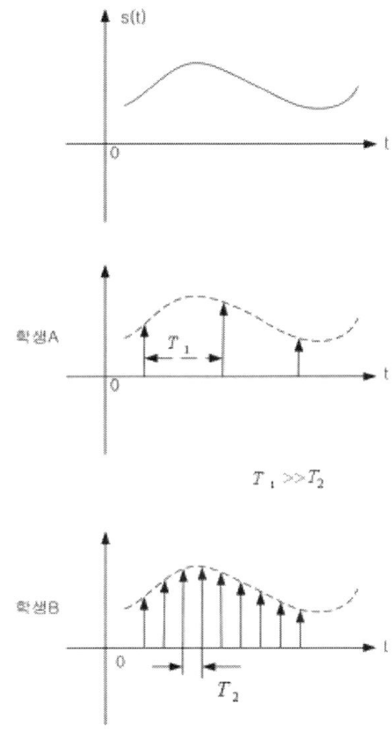

[그림 7.1.1] 샘플링의 예

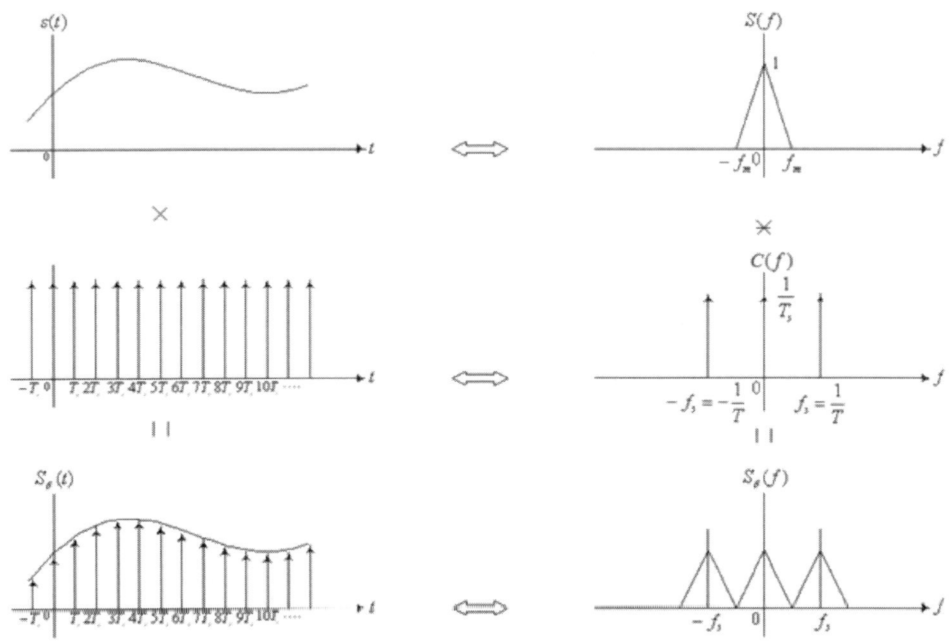

[그림 7.1.2] 신호 $s(t)$의 샘플링과정과 주파수스펙트럼

➔ 표본화 정리

최대주파수가 f_m인 대역제한된 신호 $s(t)$를 최대주파수 f_m의 2배인 샘플링주파수 f_s로 샘플링된 신호는 대역폭 $f_m < |B| < f_s - f_m$인 저역통과 필터를 사용하여 본래의 신호 s(t)를 복원할 수 있다.

7.1.1 주파수영역에서 증명

[그림 7.1.2]와 같이 $s(t)$의 푸리에변환을 $S(f)$라하고 샘플링을 위한 임펄스열 $s_\delta(t) = \sum_{n=-\infty}^{\infty} \delta(t - nT_s)$을 정의하자. 여기서 $\delta(t)$는 임펄스함수이며 T_s는 샘플링 주기다. 샘플링된 신호 $s_s(t)$는 다음과 같이 얻을 수 있다.

$$s_s(t) = s(t)s_\delta(t) = s(t)\sum_{n=-\infty}^{\infty} \delta(t - nT_s) = s(nT_s)\sum_{n=-\infty}^{\infty} \delta(t - nT_s)$$

$s_s(t)$의 푸리에변환

$$S_s(f) = S(f) * S_\delta(f) = S(f) * f_s \sum_{n=-\infty}^{\infty} \delta(f - nf_s) = f_s \sum_{n=-\infty}^{\infty} S(f - nf_s)$$

여기서 f_s는 샘플링 주파수로 $1/T_s$로 정의된다. 따라서 $n = -1, 0$ 그리고 1에 대응되는 $S_\delta(f)$는 각각 $f_s S(f + f_s)$, $f_s S(f)$ 그리고 $f_s S(f - f_s)$가 [그림 7.1.3]과 같이 표현된다. 여기서 $f_m < |B| < f_s - f_m$인 필터 $H_L(f)$를 사용하여 $S(f)$를 구할 수 있다. 그리고 저역통과 필터 $H_L(f) = T_s \Pi\left(\frac{f}{2B}\right)$이다.

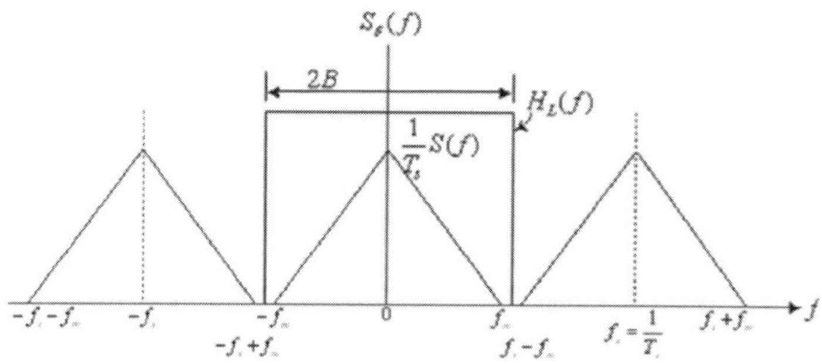

[그림 7.1.3] $S_s(f)$로부터 $S(f)$의 추출

7.1.2 시간영역에서 증명

샘플링 정리를 시간영역에서 증명한다. 먼저 샘플된 신호

$$s_s(t)=s(t)s_\delta(t)=\sum_{n=-\infty}^{\infty} s(nT_s)\delta(t-nT_s)$$

인 $s_s(t)$를 대역폭 2B를 갖는 저역통과필터 $H_L(f)=T_s\Pi(f/2B)$, $h_L(t)=2BT_s\text{sinc}(2Bt)$를 통과시킨 출력 $s_d(t)$는 다음과 같이 표현된다.

$$s_d(t)=s_s(t)*h_L(t)=\sum_{n=-\infty}^{\infty} s(nT_s)\delta(t-nT_s)*2BT_s\text{sinc}2Bt$$

$$=s(nT_s)\sum_{n=-\infty}^{\infty} 2BT_s\text{sinc}2B(t-nT_s)$$

만약 $2BT_{s=1}$이면

$$s_d(t)=s(nT_s)\sum_{n=-\infty}^{\infty}\text{sinc}2B(t-nT_s) \tag{7.1.1}$$

로부터 $s(t)$를 복원할 수 있다. 식 (7.1.1)은 [그림 7.1.4]와 같은 형태를 가지며 샘플 값$s(nT_s)$을 크기로 갖는 $\text{sinc}2B(t-nT_s)$함수들의 합으로부터 원래의 신호 $s(t)$를 복원할 수 있음을 알 수 있다.

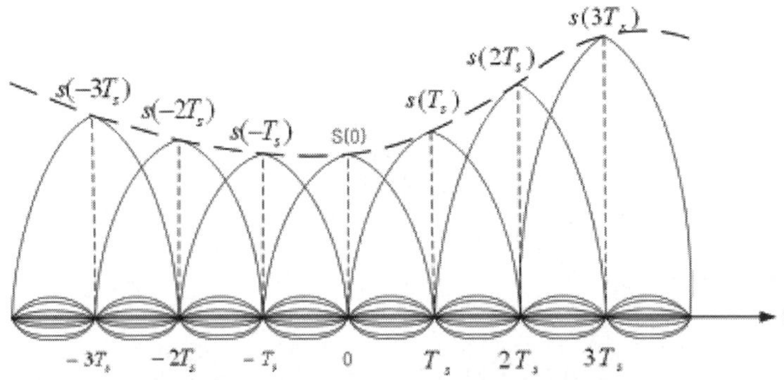

[그림 7.1.4] 식 (7.1.1)을 그림으로 표현

7.2 펄스변조

7.2.1 펄스진폭변조(PAM)

[그림 7.2.1]과 같이 펄스진폭변조(pulse amplitude modulation: PAM)는 정보신호 $s(t)$에 펄스열 $s_p(t)=\sum_{n=-\infty}^{\infty}\Pi(\frac{t-nT_c}{\tau})=\Pi(t/\tau)*\sum_{n=-\infty}^{\infty}\delta(t-nT_c)$을 곱 함으로서 이루어진다. 즉 펄스진폭변조된 신호

$$s_{PAM}(t)=s(t)s_p(t)=s(t)[\Pi(t/\tau)*\sum_{n=-\infty}^{\infty}\delta(t-nT_c)]$$

로 된다. 주파수영역에서 표현하면

$$S_p(f)=F[\Pi(t/\tau)]F[\sum_{n=-\infty}^{\infty}\delta(t-nT_c)]$$

$$=\tau f_c \mathrm{sinc}(f\tau)\sum_{n=-\infty}^{\infty}\delta(f-nf_c)$$

$$S_p(f)=\tau f_c\sum_{n=-\infty}^{\infty}\mathrm{sinc}(nf_c\tau)\delta(f-nf_c)$$

$$S_{PAM}(f) = F[s_{PAM}(t)] = F[s(t)] * F[s_p(t)] = S(f) * S_p(f)$$

$$= S(f) * [\tau f_c \sum_{n=-\infty}^{\infty} \mathrm{sinc}(nf_c\tau)\delta(f - nf_c)]$$

따라서 PAM 신호는 [그림 7.2.1]과 같은 주파수특성을 갖는다.

$$S_{PAM}(f) = \tau f_c \sum_{n=-\infty}^{\infty} \mathrm{sinc}(nf_c\tau) S(f - nf_c)$$

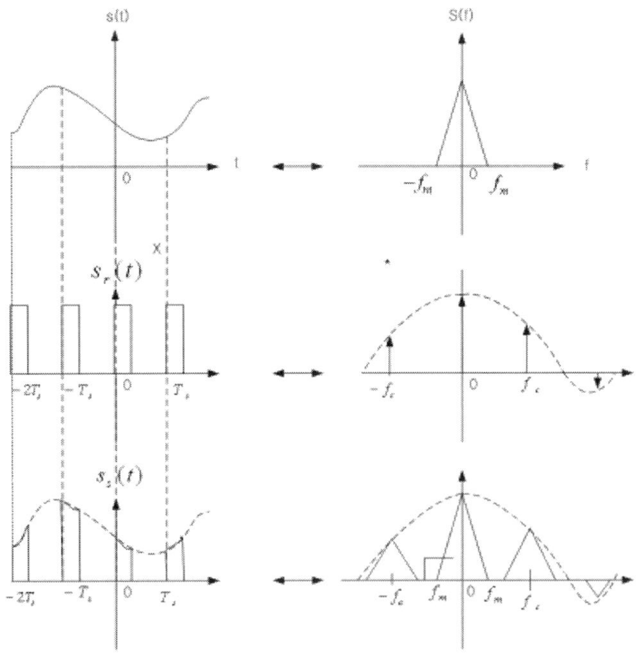

[그림 7.2.1] PAM 신호와 주파수스펙트럼

7.2.2 펄스폭변조(PWM)와 펄스위치변조(PPM)

펄스폭변조(pulse width modulation:PWM)는 정보신호 $s(t)$의 변화에 따라 펄스폭이 변화하는 변조방식이다. [그림 7.2.2]와 같이 PAM 신호 $s_{PAM}(t)$에 삼각파 신호열 $s_{sw}(t)$를 더한 뒤 일정 레벨에서 신호를 잘라내어(slicing) 삼각파의 폭의 크기를 대응되는 펄스열의 폭으로 변환하면 PWM 변조가 이루어진다. 이 PWM으로부터 펄스위치변조(pulse position modulation:PPM)가 쉽게 이루어진다. PWM 신호를 미분한 뒤 음(−)의 기울기를 갖는 임펄스 위치에 대응되는 펄스를 옮겨 놓음으로서 이루어진다.

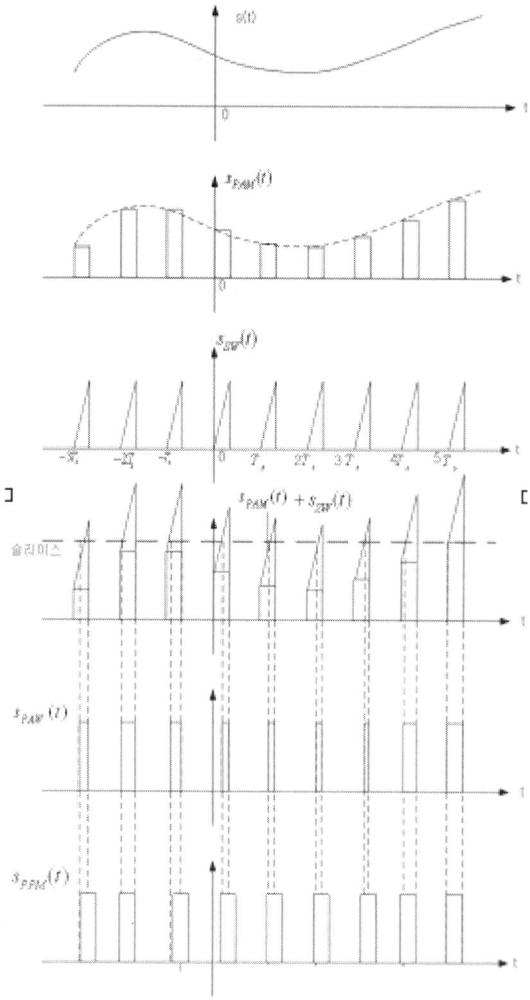

[그림 7.2.2] PWM과 PPM 생성과정

7.3 펄스부호변조(PCM)

펄스부호변조(pulse code modulation: PCM)는 [그림 7.3.1]과 같이 신호 s(t)의 표본화(sampling), 양자화(quantization) 그리고 부호화(coding)를 통하여 이루어진다.

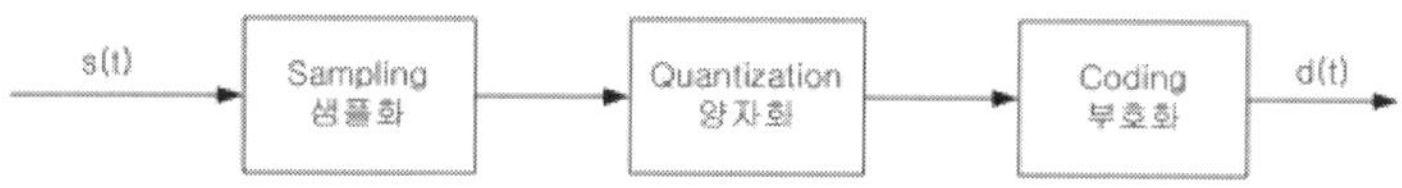

[그림 7.3.1] PCM 구성도

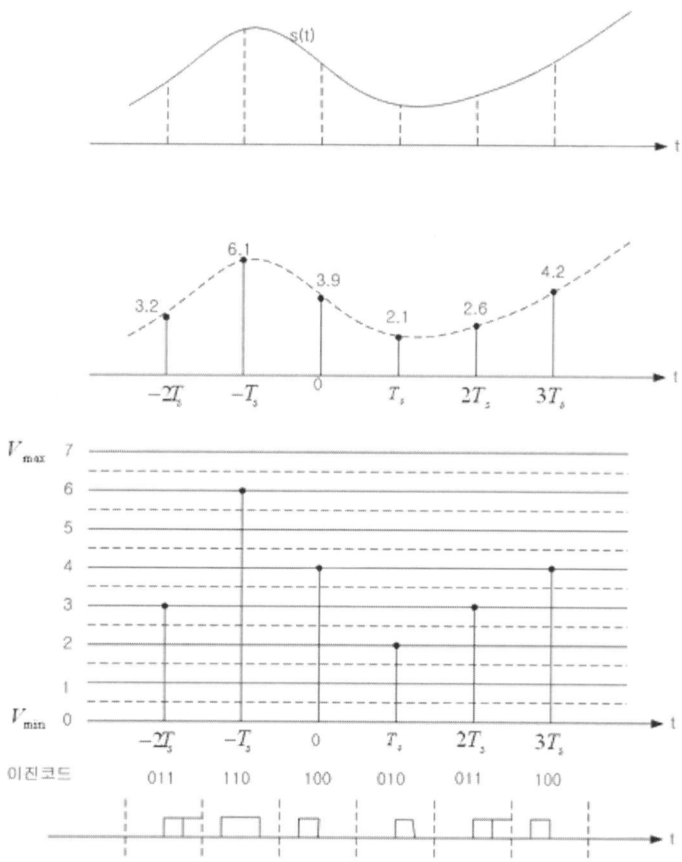

[그림 7.3.2] 아날로그 신호 $s(t)$로부터 PCM 과정

7.3.1 표본화(sampling)

[그림 7.3.2]와 같이 표본화는 아날로그 신호 $s(t)$를 주기 T_s로 샘플링을 하면서 이루어진다. 샘플된 신호는 크기 $s(0)$, $(s(T_s)$, ...,$s(nT_s)$와 같은 값을 갖는 수열이 된다. 그러나 이들 값은 무수히 많은 종류의 값을 갖게 되며 이러한 모든 값을 송수신하기 위해서는 너무도 많은 데이터 량이 요구된다.

7.3.2 양자화(quantization)

[그림 7.3.2]와 같이 양자화는 표본화된 값을 유한한 종류의 수로 제한하기 위하여 어느 일정 레벨의 범위에 있는 모든 값을 동일한 값으로 취급한다. 일반적으로 레벨의 수를 N이라하고 디지털신호로 변환되었을 때 하나의 양자화 값에 대한 대응되는 비트(bit)수를 n이라하면 $N=2^n$이 된다. 일반적으로 신호 $s(t)$의 최소값을 $V_{\min}$그리고 최대값을 $V_{\max}$라 하면 하나의 레벨 간격의 전압구간 $\Delta L=|V_{\max}-V_{\min}|/N$로 표현할 수 있다.

7.3.3 부호화(coding)

[그림 7.3.2]와 같이 부호화는 양자화에 의하여 생성된 값에 이진으로 표현되는 부호를 대응시키는 과정으로 일정한 규약이 적용된다. 예로서 3비트로 부호화하는 경우 총 레벨수 $N=2^3=8$로 되며 8종류의 값을 부호화 할 수 있다. 그 값은 {0, 1, 2, 3, 4, 5, 6, 7}이 되며 이진부호는 {000, 001, 010, 011, 100, 101, 110, 111}로 각각 1 대 1로 대응된다.

7.4 델타변조(DM)

[그림 7.4.1]은 델타변조기(delta modulator)를 보여주고 [그림 7.4.2]는 델타변조신호의 생성내용을 준다. 델타변조(delta modulation: DM)는 샘플간격 T_s에 레벨이 $\pm\Delta$만큼식 변화한다. nT_s인 순간 입력신호 $s(nT_s)$가 샘플된 신호 $m(nT_s)$보다 크게 되면 $+\Delta$ 그리고 작게 되면 $-\Delta$씩 신호 $m(nT_s)$)에 더해지게 된다. 신호 $s(t)$가 입력되면 샘플링순간 참고신호 $m(t)$를 비교하여 차신호 $d(t)=s(t)-m(t)$는 비교기를 통

과하게 되며 부호여부에 따라 Δ의 기울기가 결정되고 출력신호 $s_{\delta}(t)=\Delta\sum_{n=-\infty}^{\infty}\delta(t-nT_s)$를 발생한다. 이 신호는 적분기를 통과 한 뒤 참고신호 $m(t)$로 된다. 델타 변조는 입력신호가 급격한 기울기를 갖고 변화하면 $m(t)$는 계속적으로 Δ/T_s인 기울기로 증가하게 되어 출력이 11111,,,, 또는 000000...과 같이 동일한 비트가 연속적으로 발생된다. 이로 인하여 기울기에 따른 과부하 오류(slop overload)가 발생한다. 한편 입력신호가 거의 변화하지 않는 특성을 가지면 입력신호 $s(t)$와 $m(t)$와의 차가 $+\Delta$, $-\Delta$를 반복적으로 가지며 출력이 0101010101...과 같은 형태로 부호화 오류가 발생한다. 이러한 오류를 그래뉼러잡음(granular noise)이라 부른다. [그림 7.4.3]은 델타변조에서 기울기과부하잡음과 그래뉼러잡음의 형태를 보여준다.

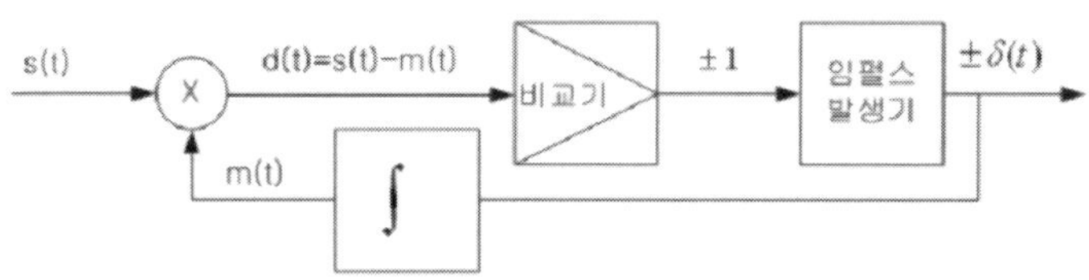

[그림 7.4.1] 델타변조기

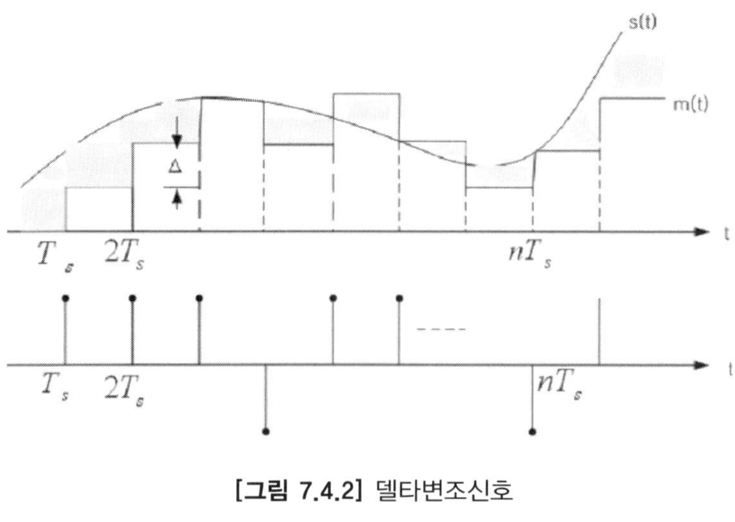

[그림 7.4.2] 델타변조신호

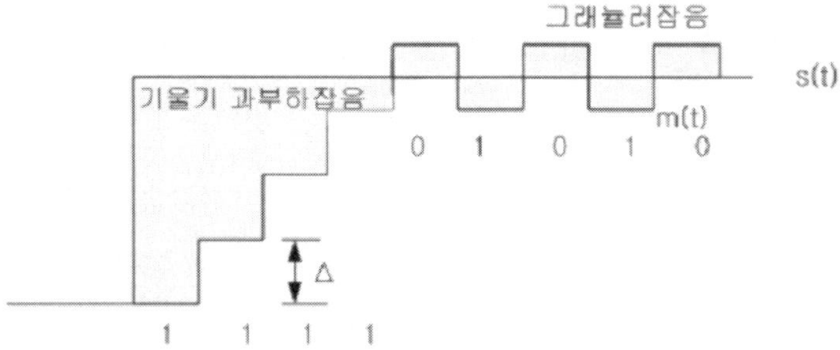

[그림 7.4.3] 델타변조에서 기울기과부하 잡음과 그래뉼러잡음

7.4.1 적응델타변조(adaptive delta modulation)

델타변조가 갖는 단점을 보완하기 위한 시스템으로 [그림 7.4.4]와 같은 적응델타변조(adaptive delta modulation: ADM)가 있다. 신호 $s(t)$와 $m(t)$와의 차이가 계속적으로 동일한 극성으로 나타나면 진폭증폭기에서 이득을 가변하여 Δ의 크기를 변화시켜 $m(t)$가 $s(t)$에 빠르게 접근하도록 설계된 시스템이다. 따라서 기울기 과부하 잡음이나 그래뉼러잡음을 작게 할 수 있다.

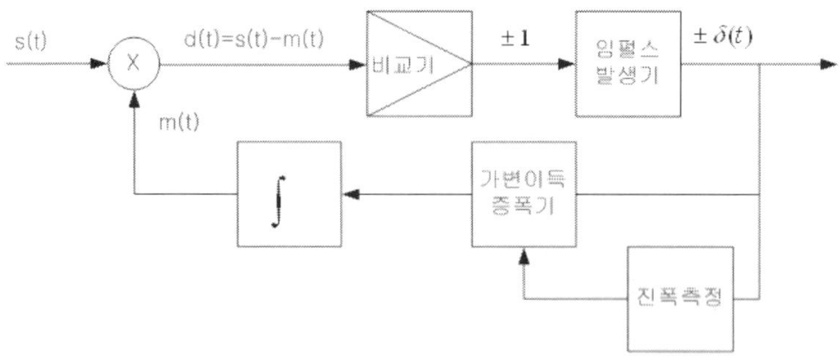

[그림 7.4.4] 적응델타변조기 구성도

7.5 다중화시스템

다중화 시스템에는 시간축을 이용하는 시분할다중화(time division multiplexing: TDM), 주파수축을 이용하는 주파수분할다중화(frequency division multiplexing: FDM) 그리고 부호를 달리하여 이용하는 부호분할다중화(code division multiplexing: CDM)가 있다.

7.5.1 시분할다중화

시분할다중화는 [그림 7.5.1]과 같이 n명의 여러 이용자가 송신하는 신호 $s_1(t)$, $s_2(t),\ldots\ldots, s_n(t)$를 일정한 샘플링 주기 T_s로 샘플링하여 이를 샘플링 채널별로 시간축상에 배열하는 것이다. 물론 PCM의 경우는 양자화와 부호화과정을 거친 샘플신호에 대한 비트인 이진디지털신호가 배열된다. 첫 채널 CH1에 $s_1(T_s)$, $s_2(T_s),\ldots\ldots, s_n(T_s)$를 두 번째 채널에는 $s_1(2T_s)$, $s_2(2T_s),\ldots\ldots, s_n(2T_s)\ldots.$그리고 n번째 채널에는 $s_1(nT_s)$, $s_2(nT_s),\ldots\ldots, s_n(nT_s)$가 n개의 채널이 하나의 프레임이되어 시간축상에 배열되며 수신측에서는 샘플링 주기 T_s의 간격으로 n개의 채널로부터 $\{s_1(T_s), s_1(2T_s),\ldots, s_1(nT_s)\}$, $\{s_2(T_s), s_2(2T_s),\ldots, s_2(nT_s)\}$ 그리고 $\{s_n(T_s), s_n(2T_s),\ldots, s_n(nT_s)\}$와 같이 본래의 신호를 복원하게 된다. 예로서 교환 T_1 시스템은 [그림 7.5.2]와 같이 24채널을 한 프레임으로 하여 한 프레임 후 동기비트하나를 추가하도록 되어있다. 음성신호는 주파수 f_m =4KHz를 최대주파수로하며 샘플링 주파수는 최대주파수의 두 배인 f_s =8KHz가 된다. 샘플링 당 8비트 PCM을 고려한다. 이용자 24명이 다중화로 송신할 수 있으며 채널당 비트수는 24*8=192bits에 동기비트 1개를 추가하면 193비트가 된다. T_1의 비트 전송율은 193[bits/sample]* 8000 [samples /sec]=1.544 [Mbits /sec]로 된다. 프레임주기는 1/8000=0.125msec가 된다.

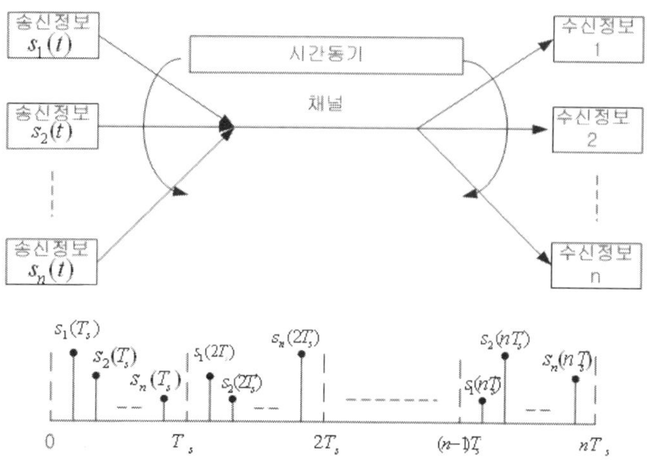

[그림 7.5.1] 시분할다중통신

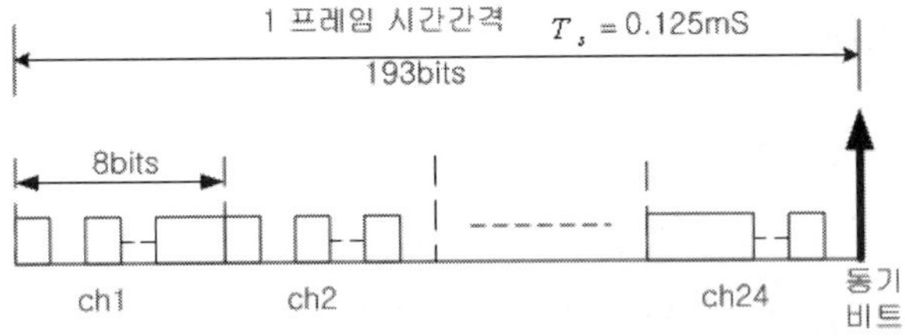

[그림 7.5.2] T_1 시분할다중통신 시스템의 1프레임 구조

7.5.2 주파수분할 다중화

주파수분할 다중화는 [그림 7.5.3]과 같이 n명의 이용자가 중심주파수로 달리하는 대역폭을 이용하여 주파수축 상에서 송신되는 시스템이다. [그림 7.5.4]에서 이용자 1은 중심주파수 f_1 대역폭 W_1, 이용자 2는 중심주파수 f_2 대역폭 W_2 그리고 이용자 n은 중심주파수 f_n 대역폭 W_n을 갖고 주파수축 상에 위치한다. 따라서 최소대역폭은 W= $W_1+W_2+\ldots+W_n$이 되고 $f_1<f_2$, $\ldots,<f_n$의 관계를 가져야한다.

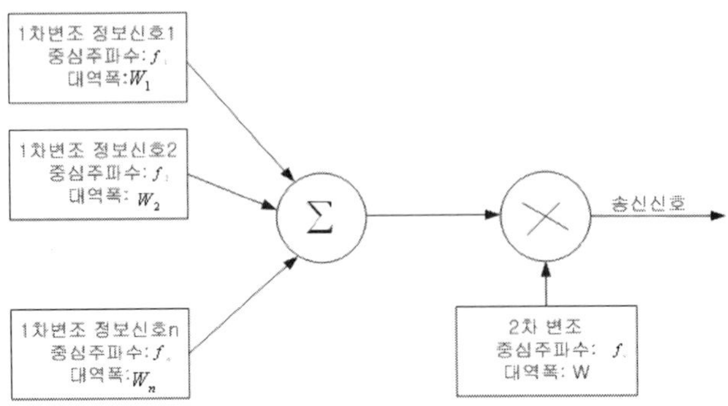

[그림 7.5.3] 주파수분할 다중화

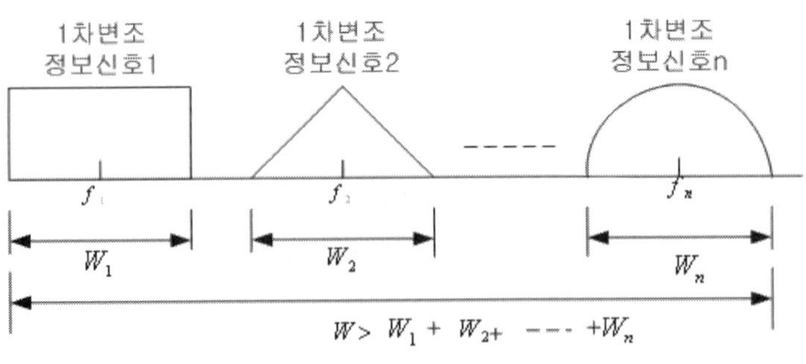

[그림 7.5.4] 주파수분할 다중화 스펙트럼

7.5.3 부호분할 다중화

부호분할 다중화는 서로 다른 이용자가 서로 다른 부호를 사용하여 송수신하는 시스템으로 시간분할과 주파수분할과 같은 시간과 주파수대역에서의 제한으로부터 비교적 자유로운 시스템이다. 이 부분은 제 10장에서 자세히 취급되므로 여기서는 이정도로 마친다.

7장 Matlab Simulink 예제

예제 7-1

Matlab을 이용하여 PCM 과정을 알아보기 위하여 진폭이 2[V], 주파수가 4[Hz]인 아날로그 신호 $s(t) = 2\cos(2\pi 4t + \pi/4)$를 표본화 주기 $T_s = 1/16$[sec], 2[bits]로 양자화하는 PCM 프로그램을 작성하시오.

단, 여기서 Quantization Partition과 Quantization Codebook은 다음 그림과 같다.

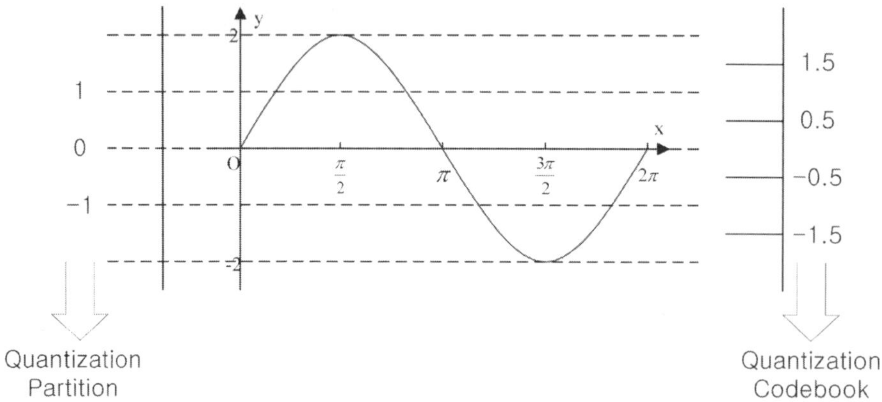

[예제 그림 7.1]

필요한 Simulink Library Block

Simulink Library Browser에서 다음과 같은 Simulink Library Block을 준비한다.

1. Simulink ▶ Sources ▶ Sine Wave
2. Simulink ▶ Discrete ▶ Zero-Order_Hold
3. Communications Blockset ▶ Source Coding ▶ Quantizing Encoder
4. Simulink ▶ Sinks ▶ Terminator
5. Communications Blockset ▶ Source Coding ▶ Quantizing Decoder
6. Signal Processing Blockset ▶ Filtering ▶ Filter Implementations ▶ Analog Filter Design
7. Simulink ▶ Sinks ▶ Scope

풀이 2-1

1 Matlab Simulink를 실행 후 다음과 같은 블록도를 만든다.

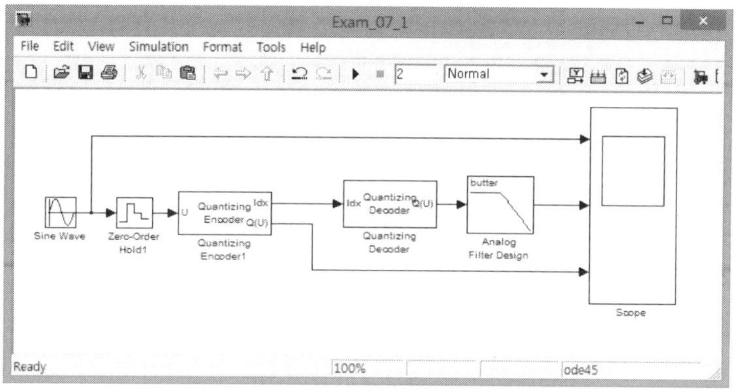

[예제 그림 7.2]

2 여기서 입력신호 $s(t) = 2\cos(2\pi 4t + \pi/4)$를 만들어 주기 위해 Sine Wave의 속성은

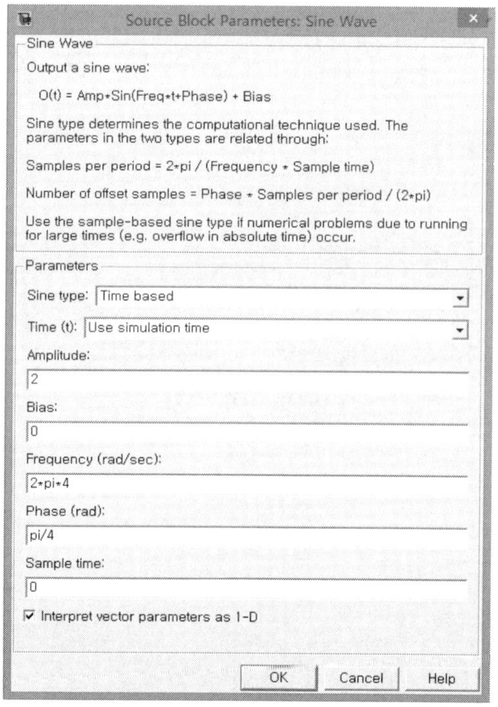

[예제 그림 7.3]

3 동작 속도를 맞추고 입력주파수 4[Hz]의 2배인 8[Hz]보다 큰 샘플링을 하기 위해 Zero-Order_Hold의 Sample time을 1/16 정도로 입력해 준다.

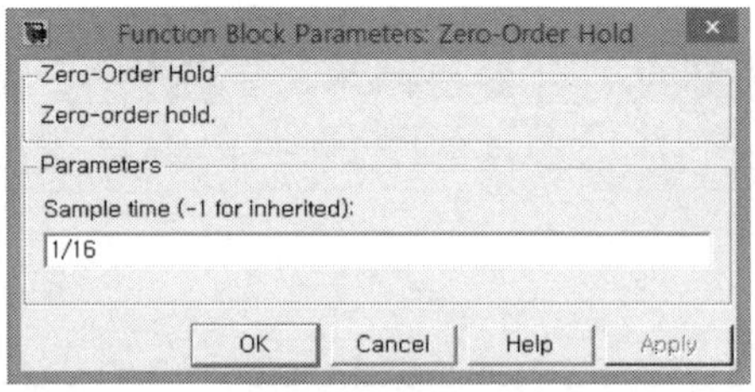

[예제 그림 7.4]

4 문제와 같은 양자화를 하기 위해 Quantizing Encoder의 Quantization partition과 Quantization codebook의 속성을 다음과 같이 입력한다.

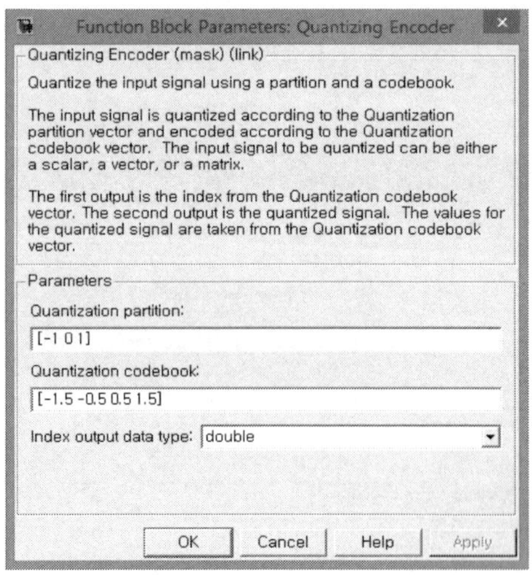

[예제 그림 7.5]

5 역시 마찬가지로 복호화를 하기 위해 Quantizing Decoder의 속성을 다음과 같이 입력한다.

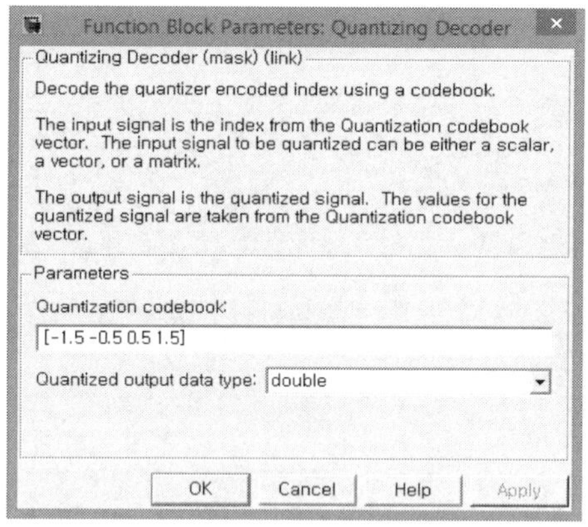

[예제 그림 7.6]

6 Decoder를 통과한 신호로부터 원래의 신호를 복원해 주기위해 Analog Filter Design을 삽입하고 다음과 같이 입력한다.

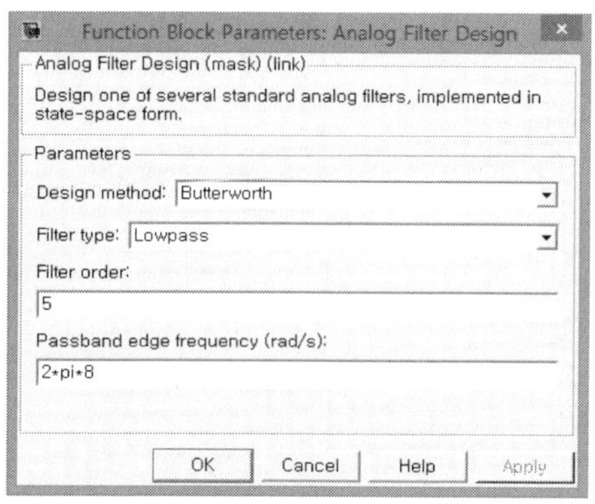

[예제 그림 7.7]

7 시뮬레이션을 수행하기 위해 Simulation 시간을 2로 입력하고 Start Simulation 버튼을 누른 후 Scope를 클릭하면 다음 그림과 같은 결과를 얻는다.

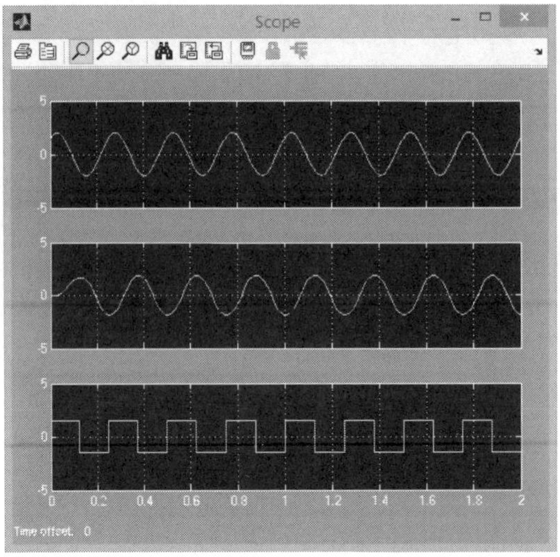

[예제 그림 7.8]

여기서 첫 번째 화면은 입력신호, 두 번째 화면은 양자화 한 후 복원된 출력신호, 세 번째 화면은 양자화기를 거친 출력신호의 파형이다.

연습문제

7.1 아날로그신호와 디지털신호를 PAM과 PCM을 이용하여 비교분석하고 특성을 검토하시오.

7.2 PAM신호에서 펄스 윗부분이 평탄한 Flat Top 그리고 정보신호의 형태를 갖고 펄스폭 시간 동안 정보신호의 형태를 갖는 샘플링 방식과의 차이점을 구하시오.

7.3 PCM과 DPCM 방식의 특성을 분석하시오.

7.4 DM과 ADM 방식의 특성을 분석하시오.

7.5 최대 7[V]를 갖는 양 전압의 부호화기 입력신호를 부호화할 경우 최소 몇 비트가 가장 타당할지 검토하여 보시오.

7.6 전화기에 사용하는 음성신호를 위한 PCM 방식은 크게 미국방식과 유럽방식 2가지로 분류할 수 있다. 두 가지 방식에 대하여 검토하여 보시오.

7.7 DM 방식에서 입력신호가 $m(t) = 3\cos(2\pi f_m t)$일 때 경사부호화를 일으키지 않으려면 정보신호 주파수 f_m을 최대 얼마로 하여야 하나? 단 표본화 주파수 $f_s = 1000Hz$이고 스텝 δ의 크기는 10mV이다.

셀프평가

1. 나는 표본화정리를 이해하였다(예, 아니오).

2. 나는 PAM, PWM 그리고 PPM을 이해하였다(예, 아니오).

3. 나는 PCM의 과정을 완전히 이해하였다(예, 아니오).

4. 나는 델타변조 과정을 이해하였다(예, 아니오).

5. 나는 델타변조에서 경사 과부하(slop overload)를 이해하였다(예, 아니요).

6. 나는 적응 델타변조를 완전히 이해하였다(예, 아니오).

7. 나는 시분할다중화(TDM), 부호분할다중화(FDM)를 이해하였다(예, 아니요).

** '**아니오**'가 발견되면 본문을 복습하여 '**예**'로 바꿀 수 있는 능력을 기르십시오.

Chapter 08

기저대역 디지털 데이터 전송

공부할 내용

1. 디지털데이터 형태
2. 대역 제한된 시스템에서의 데이터전송
3. 잡음채널에서의 디지털 신호검출
4. 정합필터와 상관기
5. 최적수신기와 수신기성능

8.1 디지털 데이터 형태

디지털 데이터는 여러 가지형태의 모양을 갖고 전송되며 각각의 용도는 시스템 채널의 환경에 따라 선택되어 사용된다. 대표적인 디지털 데이터로 NRZ(non return to zero), RZ(return to zero)가 있으며 [그림 8.1.1]과 같이 심볼 간격 시간구간 T_b중 영(zero)으로 복귀하지 않으면 NRZ코드이고 반면에 복귀하면 RZ코드라 한다. 대역폭은 NRZ의 경우 대략 $1/T_b$이 되며 $T_b/2$의 폭에서 복귀하는 RZ는 $2/T_b$의 대역폭을 갖는다. 맨체스터코드(manchester code)는 [그림 8.1.2]와 같이 동일한 형태의 신호를 '1' 또는 '0'에 따라 극성을 달리한다.

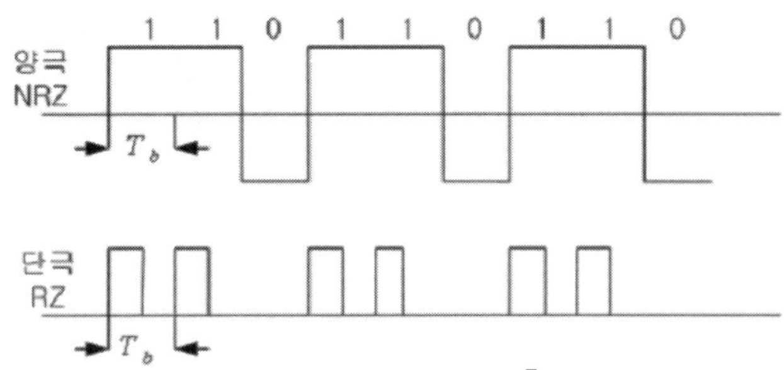

[그림 8.1.1] NRZ과 RZ 부호파형

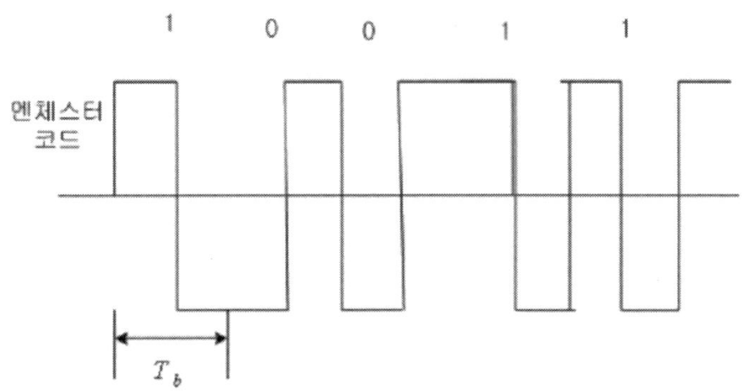

[그림 8.1.2] Manchester 부호파형

8.2 대역 제한된 시스템에서의 디지털 데이터 전송

대역 제한된 채널은 모든 주파수를 통과시키지 못하기 때문에 송신된 데이터의 찌그러짐이 채널에서 발생된다. 예로서 구형파 모양의 신호는 주파수영역에서 sinc함수 형태가 되기 때문에 무한한 대역폭을 갖게 된다. 따라서 대역을 제한하면 고주파영역의 신호성분이 없어지게 되기 때문에 채널을 통과한 출력은 본래의 신호와는 다른 신호가 된다. [그림 8.2.1]과 같이 이상적인 저역통과필터 채널특성을 가정하자. 이 필터의 전달함수는 다음 식 (8.2.1) 형태를 갖는다.

$$H(f) = A\Pi(\frac{f}{2W}) \tag{8.2.1}$$

이 채널에 입력신호로 임펄스함수 $\delta(t)$를 통과 시켰을 때 출력은 임펄스응답 h(t)로 다음 식 (8.2.2)과 같다.

$$h(t) = 2WAsinc(2Wt) \tag{8.2.2}$$

출력은 sinc함수로 입력신호 $\delta(t)$와는 완전히 다른 형태로 찌그러짐이 발생한다. 이러한 찌그러짐은 심볼간상호간섭(inter symbol interference: ISI)을 발생시키는 중요한 원인이 된다.

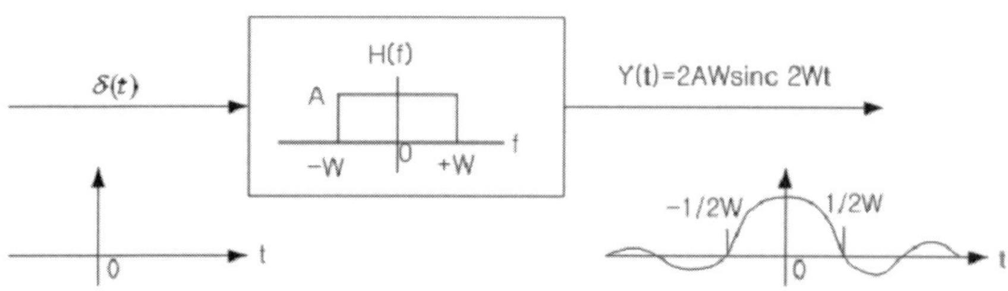

[그림 8.2.1] 대역제한 채널의 임펄스응답

8.3 잡음환경 하에서의 디지털신호의 검출

일반적으로 채널의 주파수특성과 잡음이 전송된 데이터에 영향을 주기 때문에 수신된 데이터는 전송된 데이터와 다른 형태로 된다. 여기서는 [그림 8.3.1]과 같이 모든 주파수를 통과한다고 가정하고 단지 잡음이 부가된 데이터의 전송 및 수신에 대하여 검토한다. 잡음은 부가적 가우시안 백색잡음(additive white Gaussian noise: AWGN)이다. 신호를 $s(t)$라 하면 잡음 $n(t)$가 부가된 수신신호는 $s(t)+n(t)$가 된다. '1'에 대응되는 신호를 $s_1(t)$ 그리고 '0'에 대응되는 신호를 $s_2(t)$라 하고 데이터 비트의 폭을 T_b, 크기를 각각 A[V] 그리고 -A[V]라 하자. 정보데이터에 따라 수신된 신호는 $s_1(t)+n(t)$ 그리고 $s_2(t)+n(t)$다.

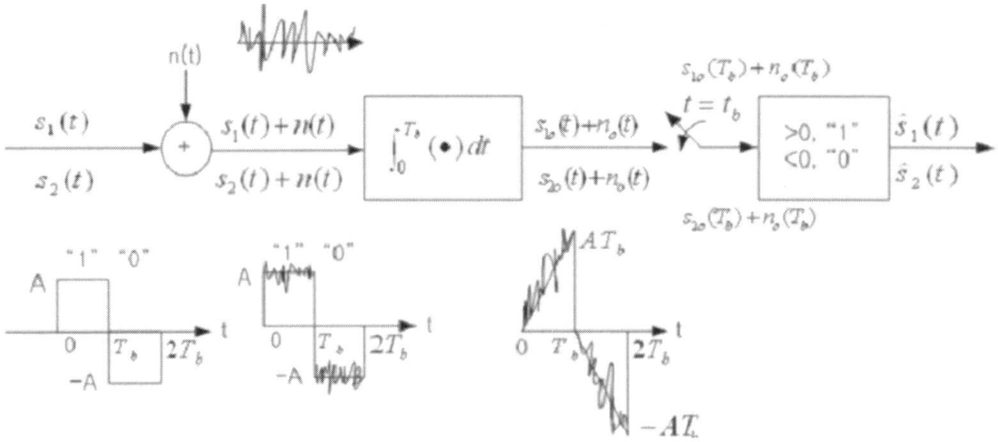

[그림 8.3.1] 부가적인 잡음채널에서의 송수신 시스템

[그림 8.3.1]과 같이 적분기를 이용한 가장 간단한 수신기를 이용 하였을 경우를 생각하면 적분기출력

$$\int_0^{T_b}[s_1(t)+n(t)]dt = s_{1o}(t)+n_o(t) \tag{8.3.1}$$

$$\int_0^{T_b}[s_2(t)+n(t)]dt = s_{2o}(t)+n_o(t) \tag{8.3.2}$$

여기서

$$s_{1o}(t) = \int_0^{T_b} s_1(t)dt\, s_{2o}(t) = \int_0^{T_b} s_2(t)dt \tag{8.3.3}$$

그리고

$$n_o(t) = \int_0^{T_b} n(t)dt \tag{8.3.4}$$

이다. 이 적분기 출력신호는 T_b간격으로 샘플링 되며 그 값 $s_{io}(T_b)+n_o(T_b),\ i=1,2$가 0보다 크면 $s_1(t)$로 판단하고 0보다 작으면 $s_2(t)$라 판단한다. 따라서 $s_{1o}(t)+n_o(t)<0$이거나 $s_{2o}(t)+n_o(t)>0$이면 판단오류가 발생된다. 잡음 $n_o(t)$의 평균

$$E[n(t)]=0 \tag{8.3.5}$$

분산 σ^2은 다음과 같이 구할 수 있다.

$$\begin{aligned} E[n_o^2(t)] &= E[\int_0^{T_b} n(t)dt \int_0^{T_b} n(\tau)d\tau] \\ &= [\int_0^{T_b}\int_0^{T_b} E[n(t)n(\tau)]dtd\tau] \\ &= [\int_0^{T_b}\int_0^{T_b} \frac{N_0}{2}\delta(t-\tau)dtd\tau] = \int_0^{T_b}\frac{N_0}{2}d\tau \\ &= \frac{N_oT_b}{2} \end{aligned} \tag{8.3.6}$$

따라서 출력잡음의 확률밀도 함수 $f_N(n)$은 다음 식 (8.3.7)과 같이 정의된다.

$$f_N(n) = \frac{1}{\sqrt{2\pi}\,\sigma} e^{-n^2/2\sigma^2} = \frac{1}{\sqrt{\pi N_o T_b}} c^{-n^2/(N_o T_b)} \tag{8.3.7}$$

신호 $s_{1o}(T_b)=\int_0^{T_b} s_1(t)dt=AT_b$, $s_{2o}(T_b)=\int_0^{T_b} s_2(t)dt=-AT_b$가 잡음에 더해지면 $s_1(t)$와 $s_2(t)$가 송신되었을 때 확률밀도함수는 각각 다음 식 (8.3.8a)와 (8.3.8b)와 같이 정의되며 [그림 8.3.2]와 같이 표현된다.

$$f_N(n|s_1)=f_1(n)=\frac{1}{\sqrt{\pi N_o T_b}}e^{-(n-AT_b)^2/(N_o T_b)} \tag{8.3.8a}$$

$$f_N(n|s_2)=f_2(n)=\frac{1}{\sqrt{\pi N_o T_b}}e^{-(n+AT_b)^2/(N_o T_b)} \tag{8.3.8b}$$

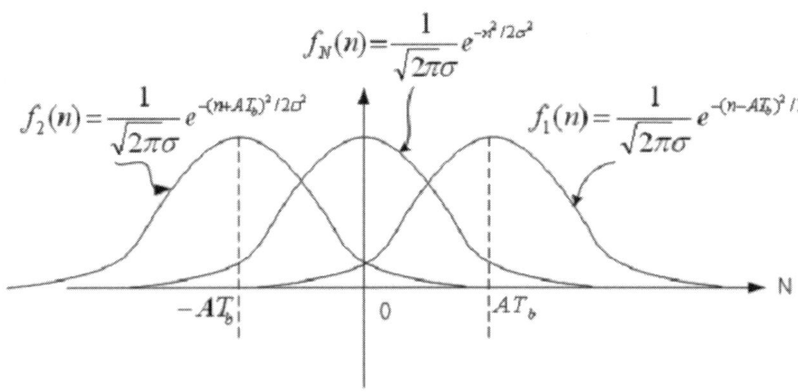

[그림 8.3.2] 잡음을 포함한 채널에서 잡음, $s_1(t)$ 그리고 $s_2(t)$에 대한 확률밀도함수

송신기에서 많은 데이터가 송신되었을 때 수신시의 오류에 대하여 생각해보자. $s_1(t)$가 송신되었다고 가정하고 이에 대한 오류확률 $P(N+AT_b<0\,|\,s_1(t))$를 구해보자.

$$P_E(N+AT_b<0\,|\,s_1(t))=\int_{-\infty}^{-AT_b}\frac{1}{\sqrt{\pi N_o T_b}}e^{-n^2/(N_o T_b)}dn$$

$(t=n/\sqrt{N_o T_b}$, $dn=dt\sqrt{N_o T_b}$, $n=-\infty$, $t=-\infty$,

$n=-AT_b, t=-AT_b/\sqrt{N_o T_b}=-A\sqrt{\frac{T_b}{N_o}}$)

$$= \frac{1}{\sqrt{\pi}} \int_{\sqrt{\frac{A^2 T_b}{N_o}}}^{\infty} e^{-t^2} dt = \frac{1}{2} erfc(\sqrt{\frac{A^2 T_b}{N_o}}) = QT(\sqrt{\frac{2A^2 T_b}{N_o}}) \qquad (8.3.9)$$

여기서 에러함수 $erf(x)$와 $erfc(x)$는 제 6장에서도 언급한 바와 같이 다음 식 (8.3.10a)와 (8.3.10b)와 같이 정의된다.

$$erf(x) = \frac{2}{\sqrt{\pi}} \int_0^x e^{-t^2} dt \qquad (8.3.10a)$$

$$erfc(x) = 1 - erf(x) = \frac{2}{\sqrt{\pi}} \int_x^{\infty} e^{-t^2} dt \qquad (8.3.10b)$$

그리고 Q함수 $Q(x)$는 다음 식 (8.3.10c)와 같이 정의되며

$$Q(x) = \frac{1}{\sqrt{2\pi}} \int_x^{\infty} e^{-t^2/2} dt \qquad (8.3.10c)$$

Q함수와 에러함수와의 관계는 다음 식 (8.3.10d)와 같다.

$$Q(x) = \frac{1}{2} erfc(\frac{x}{\sqrt{2}}) \qquad (8.3.10d)$$

다른 한편 $s_2(t)$가 보내졌을 때 오류확률 $P(N - AT_b > 0 \mid s_2(t))$도 동일한 방법으로 구할 수 있으며 평균오류 확률 P_E는 다음과 같이 구해진다.

$$P_E = P(N + AT_b < 0 | s_1(t)) P(s_1(t)) + P(N - AT_b > 0 | s_2(t)) P(s_2(t))$$

$s_1(t)$와 $s_2(t)$가 동일한 확률로 보내진다고 가정하면 즉 $P(s_1(t)) = P(s_2(t)) = \frac{1}{2}$, 이면 다음 식 (8.3.11)과 같이 구해진다.

$$P_E = \frac{1}{2} erfc\sqrt{\frac{A^2 T_b}{N_o}} = Q(\sqrt{\frac{2A^2 T_b}{N_o}}) \qquad (8.3.11)$$

여기서 A^2T_b는 신호성분이고 N_o는 잡음성분 이다. 그래서 다음 식 (8.3.12)와 같은 신호 대 잡음비를 정의할 수 있다.

$$SNR = \frac{A^2T_b}{N_o/2} = \frac{2A^2T_b}{N_o} \tag{8.3.12}$$

이 값이 클수록 P_E는 감소한다. 따라서 판단을 위한 샘플링 신호의 신호 대 잡음비 SNR을 최대로 하기위한 수신기에서의 시스템이 필요하다.

8.4 정합필터

정합필터(matched filter)는 신호가 필터를 통과한 뒤 신호 대 잡음비를 최대로 하기 위한 수신기의 장치다. [그림 8.4.1(a)]와 같이 정합필터의 전달함수를 $H(f)$라하고 입력신호 $s_i(t)+n(t)$, 그리고 정합필터의 출력신호를 $s_0(t)+n_o(t)$라 하자. 출력에서의 신호 대 잡음비 $\eta = \frac{s_o^2(t)}{E[n_o^2(t)]}$가 $t=T$인 순간 최대가 되도록 $H(f)$가 설계되어야 한다. 잡음의 전력스펙트럼밀도를 $\frac{N_o}{2}$로 가정하면 출력 잡음전력 스펙트럼밀도는 다음 식 (8.4.1)과 같이 정의 된다.

$$E[n_o^2(t)]] = \frac{N_o}{2}\int_{-\infty}^{\infty} |H(f)|^2 df \tag{8.4.1}$$

출력신호전력은 식 (8.4.2)와 같이 $S_o(f)$의 역변환에 의하여 구할 수 있다.

$$s_o^2(t) = |F^{-1}[S_i(f)H(f)]|^2 = |\int_{-\infty}^{\infty} H(f)S_i(f)e^{j2\pi ft}df|^2 \tag{8.4.2}$$

따라서 출력에서의 신호 대 잡음비는 식 (8.4.3)과 같이 정의할 수 있다.

$$\eta = \frac{\left| \int_{-\infty}^{\infty} H(f) S_i(f) e^{j2\pi ft} df \right|^2}{\frac{N_o}{2} \int_{-\infty}^{\infty} |H(f)|^2 df} \tag{8.4.3}$$

Schwartz 부등식은 다음 식 (8.4.4)와 같은 특성을 갖는다.

$$\left| \int_{-\infty}^{\infty} X(f) Y^*(f) df \right|^2 \le \int_{-\infty}^{\infty} |X(f)|^2 df \int_{-\infty}^{\infty} |Y(f)|^2 df \tag{8.4.4}$$

여기서 등식은 $X(f) = cY^*(f)$, c는 상수, 일 때 성립하며 $t = T$에서 η의 분자에 이 부등식을 이용하면 $X(f) = H(f)$, $Y^*(f) = S_i^*(f) e^{-j2\pi fT}$로 변화 시키면 신호 대 잡음비는 다음과 같이 된다.

$$\eta \le \frac{\int_{-\infty}^{\infty} |H(f)|^2 df \int_{-\infty}^{\infty} |S_i(f)|^2 df}{\frac{N_o}{2} \int_{-\infty}^{\infty} |H(f)|^2 df} = \frac{2}{N_o} \int_{-\infty}^{\infty} |S_i(f)|^2 df = \frac{2E_s}{N_o} \tag{8.4.5}$$

여기서 $E_s = \int_{-\infty}^{\infty} |S_i(f)|^2 df$이며 $\frac{2E_s}{N_o}$는 신호대 잡음비 η의 최대값이 된다. 이에 접근하기 위한 정합필터는 $H(f) = cS_i^*(f) e^{-j2\pi fT}$인 관계를 가질 때 이루어진다. 여기서 상수 $c = 1$로 놓는다. 따라서 정합필터의 임펄스응답 $h(t)$는 다음 식 (8.4.6)과 같이 구할 수 있다.

$$h(t) = F^{-1}[H(f)] = F^{-1}[S_i^*(f) e^{-j2\pi ft}] = s_i(T - t) \tag{8.4.6}$$

그러므로 정합필터는 입력된 신호 $s_i(t)$와 정합하는 형태를 갖는다. 수신신호 $r(t) = s_i(t) + n(t)$라 하면 이에 대한 출력 $y(t)$는 다음 식 (8.4.7)과 같이 정의 된다.

$$y(t) = r(t) * h(t) = \int_0^T r(\tau) h(t - \tau) d\tau = \int_0^T r(\tau) s_i[T - (t - \tau)] d\tau \tag{8.4.7}$$

따라서 $t = T$일때 출력 $y(T)$는 다음 식 (8.4.8)과 같이 된다.

$$y(T) = r(t)*h(t)|_{t=T} = \int_0^T r(\tau)s_i(\tau)d\tau \tag{8.4.8}$$

식 (8.4.8)에서 출력 $y(T)$는 $r(t)$와 $s_i(t)$의 상관함수다. 그러므로 [그림 8.4.1]과 같이 상관기를 이용하여 t=T일 때 정합필터의 특성을 갖는 시스템을 구성할 수 있다.

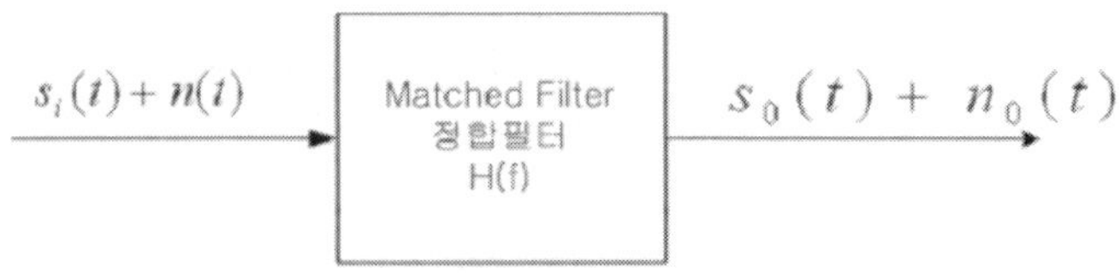

(a) 정합필터

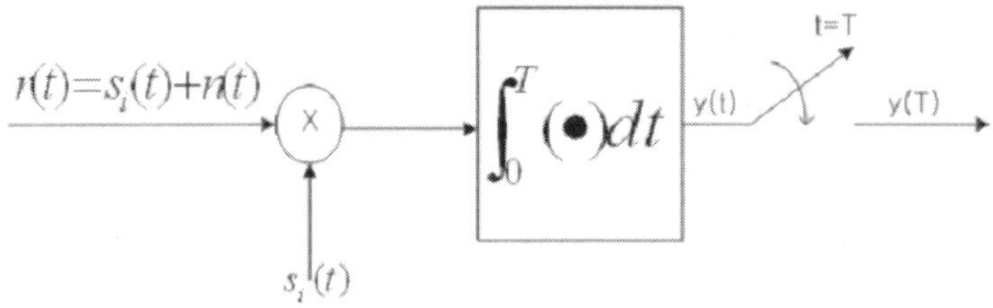

(b) 상관기

[그림 8.4.1] 정합필터와 상관기를 이용한 수신기

8.5 최적수신기와 수신기성능

송신된 두 종류의 신호 $s_1(t) = A,\ 0 \le t \le T$와 $s_2(t) = -A,\ 0 \le t \le T$에 잡음이 부가되어 [그림 8.5.1]과 같은 수신기에 수신되었을 때 출력에서의 성능에 대하여 생각해보자. 수신기의 수신신호를 $r(t) = s_1(t) + n(t)$로 가정하면 [그림 8.5.2]의 위 경로에서 적분기 출력 $y_1(t)$는 다음 식 (8.5.1)과 같이 된다.

$$y_1(t) = \int_0^T [s_1(t) + n(t)]s_1(t)dt = \int_0^T s_1^2(t)dt + \int_0^T n(t)s_1(t)dt \tag{8.5.1}$$

$t=T$일 때 출력 $y_1(T)$는 다음 식 (8.5.2)와 같다.

$$y_1(T)=A^2T+N_1 \tag{8.5.2}$$

여기서 $N_1=\int_0^T n(t)s_1(t)dt$이다. 그리고 아래 경로에서 적분기 출력 $y_2(t)$는 다음 식 (8.5.3)과 같이 된다.

$$y_2(t)=\int_0^T [s_1(t)+n(t)]s_2(t)dt=\int_0^T s_1(t)s_2(t)dt+\int_0^T n(t)s_2(t)dt \tag{8.5.3}$$

$t=T$일 때 출력 $y_2(T)$는 다음 식 (8.5.4)와 같다.

$$y_2(T)=-A^2T+N_2 \tag{8.5.4}$$

여기서 $N_2=\int_0^T n(t)s_2(t)dt$이다. 그리고 N_1과 N_2는 평균이 0인 가우시안 분포를 갖는다. $y_1(T)$의 평균은 식 (8.5.5)로 정의된다.

$$E[y_1(T)]=A^2T+E[N_1]=A^2T \tag{8.5.5}$$

그리고 $y_1(T)$의 분산은 다음 식 (8.5.6)과 같이 구할 수 있다.

$$\begin{aligned}\sigma^2 &= E[(y_1(T)-E[y_1(T)])^2]=E[N_1^2]\\ &= E[\int_0^T n(t)s_1(t)dt\int_0^T n(\tau)s_1(\tau)d\tau]\\ &= \int_0^T\int_0^T E[n(t)n(\tau)]s_1(t)s_1(\tau)dtd\tau\\ &= \frac{N_o}{2}\int_0^T s_1^2(t)dt=\frac{N_oA^2T}{2}\end{aligned} \tag{8.5.6}$$

만약 $y(T) > 0$이면 $s_1(t)$가 보내졌다고 판단하고 만약 $y(T) < 0$면 $s_2(t)$로 판단한다. 송신된 임의의 두 신호 $s_1(t)$와 $s_2(t)$에 대하여 [그림 8.5.1]과 같은 2진 정합필터 수신기에서 오류확률을 알아보기 위하여 수신신호 $r(t) = s_i(t) + n(t)$, $i = 1,2$에 대한 출력 $y(T_b)$)는 아래 식 (8.5.7)로 표현된다.

$$y(T_b) = \int_0^{T_b} r(t)[s_2(t) - s_1(t)]dt = \int_0^{T_b} [s_i(t) + n(t)][s_2(t) - s_1(t)]dt \qquad (8.5.7)$$

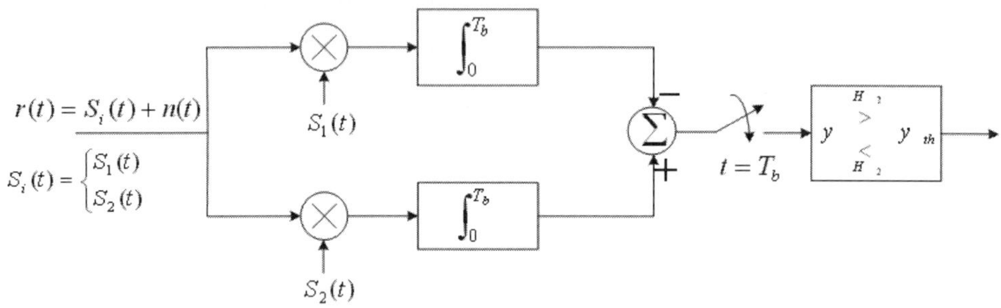

[그림 8.5.1] 2진 정합필터 수신기

잡음이 포함된 신호 y는 랜덤변수 이므로 이의 확률밀도함수를 구하기 위하여 먼저 평균과 분산을 알아보자. 신호 y의 평균 $E[y]$는 다음과 같이 구할 수 있다.

$$\begin{aligned} E[y] &= E\left\{\int_0^{T_b} [s_i(t) + n(t)][s_2(t) - s_1(t)]dt\right\} \\ &= E\left\{\int_0^{T_b} s_i(t)[s_2(t) - s_1(t)]dt\right\} - E\left\{\int_0^{T_b} n(t)[s_2(t) - s_1(t)]dt\right\} \\ &= \int_0^{T_b} s_i(t)[s_2(t) - s_1(t)]dt \\ &= m_i, \quad i = 1,2 \end{aligned} \qquad (8.5.8)$$

그리고 분산 σ_y^2은 다음 식 (8.5.9)와 같이 구할 수 있다.

$$\begin{aligned}\sigma_y^2 &= E\left\{\left[\left[\int_0^{T_b} s_i(t)[s_2(t)-s_1(t)]dt\right\} + \int_0^{T_b} n(t)[s_2(t)-s_1(t)]dt - \int_0^{T_b} s_i(t)[s_2(t)-s_1(t)]dt\right]^2\right\} \\ &= E\left\{\int_0^{T_b} n(t)[s_2(t)-s_1(t)]dt \int_0^{T_b} n(\tau)[s_2(\tau)-s_1(\tau)]d\tau\right\} \\ &= \int_0^{T_b}\int_0^{T_b} E[n(t)n(\tau)][s_2(t)-s_1(t)][s_2(\tau)-s_1(\tau)]dtd\tau \\ &= \int_0^{T_b}\int_0^{T_b} \frac{N_0}{2}\delta(t-\tau)[s_2(t)-s_1(t)][s_2(\tau)-s_1(\tau)]dtd\tau \\ &= \frac{N_0}{2}\int_0^{T_b}[s_2(t)-s_1(t)]^2 dt \\ &= \frac{N_0}{2}\int_0^{T_b}[s_2^2(t)+s_1^2(t)-2s_1(t)s_2(t)]dt\end{aligned} \tag{8.5.9}$$

여기서 신호 $s_1(t)$의 에너지 $E_1 = \int_0^{T_b} s_1^2(t)dt$, 신호 $s_2(t)$의 에너지 $E_2 = \int_0^{T_b} s_1^2(t)dt$, 두 신호의 평균에너지 $E = \frac{1}{2}(E_1 + E_2)$로 하고 상관계수 ρ를 다음 식 (8.5.10)으로 정의한다.

$$\rho = \frac{\int_0^{T_b} s_1(t)s_2(t)dt}{\sqrt{E_1E_2}}, \quad -1 \le \rho \le 1 \tag{8.5.10}$$

따라서 식 (8.5.9)에서 분산 σ_y^2은 다음 식 (8.5.11)과 같이 된다.

$$\sigma_y^2 = N_0(E - \sqrt{E_1E_2}\,\rho) \tag{8.5.11}$$

이를 이용하여 y의 조건부 확률밀도함수를 다음 식 (8.5.12)와 같이 구할 수 있다.

$$p(y|s_1) = \frac{1}{\sqrt{2\pi}\,\sigma_y} exp[-\frac{(y-m_1)^2}{2\sigma_y^2}] \tag{8.5.12a}$$

$$p(y|s_2) = \frac{1}{\sqrt{2\pi}\,\sigma_y} exp[-\frac{(y-m_2)^2}{2\sigma_y^2}] \tag{8.5.12b}$$

따라서 문턱값은 $y_{th1}=\frac{1}{2}(m_2+m_1)$로 설정하는 것이 타당할 것이다. 그리고 평균오류확률 P_e는 다음과 같이 구할 수 있다.

$$P_e=P(E|s_1)P(s_1)+P(E|s_2)P(s_2) \tag{8.5.13}$$

여기서 $P(E|s_1)$은 $s_1(t)$를 송신하였을 때의 오류확률, $P(E|s_2)$은 $s_2(t)$를 송신하였을 때의 오류확률이며 사전확률 $P(s_1)=P(s_2)=\frac{1}{2}$로 가정하면 평균오류확률 P_e는 다음과 같이 된다.

$$P_e=P(E|s_1)=P(E|s_2) \tag{8.5.14}$$

만약 $s_2(t)$를 송신하였다면 $y(T_b)<y_{th}$면 오류가 발생한다.

$$\begin{aligned}
P_e &= P(y<y_{th}|s_2) \\
&= \int_{-\infty}^{y_{th}} \frac{1}{\sqrt{2\pi}\,\sigma_y} exp[-\frac{(y-m_2)^2}{2\sigma_y^2}]dy \\
&\quad \{t=(y-m_2)/\sqrt{2}\,\sigma_y,\ y=\sqrt{2}\,\sigma_y t+m^2,\ dy=dt\sqrt{2}\,\sigma_y, \\
&\quad y=-\infty,\ t=-\infty,\ y=y_{th,}t=(y_{th}-m_2)/\sqrt{2}\,\sigma_y\} \\
&= \frac{1}{2}[\frac{2}{\sqrt{\pi}}\int_{(m_2-y_{th})/\sqrt{2}\sigma_y}^{\infty} \exp(-t^2)dt]\} \\
&= \frac{1}{2}erfc[(m_2-y_{th})/\sqrt{2}\,\rho_y]
\end{aligned}$$

$$(m_2-y_{th})/\sqrt{2}\sigma_y=\frac{1}{2}(m_2-m_1)/\sqrt{2}\sigma_y=[\frac{1}{2}(E_1+E_2)-\sqrt{E_1E_2}\rho]/\sqrt{2}\sigma_y$$

여기서 $y_{th}=\frac{1}{2}(m_2+m_1)$, $m_1=\sqrt{E_1E_2}\rho-E_1$, $m_2=E_2-\sqrt{E_1E_2}\rho$, $E=\frac{1}{2}(E_1+E_2)$, 그리고 식 (8.5.11)을 이용하여 다음 식 (8.5.15)와 같이 오류를 구할 수 있다.

$$P_e=\frac{1}{2}erfc\left[(E-\sqrt{E_1E_2}\rho)/\sqrt{2N_0(E-\sqrt{E_1E_2}\rho)}\right]$$

$$= \frac{1}{2} erfc[\sqrt{\frac{E(1-P_{12})}{2N_0}}] = Q[\sqrt{z(1-P_{12})}] \tag{8.5.15}$$

여기서 $z = \frac{E}{N_0}$, $P_{12} = \frac{\sqrt{E_1 E_2}\rho}{E}$ 이다.

8장 Matlab Simulink 예제

예제 8-1

랜덤 데이터를 Unipolar NRZ, Polar NRZ, Polar RZ, Manchester 코드로 변환하는 Matlab Simulink 프로그램을 작성하시오

필요한 Simulink Library Block

Simulink Library Browser에서 다음과 같은 Simulink Library Block을 준비한다.

1. Communications Blockset ▶ Communications sources ▶ Random Data sources ▶ Bernoulli Binary Generator
2. Simulink ▶ Sources ▶ Pulse Generator
3. Communications Blockset ▶ Utility Blocks ▶ Unipolar to Bipolar Converter
4. Simulink ▶ User-Defined Functions ▶ Fcn
5. Simulink ▶ Math Operations ▶ Product
6. Simulink ▶ Sinks ▶ Scope

풀이 8-1

1. Matlab Simulink를 실행 후 다음과 같은 블록도를 만든다.

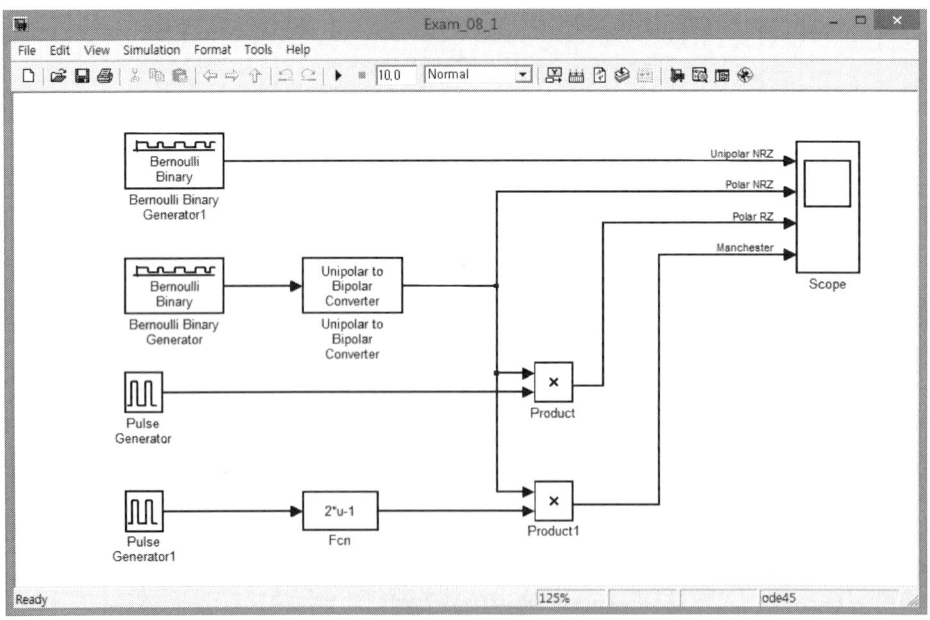

[예제 그림 8.1]

여기서

2 랜덤 데이터를 만들어 주기 위해 Bernoulli Binary Genarator 와 Bernoulli Binary Genarator1의 속성은

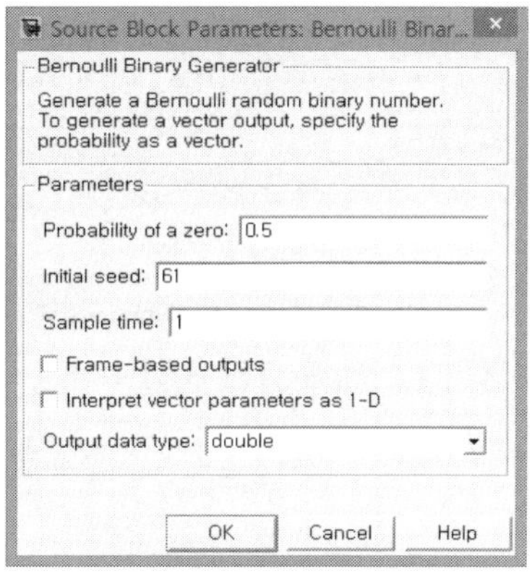

[예제 그림 8.2]

이다.

3 또한 랜덤 데이터를 만들어 주기 위해 Pulse generator의 속성은

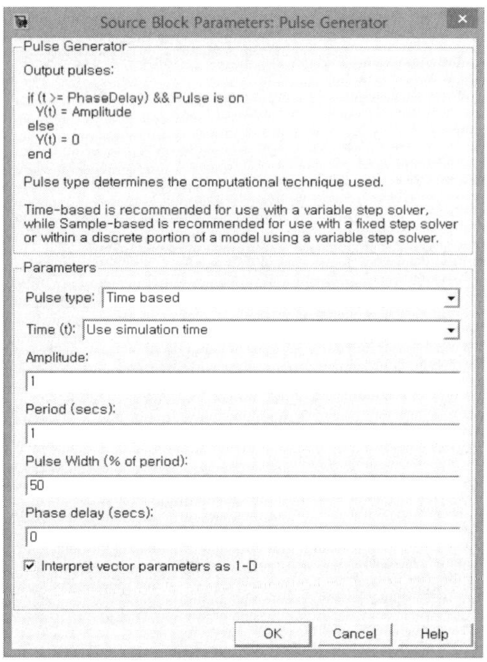

[예제 그림 8.3]

4 Unipolar to Bipolar Converter의 속성은

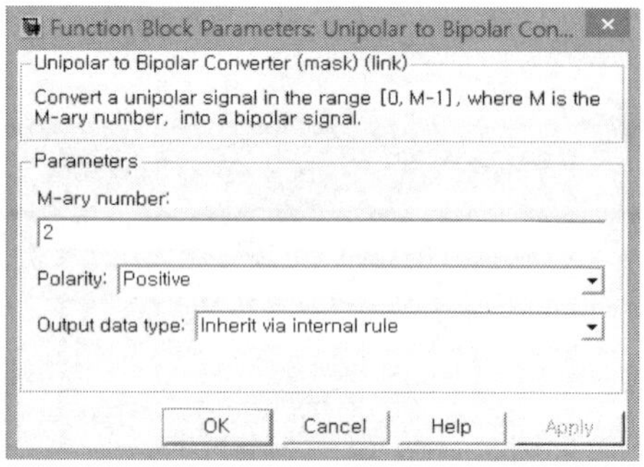

[예제 그림 8.4]

5 Fcn의 속성은

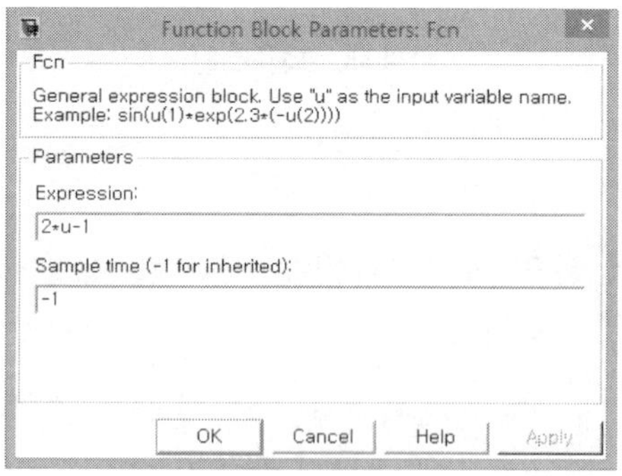

[예제 그림 8.5]

6 Product의 속성은

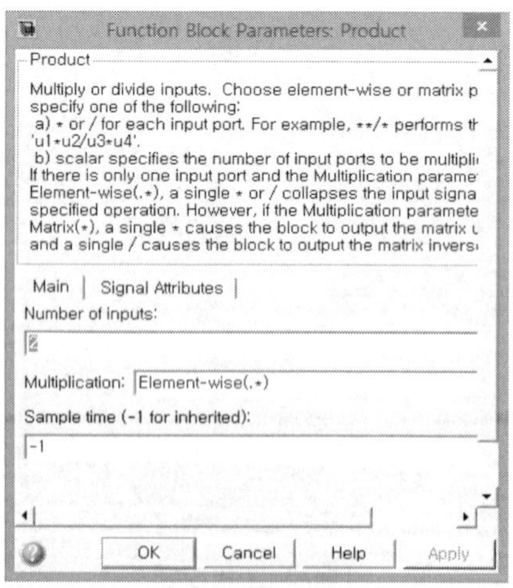

[예제 그림 8.6]

7 Simulation 시간을 10으로 입력하고 Start Simulation 버튼을 누른 후 Scope를 클릭하면 다음 그림과 같이 Unipolar NRZ, Polar NRZ, Polar RZ, Manchester 코드의 결과를 얻을 수 있다.

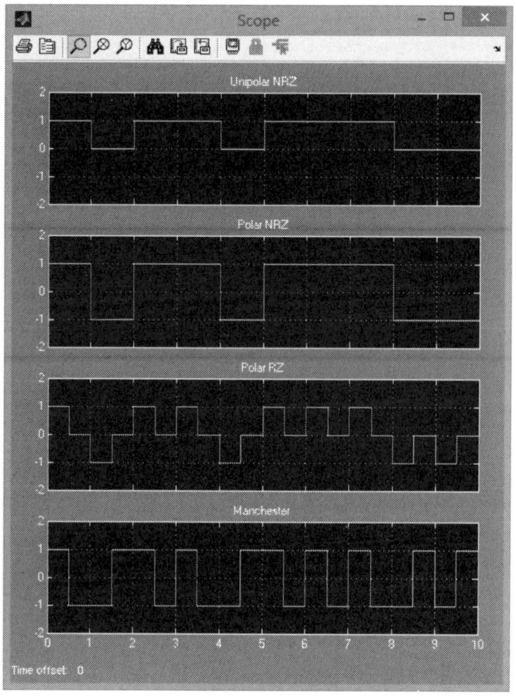

[예제 그림 8.7]

연습문제

8.1 이진 비트열 01100010에 대응되는 NRZ, RZ, 맨체스터(Manchester) 파형을 그림으로 그리시오.

8.2 다음 그림과 같은 파형 $s(t)$에 채널에서 AWGN $n(t)$가 부가되었을 때 $s(t)+n(t)$에 대한 개략적인 확률밀도함수 $f_N(n)$을 그림으로 표현하고 설명하시오.

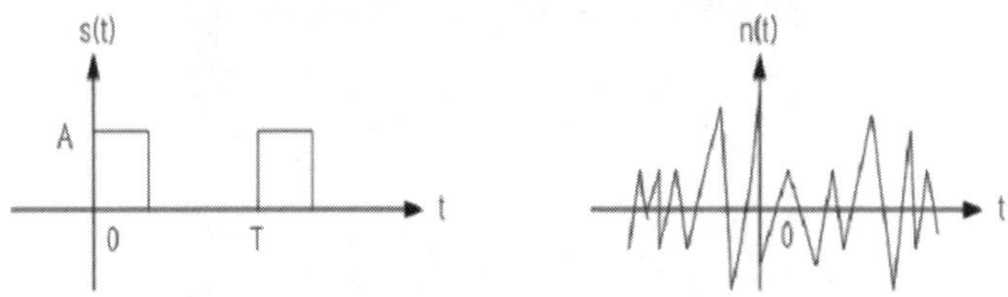

[그림 8.1] 정보신호 $s(t)$와 부가적인 잡음 $n(t)$

8.3 다음 신호에 대한 정합필터를 설계하시오.

$$s(t)=\begin{cases}30\cos(1000\pi t), 0<t<5[\mu s]\\ \qquad\qquad 0,\\ \text{다른경우}\end{cases}$$

8.4 다음 그림과 같은 신호에 대한 정합필터의 응답을 구하시오.

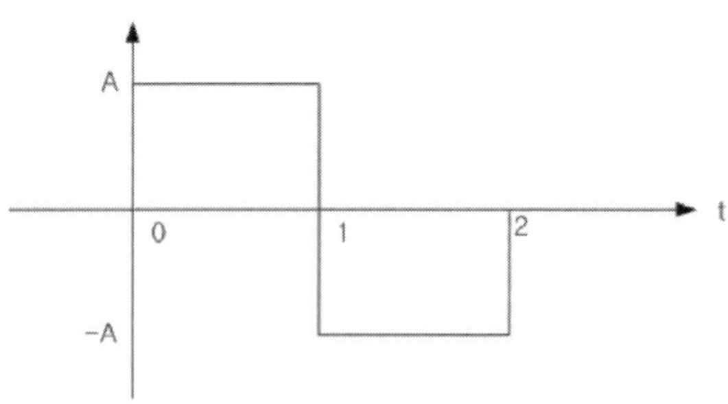

[그림 8.2] 정합필터 입력신호 $s_1(t)$

8.5 다음 그림과 같은 신호에 대한 정합필터의 응답을 구하시오.

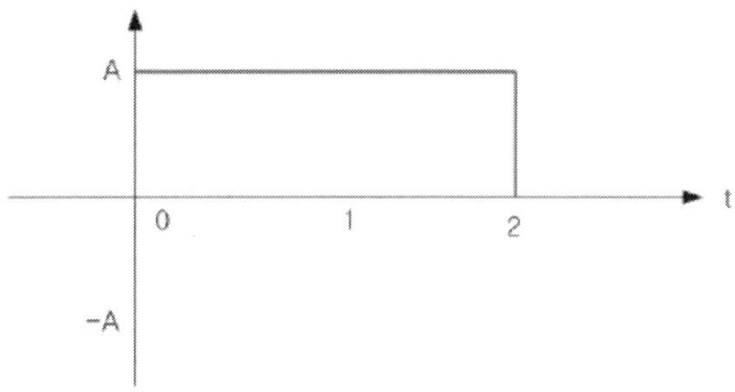

[그림 8.3] 정합필터 입력신호 $s_2(t)$

8.6 문제 8.4와 문제 8.5와 같은 두 개의 신호를 각각 $s_1(t)$와 $s_2(t)$라 할 때 정합필터를 사용한 수신기에서 오류확률을 구하시오. 여기서 채널의 AWGN의 양측스펙트럼밀도는 $N_0/2=10^{-2}[W/Hz]$이다.

셀프평가

1. 나는 RZ와 NRZ 코드의 시간과 주파수특성을 이해하였다(예, 아니오).

2. 나는 맨체스터코드와 주파수특성을 이해하였다(예, 아니오).

3. 나는 채널에서의 부가적 잡음특성을 완전히 이해하였다(예, 아니오).

4. 나는 잡음이 포함된 수신신호의 확률밀도함수를 이해하였다(예, 아니오).

5. 나는 기저대역에서 수신기의 과정을 이해하였다(예, 아니오).

6. 나는 수신기에서 오율을 구하는 방법을 이해하였다(예, 아니요).

7. 나는 잡음이 포함된 신호의 평균과 분산을 구할 수 있다(예, 아니오).

8. 나는 정합필터의 특성과 구성에 대하여 완전히 이해하였다(예, 아니요).

** '**아니오**'가 발견되면 본문을 복습하여 '**예**'로 바꿀 수 있는 능력을 기르십시오.

Chapter 09

대역통과 디지털 변조

공부할 내용

1. 진폭천이변조 ASK
2. 주파수천이변조 FSK
3. FSK 동기검파, FSK 비동기검파
4. 위상천이변조 PSK
5. 차동위상천이변조 DPSK
6. QPSK 송신과 수신
7. OQPSK와 MSK 특성
8. MPSK 특성
9. 직교진폭변조 QAM

기본적으로 디지털 정보신호를 반송파에 실어 보내는 방법은 아날로그의 경우와 동일하게 생각할 수 있으며 3가지 종류가 있다. 변조된 정보신호는 중심주파수가 f_c인 통과 대역 신호가 되며 다음 식 (9.1)과 같이 표현된다.

$$s_i(t) = A(t)\cos[\omega_c t + \phi(t)],\ i = 1,2 \tag{9.1}$$

진폭변조(amplitude modulation)는 정보신호 $s(t)$가 $A(t)$에 포함되는 변조방식이고 각변조는(angle modulation)는 정보신호 $s(t)$가 $\phi(t)$에 포함된다. $\phi(t)$에 정보가 포함되는 방식에 따라 주파수변조(frequency modulation)와 위상변조(phase modulation)로 구분된다. 디지털 변조 방식에서 이들은 기본적인 진폭천이변조 ASK(amplitude shift keying), 주파수천이변조 FSK(frequency shift keying) 그리고 위상천이변조 PSK(phase shift keying)로 부른다. 또한 시스템 구성의 복잡성과 스펙트럼 효율 등으로 DPSK(differential phase-shift keying), QPSK(Quadrature PSK), MSK((minimum shift keying) 그리고 QAM(Quadrature Amplitude Modulation) 등과 같은 다양한 형태의 변조방식이 있다.

9.1 진폭천이 변조(ASK)

9.1.1 진폭천이변조 ASK

진폭천이변조는 아날로그 진폭변조(AM)의 특별한 경우라고 생각하여도 된다. 아날로그 정보신호는 무수히 많은 값을 갖고 변하기 때문에 반송파의 진폭이 다양하게 연속적으로 변한다. 이에 반하여 진폭천이변조(amplitude shift keying: ASK)는 두 종류의 진폭만이 정보신호에 포함되기 때문에 반송파의 진폭이 이에 대응하여 단순히 2종류만 갖는다.

따라서 ASK 신호는 심볼 '0'과 '1'에 대응 되는 진폭에 따라 식 (9.1.1)의 반송파 $\cos(\omega_c t)$의 진폭 $A(t)$를 변화 시킨다. $\phi(t) = 0$으로 놓고 [그림 9.1.1]과 같은 정보신호와 ASK 신호를 생각하면

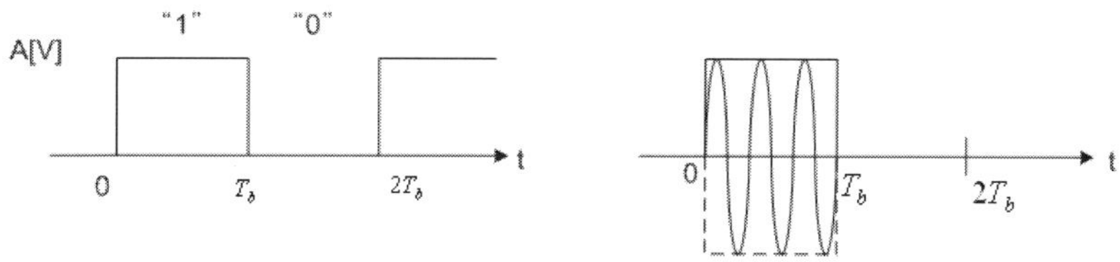

[그림 9.1.1] 정보신호와 ASK 신호

$$
\begin{aligned}
&\text{심볼 '0'} : A(t) = 0[V] \qquad \text{변조된 신호 } s_1(t) = 0 \\
&\text{심볼 '1'} : A(t) = A[V] \qquad \text{변조된 신호 } s_2(t) = A\cos(\omega_c t)
\end{aligned} \tag{9.1.1}
$$

로 된다. 그리고 $s_2(t) = A\cos(\omega_c t)$의 에너지

$$E_2 = \int_0^{T_b} (A\cos\omega_c t)^2 dt = \frac{A^2}{2}\int_0^{T_b}(1-\cos 2\omega_c t)dt = \frac{A^2 T_b}{2} \tag{9.1.2}$$

로 되며 T_b는 비트간격이다. 따라서 진폭

$$A = \sqrt{\frac{2E_g}{T_b}} \tag{9.1.3}$$

로 되며 신호

$$s_2(t) = \sqrt{\frac{2E_g}{T_b}}\cos(\omega_c t) \tag{9.1.4}$$

로 바꾸어 쓸 수 있다. [그림 9.1.2]는 ASK 변조기를 보여준다. '0'일 때는 스위치가 열리고 '1'일 때는 스위치가 닫힌다.

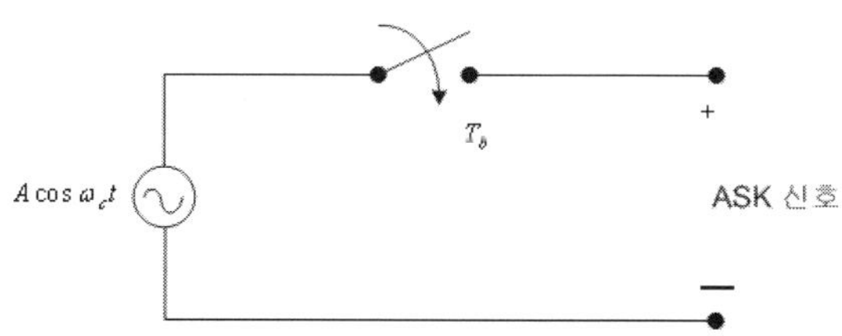

[그림 9.1.2] ASK 변조기

ASK의 주파수 특성은 [그림 9.1.3]과 같으며 대역폭은 대략 $2/T_b$[Hz]가 된다.

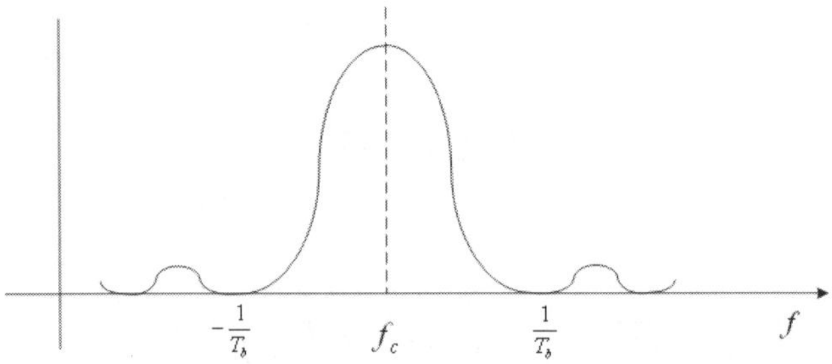

[그림 9.1.3] ASK 스펙트럼

9.1.2 동기검파(coherent detection)

[그림 9.1.4]에서 2진 신호 $s_1(t)$와 $s_2(t)$에 대한 정합 필터의 임펄스 응답은 식 (8.4.6)으로부터 다음과 같이 표현된다.

$$\begin{aligned} h_1(t) &= s_1(T_b - t) = 0 \\ h_2(t) &= s_2(T_b - t) = A\cos[\omega_c(T_b - t)] \end{aligned} \tag{9.1.5}$$

따라서 정합 필터 출력은 다음과 같다.

$$\begin{aligned} s_{01}(t) &= 0 \\ s_{02}(t) &= s_2(t) * h_2(t) = \int_0^t s_2(\tau) h_2(t-\tau) d\tau \\ &= \int_0^t s_2(\tau) s_2(T_b - t - \tau) d\tau \end{aligned} \tag{9.1.6}$$

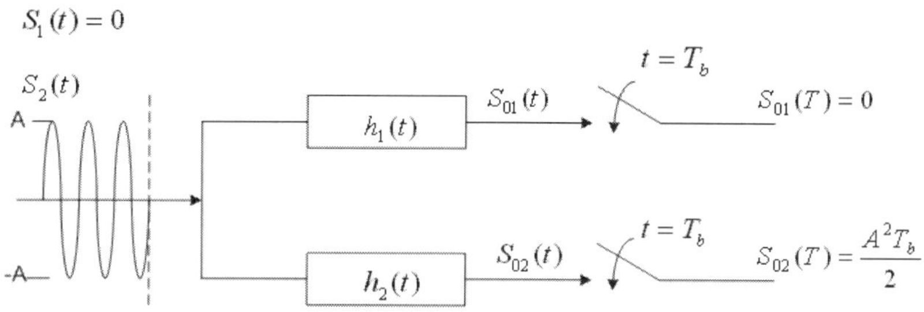

[그림 9.1.4] 신호 $s_1(t)$와 $s_2(t)$에 대한 정합필터 출력

이와 같은 정합 필터는 [그림 9.1.5]와 같이 수신 신호와 송신 신호의 곱과 구간 T_b에서의 적분 형태로 표현할 수 있으며 이러한 동작을 하는 정합 필터는 상관기(correlator)라 부른다. [그림 9.1.6] 신호 $s_2(t)$에 대한 정합필터의 출력 $s_{02}(t)$를 보여준다.

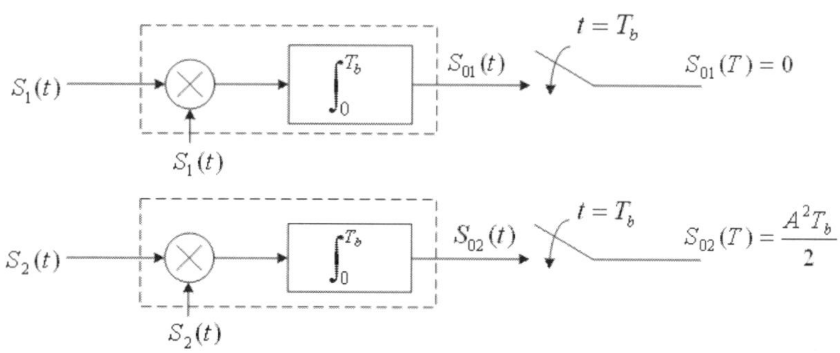

[그림 9.1.5] 정합필터의 상관기 표현

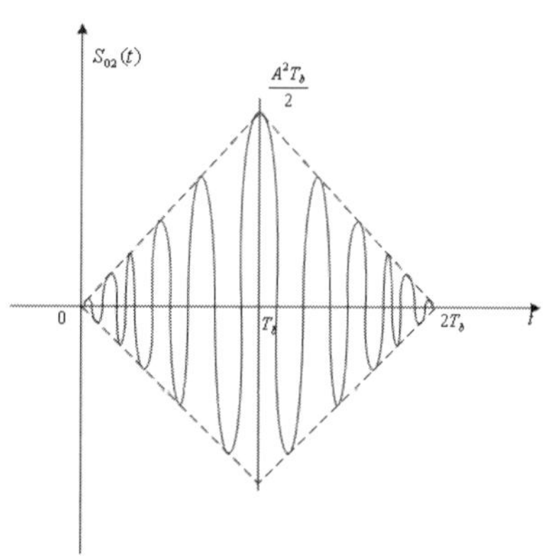

[그림 9.1.6] 신호 $s_2(t)$에 대한 정합필터의 출력 $s_{02}(t)$

그러므로 $t=T_b$에서 정합 필터의 최대 출력은 다음 식 (9.1.7)과 같다.

$$s_{02}(T_b)=\int_0^{T_b} s_2(\tau)s_2(T_b-T_b+\tau)d\tau=\int_0^{T_b} A^2\cos^2(\omega_c\tau)d\tau=\frac{A^2T_b}{2} \tag{9.1.7}$$

따라서 잡음 $n(t)$가 부가된 경우의 정합 필터 출력은 다음 식 (9.1.8)과 같다.

$$s_{0i}(t)+n_0(t)=[s_i(t)+n(t)]*h_i(t)=\int_0^{T_b}[s_i(\tau)+n(\tau)]s_i(T_b-t+\tau)d\tau \tag{9.1.8}$$

여기서 $i=1,2$ 이며 $t=T_b$일 때의 $s_2(t)+n(t)$의 정합 필터 출력은 다음 식 (9.1.9)과 같다.

$$s_{02}(T_b)+n_0(T_b)=\int_0^{T_b}[s_2(\tau)+n(\tau)]s_2(\tau)d\tau \tag{9.1.9}$$

ASK의 경우 오류확률은 식 (8.5.15)로부터 평균에너지 $E=E_2/2=\frac{A^2T_b}{4}$이고 식 (8.5.10)으로부터 상관계수 $\rho=0$이므로

$$P_e=Q(\sqrt{z}))=Q(\sqrt{\frac{E}{N_0}})=Q(\sqrt{\frac{A^2T_b}{4N_0}}) \tag{9.1.10}$$

로 된다.

9.2 주파수천이 변조(FSK)

9.2.1 주파수천이변조 FSK

주파수천이 변조(frequency shift keying: FSK)는 아날로그 주파수변조(FM)의 특별한 경우라고 할 수 있다. FM에서 변조신호의 주파수는 다양하게 변하지만 주파수천이 변조는 정보신호의 진폭이 두 종류만 있기 때문에 두 종류의 주파수만을 갖는다. 따라서 FSK 신호는 심볼 '0'과 '1'에 대응 되는 신호에 따라 $s_i(t) = A(t)\cos[\omega_c t + \phi(t)]$의 주파수 변화 ω_i, $i = 1,2$에 따라 $\phi(t) = \omega_i t$를 변화 시킨다.

$$s_i(t) = \sqrt{\frac{2E_b}{T_b}}\, cos(w_c + \omega_i)t, \quad i = 1,2 \tag{9.2.1}$$

예로서 $A(t) = A = \sqrt{\frac{2E_g}{T_b}}$ 로 놓으면 [그림 9.2.1]과 같이 FSK 신호가 발생된다.

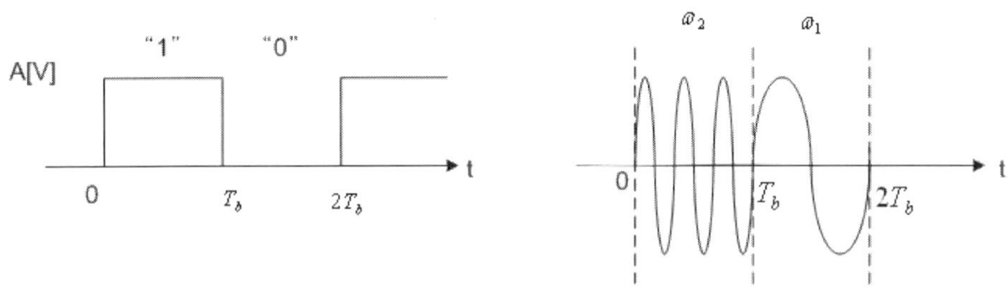

[그림 9.2.1] 정보신호와 FSK 신호

$$\text{심볼 '0' : 주파수 } \omega_1\text{, 변조된 신호 } s_1(t) = \sqrt{\frac{2E_b}{T_b}}\, cos(w_c + \omega_1)t \tag{9.2.2a}$$

$$\text{심볼 '1' : 주파수 } \omega_2\text{, 변조된 신호 } s_2(t) = \sqrt{\frac{2E_b}{T_b}}\, cos(w_c + \omega_2)t \tag{9.2.2b}$$

로 된다.

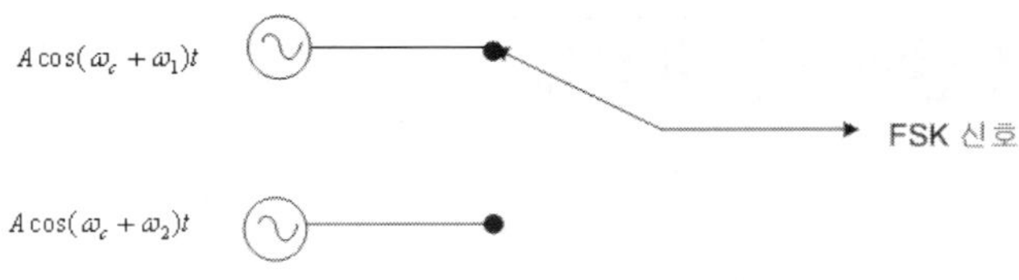

[그림 9.2.2] FSK 변조기

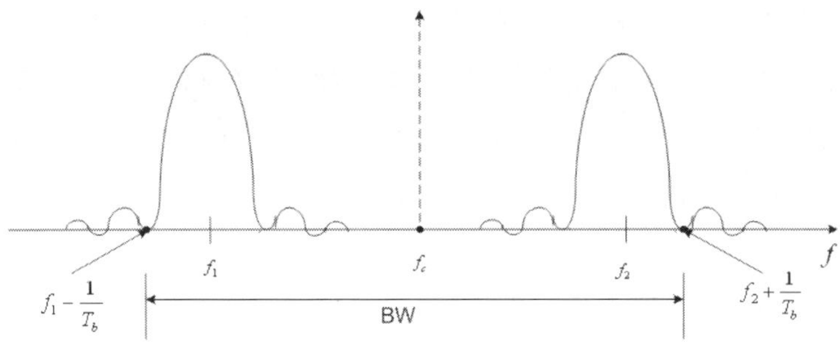

[그림 9.2.3] FSK의 전력 스펙트럼

[그림 9.2.3]과 같이 FSK의 대역폭 BW는 다음 식 (9.2.3)과 같이 표현된다.

$$=2(BW = f_2 - f_1 + \frac{2}{T_b} = 2\left(\Delta f + \frac{2}{T_b}\right) + \quad) \tag{9.2.3}$$

여기서 $\Delta f = f_2 - f_1$이다.

9.2.2 동기검파(coherent detection)

FSK의 경우도 [그림 9.2.4]와 같은 정합필터 수신기를 사용하면 식 (8.5.15)로부터 오율을 쉽게 구할 수 있다.

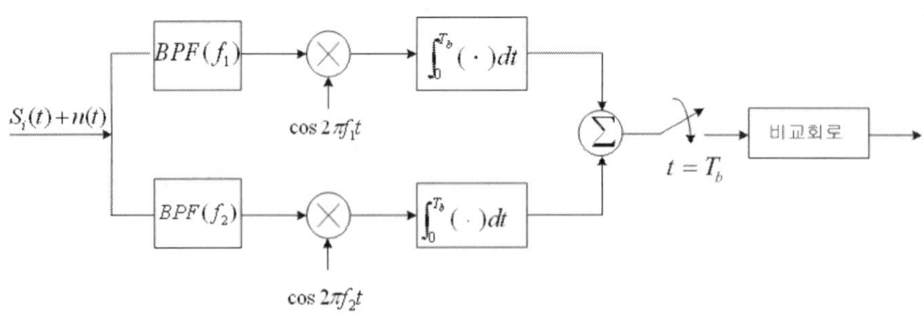

[그림 9.2.4] FSK 동기검파

$P_e = Q(\sqrt{z(1-P_{12})})$에서 평균에너지는 다음 식 (9.2.4)와 같이 구할 수 있다.

$$E = \frac{1}{2}(E_1 + E_2) = \frac{1}{2}\int_0^{T_b}[A^2\cos^2\omega_1 t + A^2\cos^2\omega_2 t]dt$$

$$= \frac{1}{4}\int_0^{T_b}[A^2(1-\cos 2\omega_1 t + 1 - \cos 2\omega_2 t)dt \qquad (9.2.4)$$

$$= E_b = \frac{1}{2}A^2 T_b$$

그리고 두신호의 주파수 f_1과 f_2가 $\frac{1}{T_b}$의 정수배라 가정하면 즉 $\Delta\omega T_b = 2k\pi$, $\Delta f = k/T_b$이면 상관계수 $\rho = 0$이 된다.

$$\rho = \frac{1}{E_b}\int_0^{T_b} s_1(t)s_2(t)dt = 0$$

따라서 동기 검파의 오율은 다음 식 (9.2.5)와 같이 된다.

$$P_e = Q(\sqrt{z}) = Q(\sqrt{\frac{E_b}{N_0}}) \qquad (9.2.5)$$

여기서 비트 간격의 심볼에너지 $E_b = A^2 T_b/2$이다.

9.2.3 비동기검파(noncoherent detection)

[그림 9.2.5]는 FSK의 비동기 검파 방식을 보여준다.

$$s_1(t) = Acos\omega_1 t \qquad (9.2.6a)$$

$$s_2(t) = Acos\omega_2 t \qquad (9.2.6b)$$

$s_2(t)$가 보내졌다고 가정하면 수신신호는

$$s_r(t) = Acos\omega_2 t + n(t) \qquad (9.2.7)$$

중심주파수가 ω_c인 대역통과 필터를 통과한 대역제한 잡음은 다음 식 (9.2.8)의 형태로 표현된다.

$$n(t) = n_c \cos\omega_c t - n_s(t)\sin\omega_c t \tag{9.2.8}$$

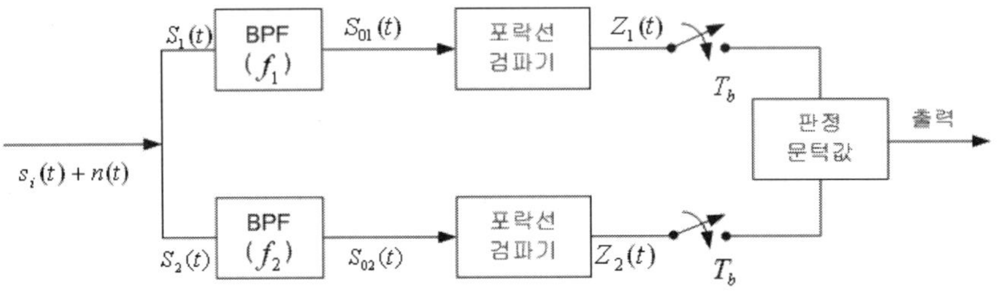

[그림 9.2.5] FSK 비동기 검파방식

[그림 9.2.5]의 두 경로에서

$$\begin{aligned} s_{01}(t) &= n_{c1}\cos\omega_1 t - n_{s1}(t)\sin\omega_1 t \\ &= \sqrt{n_{c1}^2(t) + n_{s1}^2(t)}\, cos[\omega_1 t + \theta(t)] \end{aligned} \tag{9.2.9a}$$

여기서

$$\theta = \tan^{-1}\left[\frac{n_{s1}(t)}{n_{c1}(t)}\right] \tag{9.2.9b}$$

로 된다.

$$\begin{aligned} s_{02}(t) &= n_{c2}\cos\omega_2 t - n_{s2}(t)\sin\omega_2 t + Acos\omega_2 t \\ &= (n_{c2} + A)\cos\omega_2 t - n_{s2}(t)\sin\omega_2 t \\ &= \sqrt{(A + n_{c2})^2 + n_{s2}^2}\, cos[\omega_2 t + \theta(t)] \end{aligned} \tag{9.2.10a}$$

여기서

$$\theta = \tan^{-1}\left[\frac{n_{s2}(t)}{n_{c2}(t)}\right] \tag{9.2.10b}$$

로 된다. 따라서 포락선 검파기 출력

$$Z_1(t) = \sqrt{n_{c1}^2(t) + n_{s1}^2(t)} \tag{9.2.11a}$$

$$Z_2(t) = \sqrt{(A + n_{c2})^2 + n_{s2}^2} \tag{9.2.11b}$$

식 (9.2.11a)는 식 (9.2.12a)과 같은 Rayleigh 확률밀도를 따르고 식 (9.2.11b)는 식 (9.2.12b)와 같은 Ricean 확률밀도를 따른다.

$$p_{Z_1}(z_1|s_1) = \frac{z_1}{\sigma^2} exp[-\frac{z_1^2}{2\sigma^2}] \tag{9.2.12a}$$

$$p_{Z_2}(z_2|s_2) = \frac{z_2}{\sigma^2} exp\left\{-\frac{1}{2\sigma^2}[z_2^2 + A^2]\right\} I_0[\frac{Az_2}{\sigma^2}] \tag{9.2.12b}$$

여기서 $I_0(x)$는 제 1종 변형된 영(zero)차 Bessel 함수로 다음 식 (9.2.13)과 같이 정의된다.

$$I_0(x) = \frac{1}{2\pi}\int_0^{2\pi} \exp(xcos\theta)d\theta \tag{9.2.13}$$

그리고 σ^2은 $n_{ci}(t)$와 $n_{si}(t)$의 분산이다.

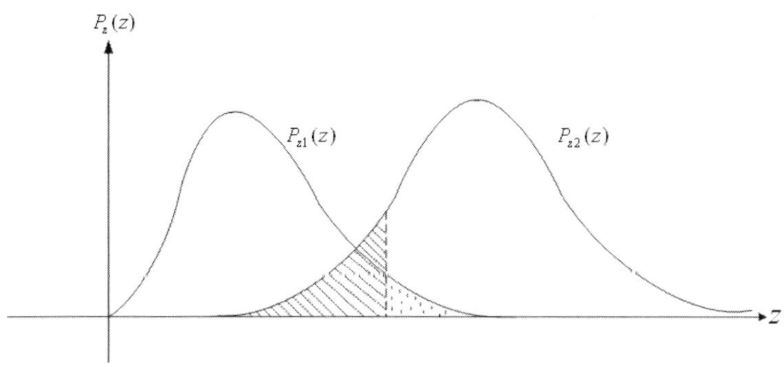

[그림 9.2.6] FSK 비동기검파 문턱 값 결정

[그림 9.2.6]은 문턱 값 결정을 위한 그림을 보여준다. $s_2(t)$가 보내졌을 때 $s_1(t)$로 잘못 판단할 비트 오류 확률은 다음과 같이 구할 수 있다.

$$\begin{aligned} P_b &= P(z_1 > z_2 | s_2) \\ &= \int_0^{\infty} [\int_{z_2}^{\infty} p(z_1|s_2)dz_1] p(z_2|s_2)dz_2 \\ &= \int_0^{\infty} p(z_2|s_2)[\int_{z_2}^{\infty} p(z_1|s_2)dz_1]dz_2 \\ &= \frac{1}{2} exp[-\frac{E_b}{2N_0}] \end{aligned} \qquad (9.2.14)$$

이 된다. 여기서 $E_b = A^2 T_b/2$이다.

9.3 위상천이 변조(PSK)

9.3.1 위상천이변조(PSK: Phase Shift Keying)

위상천이 변조(phase shift keying: PSK)는 아날로그 위상변조(PM)의 특별한 경우라고 할 수 있다. PM에서 변조신호의 위상은 다양하게 변하지만 위상천이 변조는 정보신호의 진폭이 두 종류만 있기 때문에 두 종류의 위상만을 갖는다.

따라서 PSK(Phase Shift Keying) 신호는 심볼 '0'과 '1'에 대응 되는 신호에 따라 $s_i(t) = A(t)\cos[\omega_c t + \phi(t)]$의 위상 $\phi(t)$를 변화 시킨다. 예로서 $A(t) = A = \sqrt{\frac{2E_b}{T_b}}$로 놓으면 [그림 9.3.1]과 같이 PSK 신호가 생성된다.

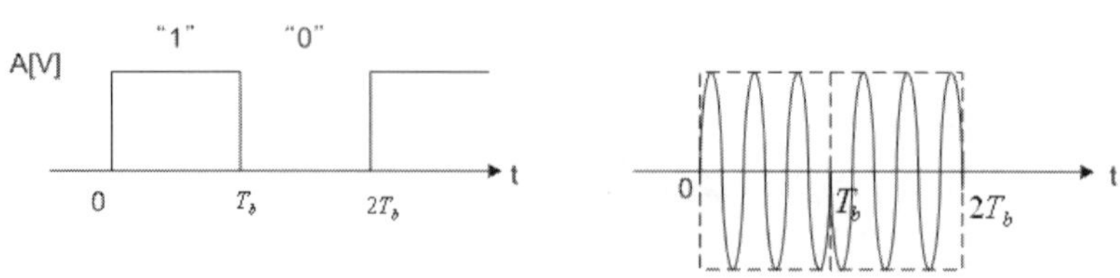

[그림 9.3.1] 정보신호와 PSK 신호

$$\text{심볼 '0' : 위상 } \phi(t)=0,\ \text{변조된 신호 } s_1(t)=\sqrt{\frac{2E_b}{T_b}}\cos(\omega_c t) \tag{9.3.1a}$$

$$\text{심볼 '1' : 위상 } \phi(t)=\pi,\ \text{변조된 신호 } s_2(t)=\sqrt{\frac{2E_b}{T_b}}\cos(\omega_c t+\pi)$$

$$=-\sqrt{\frac{2E_b}{T_b}}\cos(\omega_c t) \tag{9.3.1b}$$

로 된다. [그림 9.3.2]는 PSK 변조기를 보여준다.

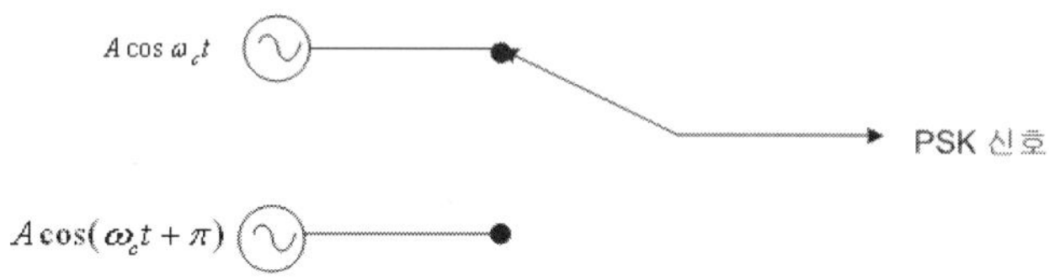

[그림 9.3.2] PSK 변조기

[그림 9.3.3]은 개략적인 PSK의 주파수 스펙트럼을 보여 준다.

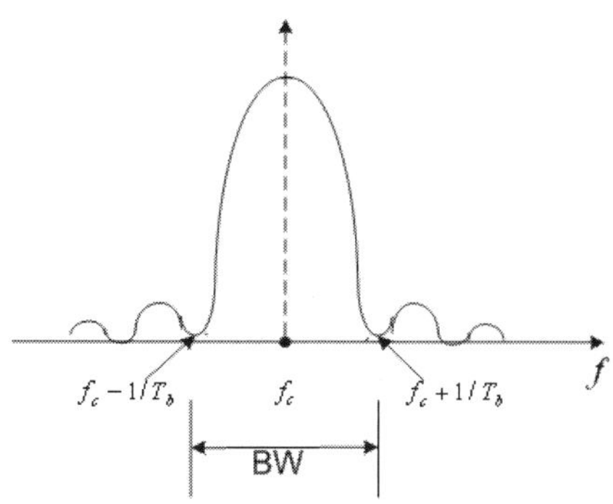

[그림 9.3.3] PSK 스펙트럼

9.3.2 동기검파(coherent detection)

BPSK의 경우도 [그림 8.5.2]와 같은 정합필터 수신기를 사용하면 $s_1(t)=-s_2(t)$이므로 식 (8.5.15)로부터 오율을 쉽게 구할 수 있다.

$$P_e = Q(\sqrt{\frac{E(1-P_{12})}{2N_0}}) \tag{8.5.15}$$

에서 평균에너지 $E=\frac{1}{2}(E_1+E_2)=E_b$, $E_1=E_2=E_b$, 상관계수 $\rho=-1$이므로 $R_{12}=\frac{\sqrt{E_1E_2}\rho}{E}=-1$로 된다. 따라서 오율은

$$P_e = Q\left(\sqrt{\frac{2E_b}{N_0}}\right) \tag{9.3.2}$$

로 된다. 여기서 $E_b=A^2T_b/2$이다.

9.4 차동위상천이 변조(DPSK)

9.4.1 DPSK(differential phase-shift keying)

차동위상천이 변조(differential phase shift keying: DPSK)는 PSK에 비하여 위상의 동기를 크게 요구하지 않는 시스템이다. [그림 9.4.1]은 DPSK 변조기를 보여준다.

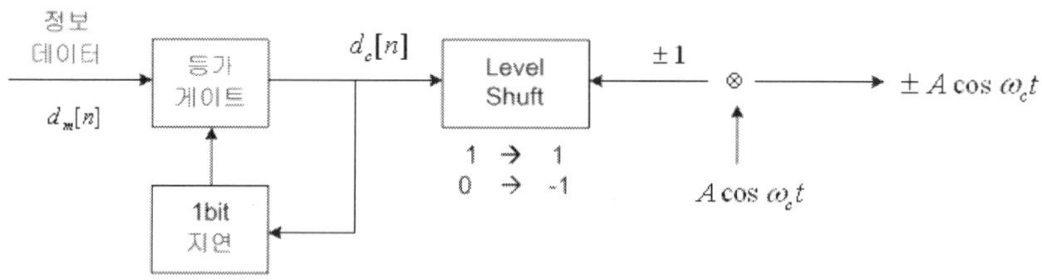

[그림 9.4.1] DPSK 변조기

[그림 9.4.2]는 DPSK 송신기 송신 과정을 보여준다. 입력정보데이터 $d_n[n]$은 등가게이트 출력 $d_c[n]$의 1비트 지연된 데이터가 표 9.3.1과 같은 등가게이트 진리표에 의한 출력이 레벨쉬프트의 입력으로 들어간다. $d_c[n]$이 '0'이면 −1, '1'이면 1로 출력된다. 이 신호는 반송파 $Acos\omega_c t$와 결합하여 송신된다. 여기서 참조비트는 1비트 지연에 따른 것으로 임의의 데이터로 가정하여 진행한다.

〈표 9.3.1〉 등가게이트의 진리표

정보비트입력 (게이트입력1)	참고비트입력 (게이트입력2)	출 력
0	0	1
0	1	0
1	0	0
1	1	1

정보데이터 $d_m[n]$: 1 1 0 0 1 1 0 1 0 0
등가게이트출력 $d_c[n]$: 1 1 1 1 0 1 1 1 0 0 1 0
참조 비트 ↑
레벨 쉬프트 1 1 -1 1 1 1 -1 -1 1 -1
위상변화 0 0 π 0 0 0 π π 0 π

0 ----> $s_2(t) = A\cos\omega_c t$

π ----> $s_1(t) = -A\cos\omega_c t$

[그림 9.4.2] DPSK 송신기 송신 과정

[그림 9.4.3]은 DPSK의 수신기 그리고 [그림 9.4.4]는 수신기 수신과정을 보여준다. 수신된 신호와 수신된 신호를 1비트 지연시킨 두 신호를 곱한 뒤 적분기를 통과시킨다. 적분기 출력 $y_i(t)$는 판정회로를 통과하며 $y_i(T_b) > 0$면 '1'로 판정하고 $y_i(T_b) < 0$이면 '0'으로 판정하여 수신기 출력 $s_i[n]$을 출력한다.

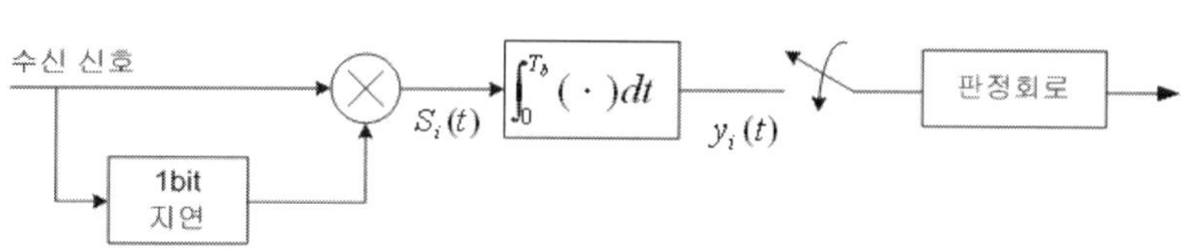

[그림 9.4.3] DPSK 수신기

참조위상 ↓
수신신호 위상: 0 0 0 π 0 0 0 π π 0 π
수신계열 : 1 1 1 -1 1 1 1 -1 -1 1 -1
지연계열 1 1 1 -1 1 1 1 -1 -1 1 -1
출력 $s_i[n]$: * 1 1 0 0 1 1 0 1 0 0 *

[그림 9.4.4] DPSK 수신기 수신과정

이러한 수신과정에서 채널에서의 잡음을 고려한 DPSK 오율은 다음 식 (9.4.1)과 같이 구할 수 있다.

$$P_e = \frac{1}{2} exp(-E_b/N_0) \tag{9.4.1}$$

9.5 M-진 디지털변조

M진 디지털변조는 이진데이터가 아니고 M진 데이터로 이루어지는 디지털변조다. 여기서 $M=2^n$이며 n은 한 심볼당 비트수를 의미 한다. 대표적인 예로서 $M=4$인 경우 QPSK(quadrature phase shift keying), OQPSK(offset quadrature phase shift keying) 그리고 MSK(minimum shift keying)에 대하여 살펴본다.

9.5.1 QPSK(Quadrature PSK)

[그림 9.5.1]은 QPSK 변조기를 보여준다. 직렬 입력데이터 열 $\{d_k\}=\{\pm1\}$이 입력되어 직병렬 변환기를 거쳐 두 경로 I-CH과 Q-CH 병렬로 진행하게 된다.

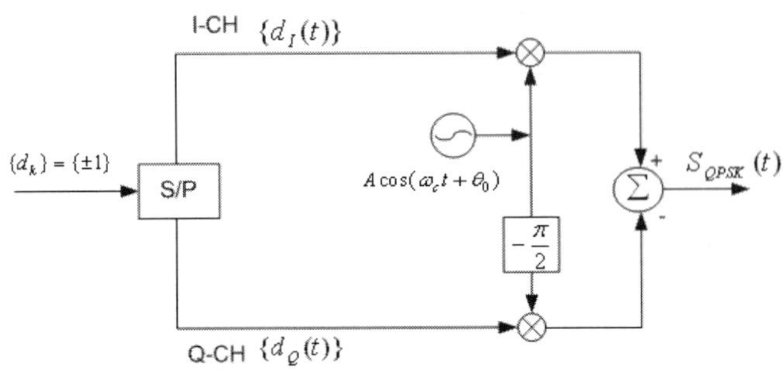

[그림 9.5.1] QPSK 변조기

좀 더 자세히 알아보면 데이터 열 $\{d_k\}=\{d_0, d_1, d_2, d_3, \cdots d_{2k}, d_{2k+1} \cdots\}$이 입력되고 위 채널 I-CH에는 짝수비트 열 $\{d_I(t)\}=\{d_0, d_2, \cdots d_{2k}, \cdots\}$이 통과한다. 아래 채널 Q-CH에는 홀수비트 열 $\{d_Q(t)\}=\{d_1, d_3, \cdots d_{2k+1} \cdots\}$가 흐르게 된다. $\{d_I(t)\}$는 $\cos\omega_c t$가 곱해지고 $\{d_Q(t)\}$는 $\sin\omega_c t$가 곱해져 출력된 두 채널의 신호가 결합되어

QPSK 변조신호 $s_{QPSK}(t)$를 출력하게 된다. 따라서 QPSK 변조신호는 다음 식 (9.5.1)과 같이 정의 된다.

$$\begin{aligned} s_{QPSK}(t) &= A[d_I(t)\cos\omega_c t - d_Q(t)\sin\omega_c t] \\ &= A[\cos\phi_i \cos\omega_c t - \sin\phi_i \sin\omega_c t] \\ &= A\cos(\omega_c t + \phi_i) \end{aligned} \tag{9.5.1}$$

여기서 A는 반송파의 진폭, ω_c는 반송파 주파수이며 $d_I = \cos\phi_i$, $d_Q = \sin\phi_i$ 그리고 $\phi_i = \tan^{-1}\dfrac{d_Q}{d_I}$이다. [그림 9.5.2]는 입력 데이터 열에 따른 I-CH과 Q-CH 상의 QPSK 신호의 성상도를 보여준다.

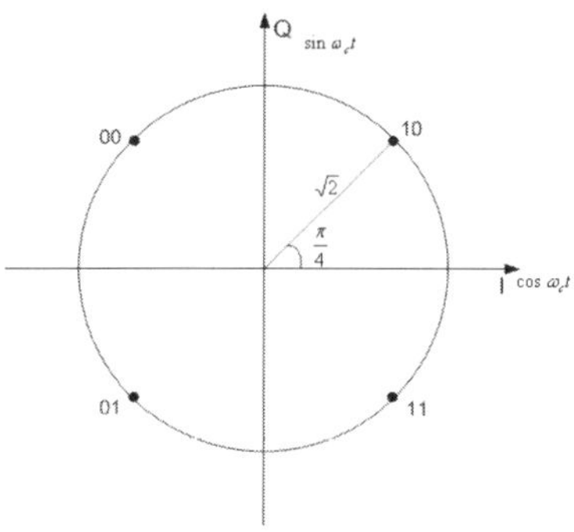

CH 입력		$\phi_i = \tan^{-1}\dfrac{d_Q}{d_I}$
I-CH	Q-CH	
-1(0)	-1(0)	135($3\pi/4$)
-1(0)	1(1)	-135($-3\pi/4$)
1(1)	-1(0)	45($\pi/4$)
1(1)	1(1)	-45($-\pi/4$)

[그림 9.5.2] QPSK의 성상도

이로부터 4개의 가능한 신호 $s_i(t)$, $i = 1,2,3,4$를 얻을 수 있다.

$$s_i(t) = A\cos(\omega_c t + \pi i/4) = \frac{A}{\sqrt{2}}(a_i \cos\omega_c t - b_i \sin\omega_c t) \tag{9.5.2}$$

여기서 $\{a_i\} = \{\pm 1\}$, $\{b_i\} = \{\pm 1\}$에 대응된다. 송신된 신호가 부가적인 잡음 채널을 통과한 뒤 [그림 9.5.2]와 같은 QPSK의 수신기에 도달 한다고 하면 수신신호 $r_i(t)$는 다음 식 (9.5.3)와 같이 정의된다.

$$r_i(t) = \frac{A}{\sqrt{2}}(a_i \cos\omega_c t - b_i \sin\omega_c t) + n(t) \tag{9.5.3}$$

여기서 전력스펙트럼 밀도가 $N_0/2$인 잡음 $n(t)$가 포함되어 들어온다고 가정한다.

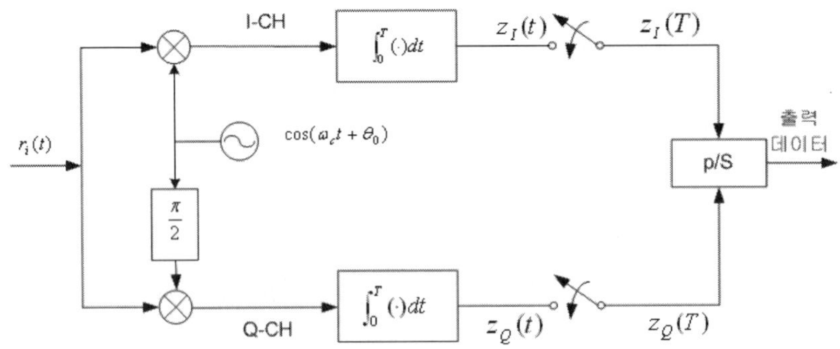

[그림 9.5.3] QPSK 복조기

$r_i(t)$의 신호가 수신된 경우 I와 Q 채널의 각 오류 확률 P_I와 P_Q는 BPSK와 동일하게 되며 T=$2T_b$, $f_s=f_b/2$, $E_s=2E_b$의 관계를 갖는다. 따라서 합성된 QPSK의 비트오율 P_b는 다음 식 (9.5.4)와 같이 구해진다.

$$\begin{aligned}P_b&=1-P_c\\&=1-[1-P_I]^2\\&=2P_I-P_I^2\\&=erfc\sqrt{\frac{E_s}{2N_0}}\left[1-\frac{1}{4}erfc\sqrt{\frac{E_s}{2N_0}}\right]\end{aligned}\tag{9.5.4}$$

여기서 P_c는 오류 없이 정확히 데이터를 수신할 확률이며 $E_s/N_0\gg 1$이면

$$P_b\simeq erfc\sqrt{\frac{E_s}{2N_0}}=2Q(\sqrt{\frac{E_s}{N_0}})$$

그리고 $E_s=2E_b$이므로 비트오율은 다음과 같이 표현된다.

$$P_b\simeq 2Q(\sqrt{\frac{2E_b}{N_0}})$$

로 표현할 수 있다. 그리고 P_c는 수신된 신호가 참(true)일 확률이므로 다음 식 (9.5.5)와 같이 표현된다.

$$P_c = [1 - P_I][1 - P_Q] \tag{9.5.5}$$

그리고 P_I와 P_Q는 I-CH과 Q-CH의 오류 확률로 독립적이며 앞에서 언급한바와 같이 BPSK와 동일하기 때문에 다음 식 (9.5.6)과 같이 표현할 수 있다.

$$P_I = P_Q = Q(\sqrt{\frac{E_s}{N_0}}) \tag{9.5.6}$$

각 채널의 오류확률은 BPSK의 오류확률과 같으며 각 채널의 출력은 BPSK의 절반, 입력비트열이 절반으로 나누어지므로 전송대역폭이 감소하여 실효 비트에너지 대 잡음비 E_b/N_0는 동일하다. 그러므로 QPSK 신호는 서로 독립적인 두 개의 직교성 BPSK 신호의 합성으로 생각할 수 있으며 동일 E_b/N_0 또는 S/N(신호 대 잡음비) 기준에서 QPSK는 BPSK보다 3dB 나쁘다. $T = T_b$를 기준으로 QPSK는 BPSK보다 2배의 bit를 전송할 수 있다.

9.5.2 OQPSK(offset QPSK 또는 staggered QPSK)

OQPSK(offset QPSK) 변조는 신호는 I-CH과 Q-CH 데이터 간 1비트 주기 T_b만큼 상대적인 시간차를 가진다. [그림 9.5.4]는 OQPSK의 I-CH과 Q-CH 신호형태를 보여준다. 그리고 [그림 9.5.5]는 QPSK와 OQPSK의 위상이동을 보여준다. [그림 9.5.5]에서 알 수 있는 바와 같이 QPSK는 심벌 간 위상변화가 $\pm 180^o$의 위상차를 가지며 OQPSK는 $\pm 90^o$의 위상차만을 갖는다. 위상의 급격한 변화에 의한 높은 주파수 진폭성분을 감소시킬 수 있으며 오류확률은 QPSK와 동일하다.

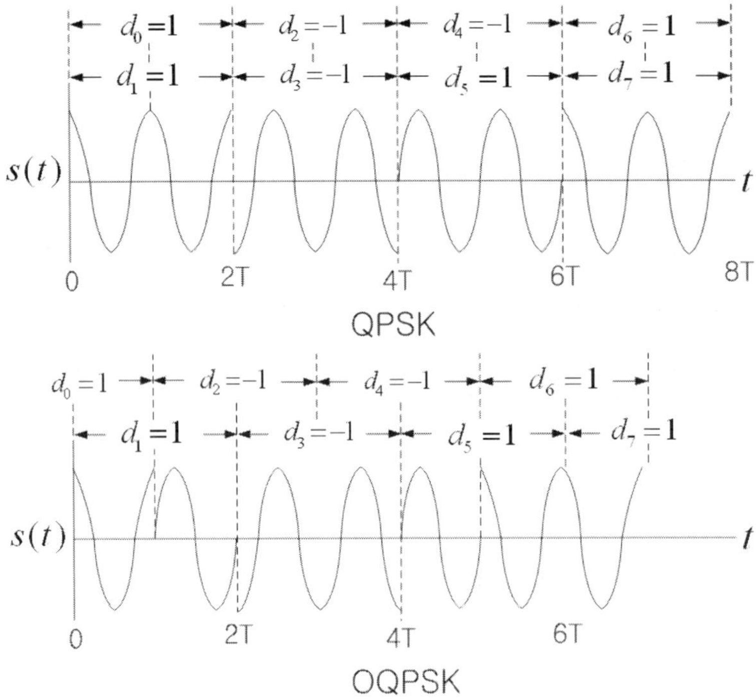

[그림 9.5.4] QPSK와 OQPSK 신호

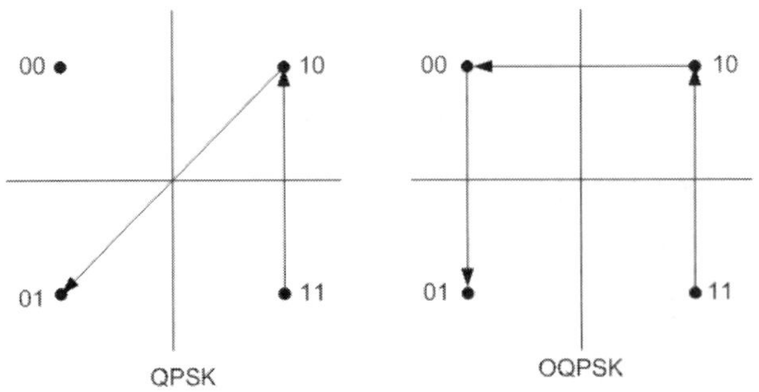

[그림 9.5.5] QPSK와 OQPSK 위상이동

9.5.3 MSK(minimum shift keying)

MSK(minimum shift keying) 신호는 다음 식 (9.5.7)과 같이 표현된다.

$$s_{MSK}(t) = A\cos[\omega_c t + d_k \pi t/(2T_b) + \phi_k], \quad 0 \le t \le T_b \tag{9.5.7}$$

따라서 MSK 신호는 고정적인 포락선을 가지며 위상은 연속적이다. MSK 신호를

OQPSK와 비교하기 위하여 직교 신호로 표현하면

$$s_{MSK}(t) = Acos[\omega_c t + d_k \pi t/(2T_b)]\cos\phi_k - Asin[\omega_c t + d_k \pi t/(2T_b)]\sin\phi_k$$

$$= Acos\phi_k[\cos\omega_c t\cos d_k \pi t/(2T_b) - \sin\omega_c t \sin d_k \pi t/(2T_b)]$$

$$- Asin\phi_k[\sin\omega_c t\cos d_k \pi t/(2T_b) + \cos\omega_c t \sin d_k \pi t/(2T_b)]$$

여기서 $\phi_{k=0}$, π이므로 $A=1$이라면 다음 식 (9.5.8)과 같이 표현된다.

$$s_{MSK}(t) = a_k \cos\pi t/(2T_b)\cos\omega_c t - b_k \sin\pi t/(2T_b)\sin\omega_c t \tag{9.5.8}$$

여기서 $a_k = \cos\phi_k = \pm 1$, $b_k = d_k \cos\phi_k = \pm 1$이다. I-CH과 Q-CH로 구분하면 I-CH의 반송파는 $\cos\omega_c t$, 데이터 a_k 그리고 심볼파형은 $\cos(\pi t/2T_b)$로 심볼 모형이 구형파인 QPSK와 OQPSK와 다르다. 한편 Q-CH은 반송파 $\sin\omega_c t$, 데이터 b_k 그리고 심볼파형 $\sin(\pi t/2T_b)$을 갖는다. [그림 9.5.6]은 MSK의 파형을 보여준다.

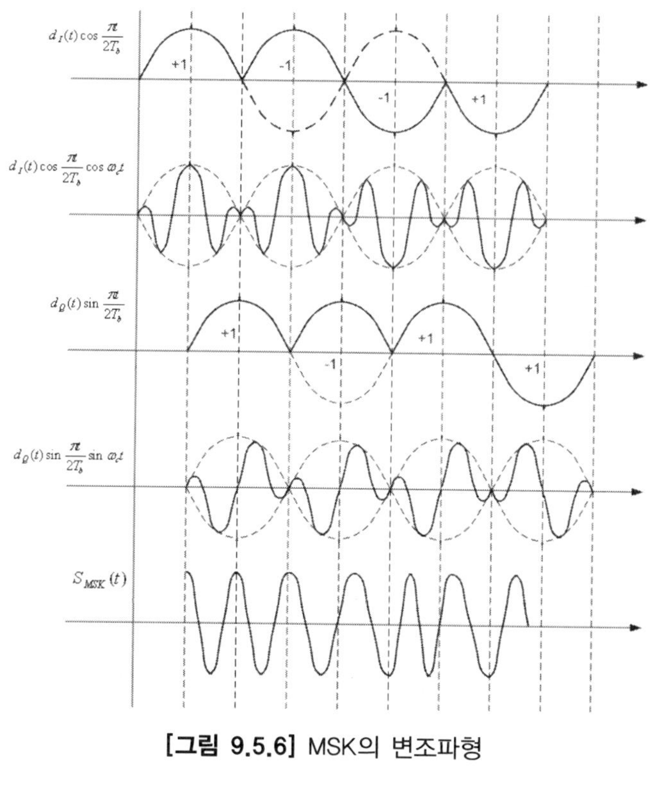

[그림 9.5.6] MSK의 변조파형

[그림 9.5.6]과 같이 MSK 변조는 s_{MSK}의 포락선이 일정하고 심볼 데이터의 변환에 따른 반송파의 위상이 연속적이다. 따라서 s_{MSK}를 2개의 주파수 $f_c+1/(4T_b)$와 $f_c-1/(4T_b)$를 갖는 FSK파로 생각할 수 있으며 MSK 변조에 필요한 최소 주파수 차는 $[f_c+1/(4T_b)]-[f_c-1/(4T_b)]=\frac{1}{2T_b}$로 된다. 즉 비트 전송율의 1/2이다. QPSK와 OQPSK의 전력스펙트럼 밀도 G(f)는 다음 식 (9.5.9), MSK의 G(f)는 식 (9.5.10)으로 알려져 있다.

$$G(f)=2PT_b(\frac{\sin\omega T_b}{\omega T_b})^2 \tag{9.5.9}$$

$$G(f)=\frac{16PT_b}{\pi^2}(\frac{\cos\omega T_b}{1-16f^2T_b^2})^2 \tag{9.5.10}$$

여기서 P는 변조 신호의 평균전력이다. 이를 비교하면 이론적 대역효율은 QPSK가 BPSK의 2배이며 MSK의 부엽(side-lobe)은 QPSK나 OQPSK보다 좁다. 데이터열에 정현파를 곱함으로서 위상천이가 서서히 변한다. 따라서 [그림 9.5.7]과 같이 MSK는 QPSK나 OQPSK보다 부엽에서의 스펙트럼효율이 우수하다.

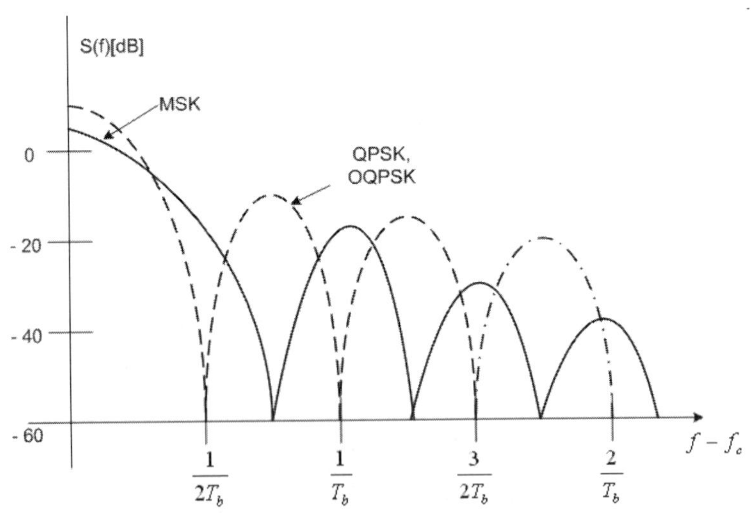

[그림 9.5.7] MSK와 QPSK(OQPSK) 스펙트럼 비교

9.5.4 M진 PSK(M-ary PSK)

M진(M-ary) PSK 신호는 다음 식 (9.5.11)과 같이 표현된다.

$$s_{MPSK}(t) = A\cos(\omega_c t + \theta_m),\ 0 \le t \le T \tag{9.5.11}$$

여기서

$$\theta_m = \frac{2(m-1)\pi}{M},\ m = 1,2,...M$$

이다. 여기서 $M = 2^m$이며 m은 심벌 당 비트수이다. 따라서 반송파의 심벌위상간의 위상차는 $2\pi/M$이 된다. 예로서 $BPSK = 2\pi/2 = \pi$, $QPSK = 2\pi/4 = \pi/2$ 그리고 $8PSK = 2\pi/8 = \pi/4$이다. MPSK를 직교좌표 상에 표현하면 다음 식 (9.5.12)과 같이 표현할 수 있다.

$$s_{MPSK}(t) = A[I_n \cos\omega_c t - Q_n \sin\omega_c t],\ 0 \le t \le T \tag{9.5.12}$$

여기서 $I_n = \cos\theta_n$, $Q_n = \sin\theta_n$이다.

- BPSK 신호의 직교계수(quadrature coefficient)

$$(I_n,\ Q_n) = \begin{cases} (1\ \ ,0), & 0[rad] \\ (-1\ ,0), & \pi[rad] \end{cases}$$

- 4PSK 신호의 직교계수

심볼데이터		직교계수		위상각
		I_n	Q_n	θ_n
0	0	1	0	0
0	1	0	1	$\pi/2$
1	0	-1	0	π
1	1	0	-1	$-\pi/2$

• 8PSK 신호의 직교계수

심볼데이터	직교계수		위상각
	I_n	Q_n	θ_n
0 0 0	1	0	0
0 0 1	$1/\sqrt{2}$	$1/\sqrt{2}$	$\pi/4$
0 1 0	0	1	$\pi/2$
0 1 1	$-1/\sqrt{2}$	$-1/\sqrt{2}$	$3\pi/4$
1 0 0	-1	0	π
1 0 1	$-1/\sqrt{2}$	$-1/\sqrt{2}$	$-3\pi/4$
1 1 0	0	-1	$-\pi/2$
1 1 1	$1/\sqrt{2}$	$-1/\sqrt{2}$	$-\pi/4$

[그림 9.5.8은] MPSK의 신호발생기를 보여준다. 데이터 계열은 R/M의 비트 율을 갖는 $m(=\log_2 M)$ 개의 병렬비트로 변환되며 I_n과 Q_n에 해당하는 발생기는 m개의 비트로 이루어지는 부호어(word)를 각각 직교계수(I_n, Q_n)로 변환되며 I_n과 Q_n신호에 각각 $\cos\omega_c t$와 $\sin\omega_c t$를 곱한 뒤 결합하여 송신하게 된다. [그림 9.5.9]는 일정한 양극성 NRZ 데이터 전송율을 갖는 M진 PSK 신호의 스펙트럼을 보여준다. [그림 9.5.9]와 같이 BPSK의 전력스펙트럼 밀도는 f_c를 중심으로 기저대역 신호대역폭의 2배가 되며 M이 증가할수록 주엽(main lobe)의 대역폭은 감소함을 알 수 있다. M=4인 경우 $G_{BPSK}(f)$에서 T_b대신 $2T_b$를 M=8인 경우 T_b대신 $3T_b$를 대입하면 된다. 따라서 QPSK는 BPSK의 절반 그리고 8진 PSK는 1/3의 점유 대역폭을 갖는다.

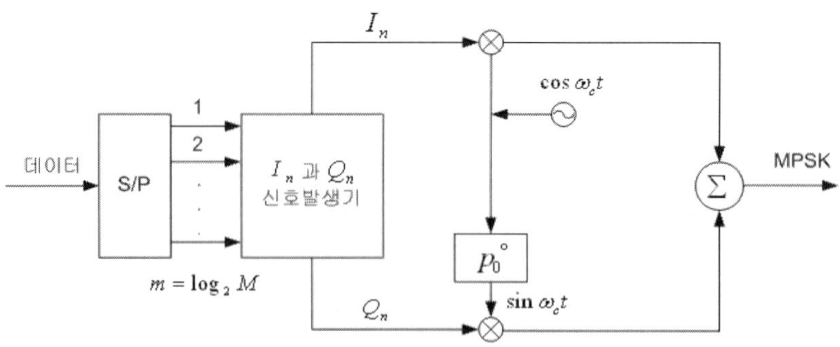

[그림 9.5.8] MPSK의 신호발생기

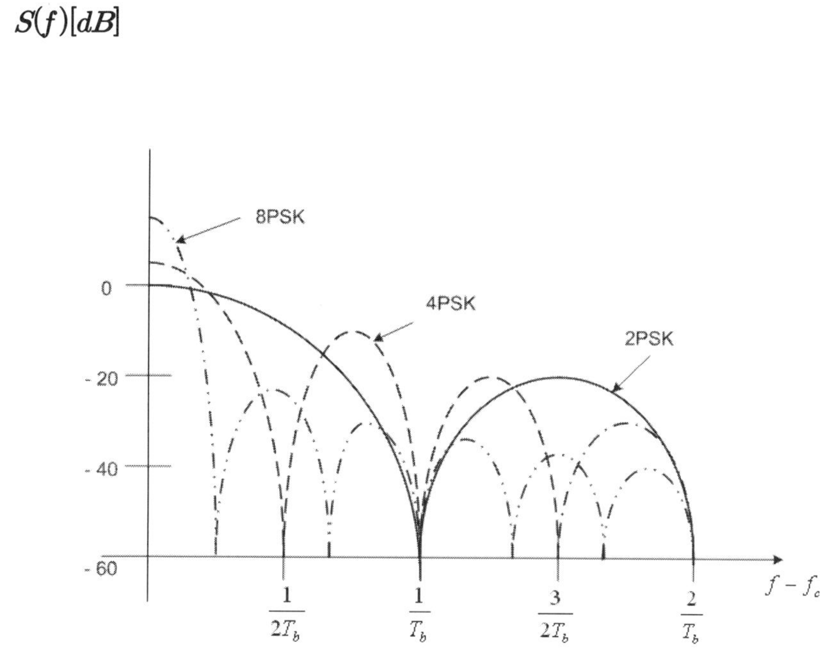

[그림 9.5.9] M진 PSK 신호의 스펙트럼

9.6 직교진폭변조(QAM: Quadrature Amplitude Modulation)

M진 PSK의 위상 변조원리를 진폭변조까지 포함시키고 일반적인 PSK의 일정한 포락선 특성이 갖는 제약을 제거하여 2개의 채널이 독립되도록 한 변조방식이 직교진폭변조(QAM)방식이다. M진 QAM의 신호파형은 다음 식 (9.6.1)과 같이 표현된다.

$$s_i(t) = u_I(t)\cos\omega_c t + u_Q(t)\sin\omega_c t \tag{9.6.1}$$

$u_I(t)$와 $u_Q(t)$는 데이터 계열에 의하여 정해지는 기저대역 신호로 다음 식 (9.6.2)와 같이 정의된다.

$$u_I(t) = \sqrt{\frac{2E_m}{T}}\,a_i,\ \ u_Q(t) = \sqrt{\frac{2E_m}{T}}\,b_i,\ \ 0 \le t \le T \tag{9.6.2}$$

여기서 E_m은 가장 작은 진폭을 가진 에너지다. a_i와 b_i는 적절한 신호 점들의 위치에 따라 선택되는 독립적인 정수의 쌍이다. 예로서 4-QAM 채널에 2개의 레벨을 갖는 기저대역 신호를 입력시킨 경우 4-QAM은 QPSK와 동일하게 된다. [그림 9.6.1]은 16-QAM의 신호공간도를 보여준다.

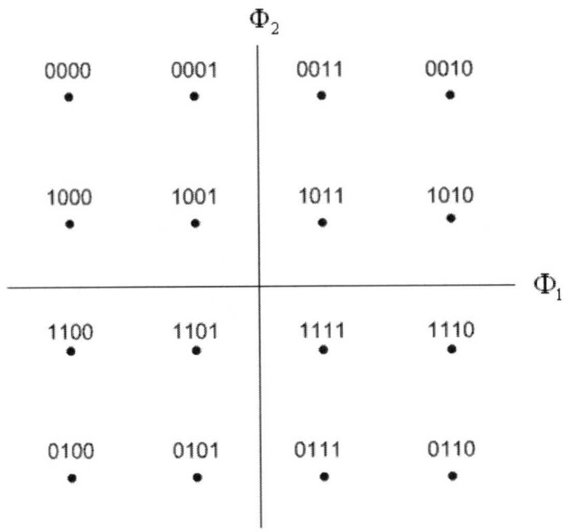

[그림 9.6.1] 16-QAM의 신호공간도

9장 Matlab Simulink 예제

예제 9-1

디지털 데이터를 반송파 $\cos(2\pi 20t)$로 PSK 변복조하는 Matlab Simulink 프로그램을 설계하시오.

필요한 Simulink Library Block

Simulink Library Browser에서 다음과 같은 Simulink Library Block을 준비한다.

1. Communications Blockset ▶ Communications sources ▶ Random Data sources ▶ Random Integer Generator
2. Simulink ▶ Lookup Tables ▶ Lookup Table
3. Simulink ▶ Signal Attributes ▶ Rate Transition
4. Simulink ▶ Sources ▶ Sine Wave
5. Simulink ▶ Math Operations ▶ Product
6. Communications Blockset ▶ Channels ▶ AWGN Channel
7. Communications Blockset ▶ Comm Filters ▶ Integrate and Dump
8. Simulink ▶ Math Operations ▶ Sign
9. Simulink ▶ Sinks ▶ Scope
10. Communications Blockset ▶ Comm Sinks ▶ Error Rate Calculation
11. Simulink ▶ Sinks ▶ Display

풀이 9-1

1 Matlab Simulink를 실행 후 다음과 같은 블록도를 만든다.

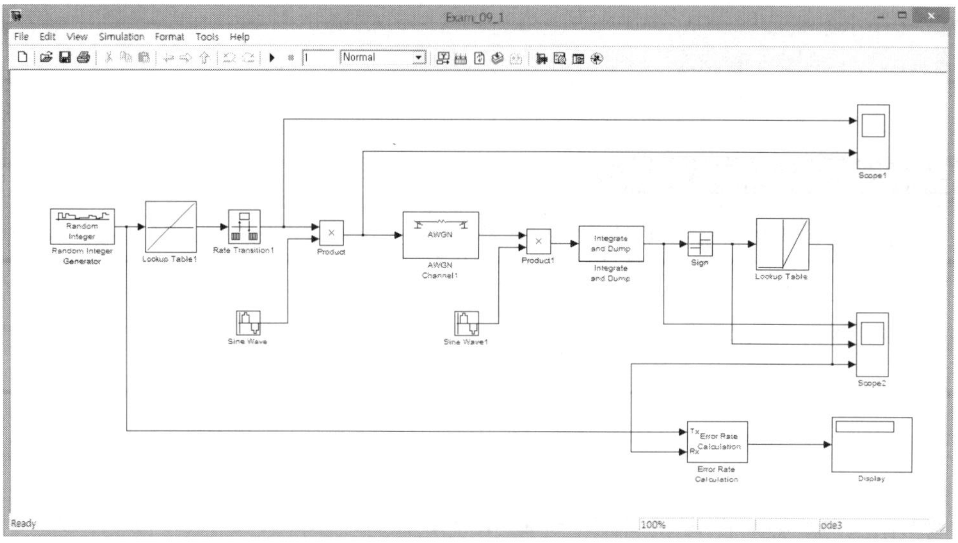

[예제 그림 9.1]

여기서

2 랜덤 데이터를 발생시키기 위해 Random Integer Generator를 삽입하고 속성은 다음과 같이 입력한다.

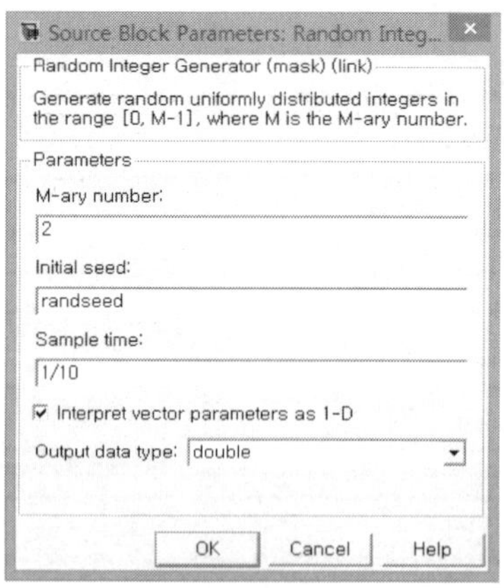

[예제 그림 9.2]

3 '0', '1'의 데이터를 '-1', '1'로 변환시켜 PSK로 변조시키기 위해 Lookup Table1의 속성을 다음과 같이 입력한다.

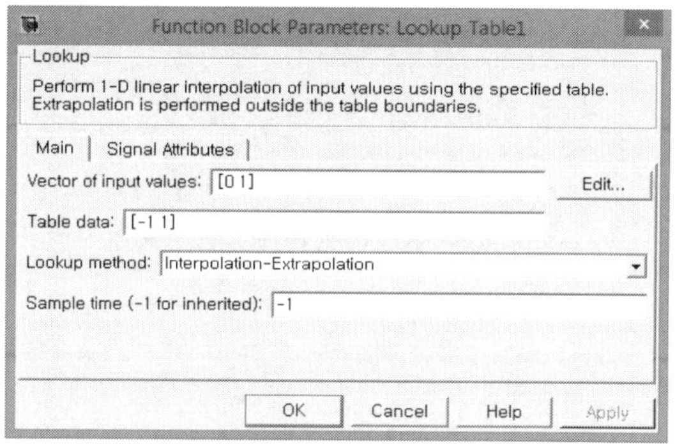

[예제 그림 9.3]

4 동작 속도를 맞추기 위해 Rate Transition1의 속성은

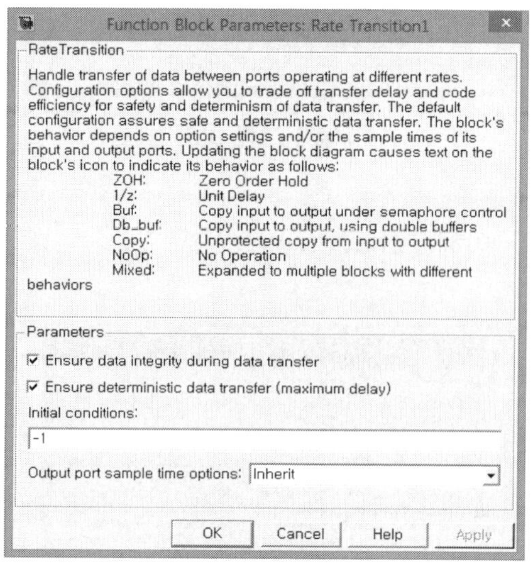

[예제 그림 9.4]

5 $\cos(2\pi 20t)$의 반송파 신호를 만들기 위해 Sine Wave의 속성은

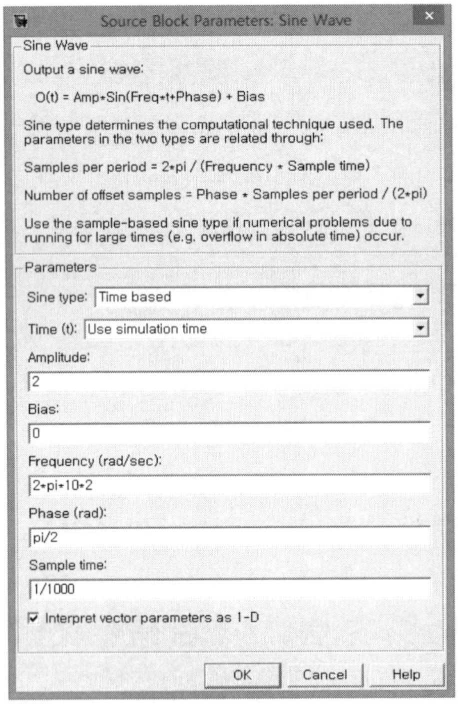

[예제 그림 9.5]

6 두 신호를 곱해 주기 위해 Product의 속성은

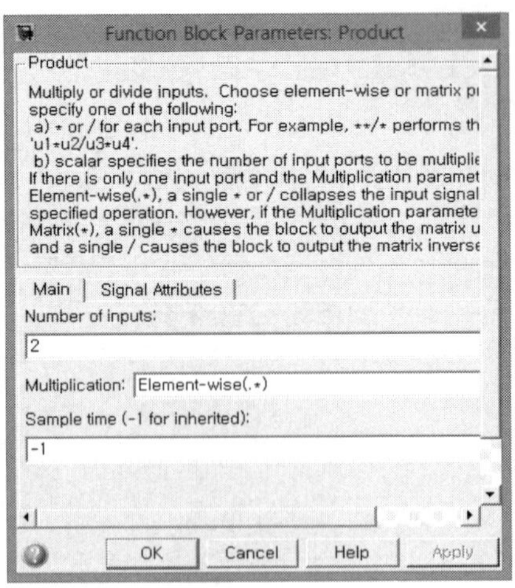

[예제 그림 9.6]

7 채널을 통과시키기 위해 AWGN Channel1의 속성은 다음과 같고 여기서 Eb/No는 0~20까지 임의의 값으로 입력한다.

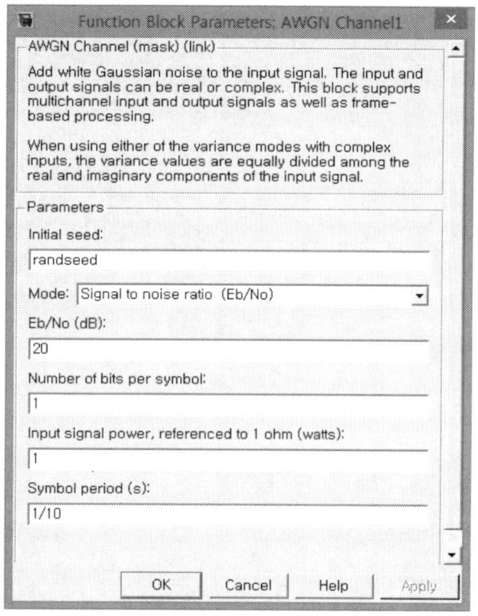

[예제 그림 9.7]

8 수신단에서 PSK 신호를 복조시키기 위해 Sine Wave1의 속성을 다음과 같이 입력한다.

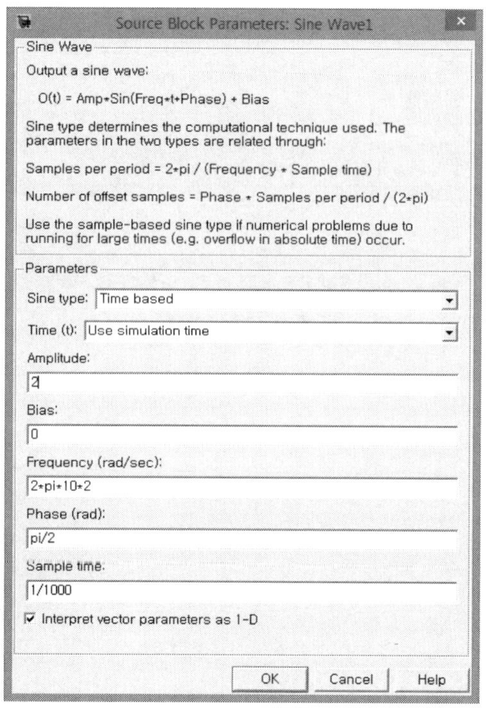

[예제 그림 9.8]

9 동기 검파를 위해 Integrate and Dump를 삽입하고 속성은

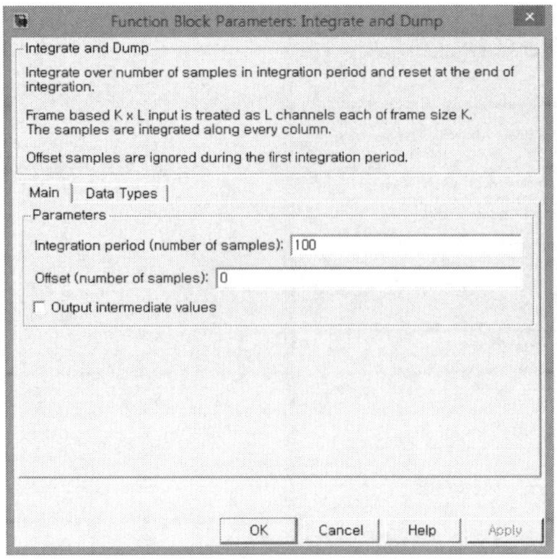

[예제 그림 9.9]

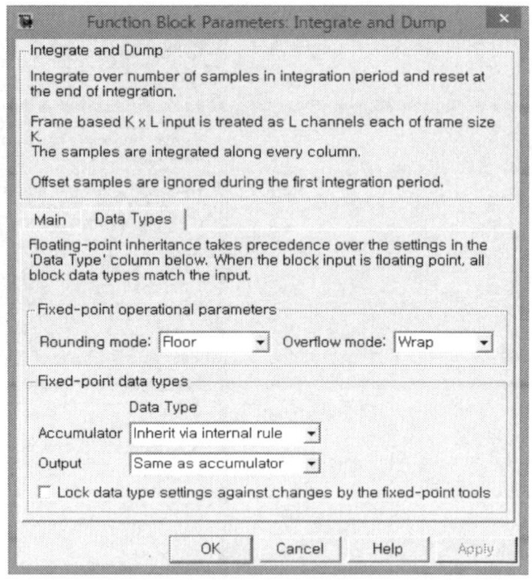

[예제 그림 9.10]

10 Integrate and Dump의 출력이 양수일 때 '1', '0'일 때 '0', 음수일 때 '-1'을 출력시키기 위해 Sign 블록을 삽입하고 이의 속성은 다음과 같다.

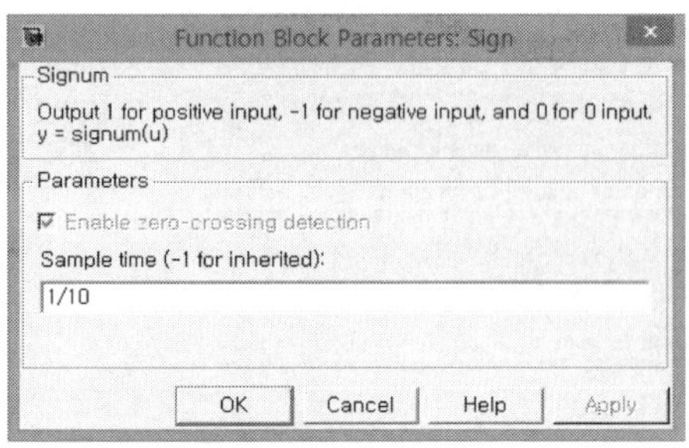

[예제 그림 9.11]

11 '−1', '0', '1'의 데이터를 '0', '0', '1'로 변환시키기 위해 다음과 같은 Lookup Table를 삽입한다.

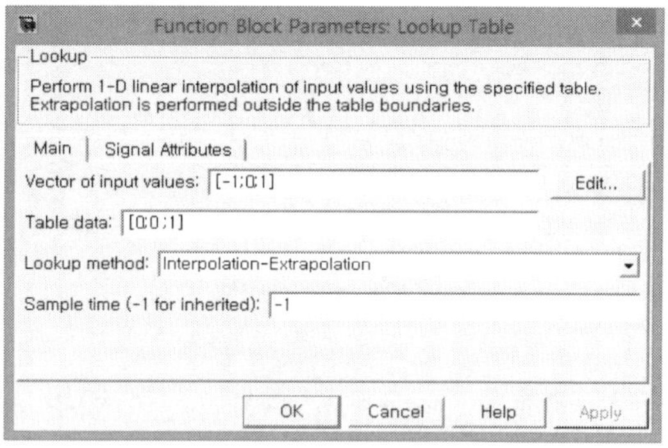

[예제 그림 9.12]

12 송신데이터와 수신데이터의 에러율을 측정하기 위해 Error Rate Calculation를 삽입하고 이의 속성은

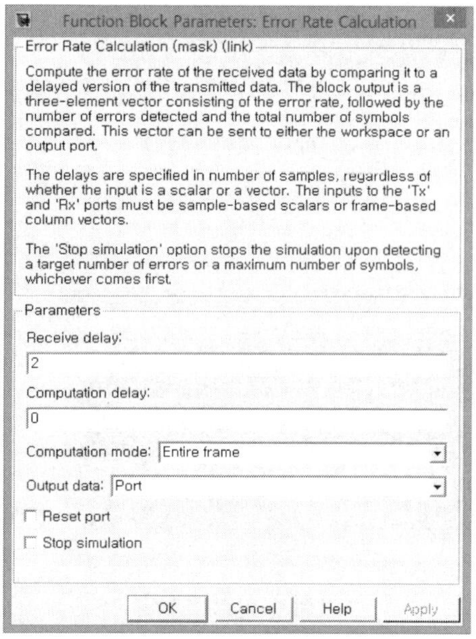

[예제 그림 9.13]

이다.

13 Display의 속성은

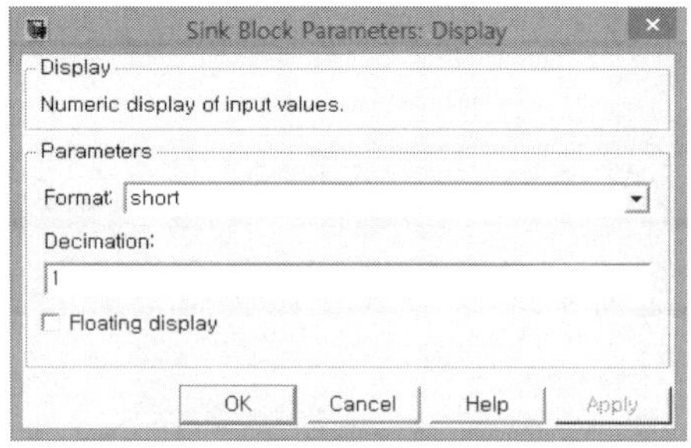

[예제 그림 9.14]

14 시뮬레이션을 수행하기 위해 Simulation 시간을 1로 입력하고 Start Simulation 버튼을 누른 후 Scope1, 2를 클릭하면 다음 그림과 같은 결과를 얻는다.

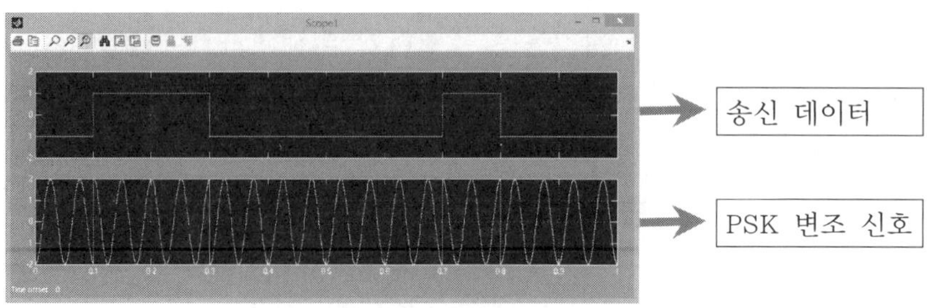

[예제 그림 9.15]

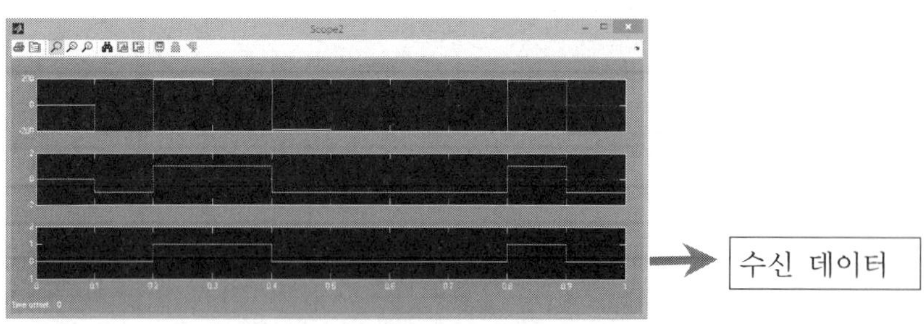

[예제 그림 9.16]

여기서 송신 데이터와 수신 데이터는 1 비트의 지연이 생기게 된다.

15 Simulation 시간을 1000~100000으로 입력하고 Start Simulation 버튼을 누르면 Display 블록에 에러 확률, 에러 총수, 총 데이터수가 표시된다.

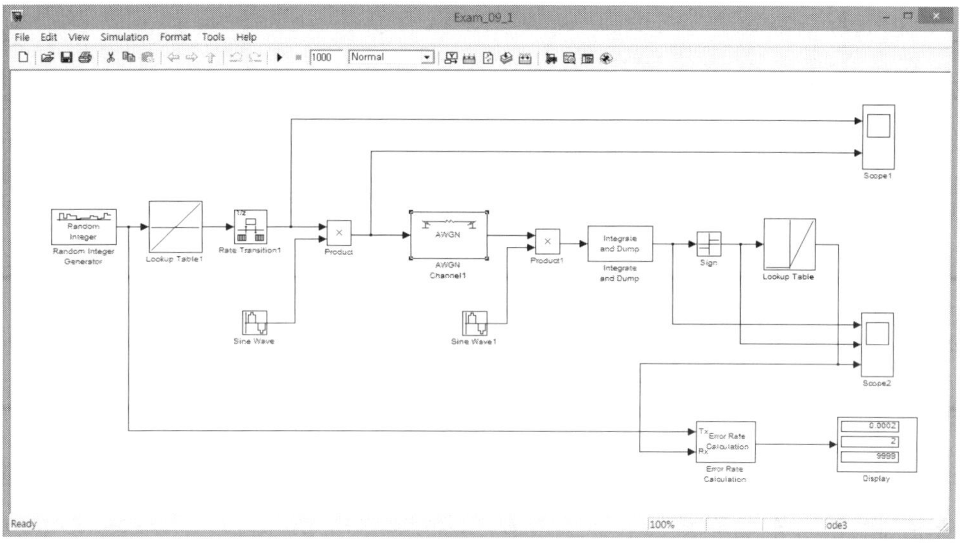

[예제 그림 9.17]

연습문제

9.1 2진 디지털 데이터가 랜덤하게 발생되어 단극 NRZ 파형을 반송파로 ASK 변조하여 송신한다. NRZ 펄스폭이 2[ms]이고 반송파 주파수는 40[MHz]일 때 대역폭을 구하시오.

9.2 비트간격이 0.1[ms]인 2진 정보데이터를 OOK 시스템으로 변조하였을 경우 비트오율 $P(e)=3.01\times10^{-5}$로 되기 위한 펄스의 진폭을 구하시오. 단 채널의 잡음전력밀도 $N_0=3.2\times10^{-5}[W/Hz]$이다.

9.3 OOK 시스템에서 반송파 신호의 진폭이 2.5[V]일 때 정합필터 수신기의 오류확률이 10^{-4}를 넘지 않기 위해서는 필요한 비트 전송률을 구하시오. 단

9.3 FSK에서 두 개의 주파수 $f_1=50[kHz]$와 $f_2=80[kHz]$를 사용할 때 대역폭에 대하여 검토하시오. 단 비트의 속도는 1000[bits/s]다.

9.4 두 신호가 다음과 같을 때 오류확률 $P(e)$를 구하시오.

$s_1(t)=\cos(1500\pi t)$, $s_2(t)=\cos(1000\pi t)$

단 비트간격 $T_b=200[ms]$, 잡음전력밀도 $\eta=50$[mW/Hz]이다.

(a) 동기검파(정합필터 수신기)

(b) 비동기검파(포락선 검파기)

9.5 BPSK 변조에서 $s_1(t)=A\cos(\omega_c t)$, $s_2(t)=A\cos(\omega_c t+\theta)$ 동기검파의 오류확률 $P(e)=3\times10^{-6}$이 되기 위한 진폭 A를 구하시오. 단 비트폭 $T_b=1[ms]$이며 잡음전력밀도 $\eta=1.2[mW/Hz]$이다.

(a) $\theta=180^0$일 경우

(b) $\theta=90^0$ 일 경우

9.6 BPSK의 비트 간격 $T_b=0.1[\mu s]$, 반송파의 주파수 $f_c=100[MHz]$ 그리고 펄스파형 크기 A=3[V]이다. 동기검파의 경우 비트 오류확률 P(e)를 구하시오. 단 전력스펙트럼밀도 $\eta=10[mW/Hz]$, 두 정보신호간의 상호상관계수 $\rho=-1$이다.

9.7 정보데이터 신호 0100110110를 DPSK 송신기와 수신기에서의 동작상태를 분석하시오.

9.8 $E_b/N_0 = 6$[dB]에서 BPSK 비트 오류확률을 구하고 동일한 성능을 유지하기위한 DPSK에서의 E_b/N_0를 구하고 차이점을 분석하시오.

셀프평가

1. 나는 ASK, FSK, 그리고 PSK 송신시스템을 이해하였다(예, 아니오).

2. 나는 ASK, FSK, 그리고 PSK의 정합필터를 이용한 동기검파 오류확률에 대하여 이해하였다(예, 아니오).

3. 나는 DPSK의 송수신 시스템을 완전히 이해하였다(예, 아니오).

4. 나는 FSK의 비동기검파 시스템을 이해하였다(예, 아니오).

5. 나는 QPSK 송신과 수신 시스템을 이해하였다(예, 아니오).

6. 나는 BPSK와 QPSK의 오류확률에 대하여 이해하였다(예, 아니요).

7. 나는 QPSK, OQPSK와 MSK의 특성을 이해하였다(예, 아니오).

8. 나는 QAM 시스템을 이해하였다(예, 아니요).

** '**아니오**'가 발견되면 본문을 복습하여 '**예**'로 바꿀 수 있는 능력을 기르십시오.

Chapter 10

대역확산통신

공부할 내용

1. 대역확산의 원리
2. PN 부호계열
3. 확산부호계열의 특성
4. 직접대역확산시스템(DS-SS)
5. 주파수도약 시스템(FH-SS)
6. CDMA 통신
7. OFDM

10.1 대역확산 개요

대역확산 통신시스템은 데이터율과 신호대역폭과의 비로 정의되는 대역효율을 높이기 위한 통신방식으로 디지털정보를 송신하기 위하여 요구되는 최소대역폭보다 매우 큰 대역폭으로 송신하는 변조방식이다. [그림 10.1.1]은 대역확산의 개념을 보여준다. 그림에서 T_b는 정보데이터 비트시간간격, $T_c << T_b$는 확산을 위한 부호계열의 칩(chip) 시간간격이다. 주파수영역에서의 스펙트럼은 $1/T_b \ll 1/T_c$ 의 관계로부터 대역이 확산되었음을 알 수 있다.

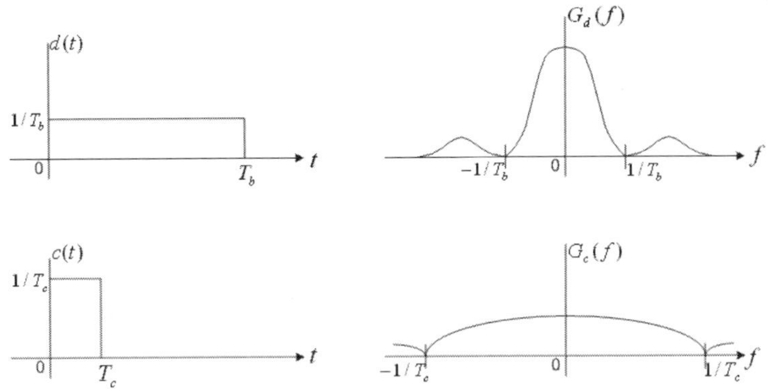

[그림 10.1.1] 대역확산 원리

따라서 대역이 확산되어 송신되는 신호에너지의 대역폭은 정보비트율보다 커야한다. 대역확산은 확산부호(spreading code)에 의하여 이루어지고 복조는 정보신호를 확산하기 위하여 사용한 확산부호와 수신기에서의 확산부호간의 상관에 의하여 이루어지므로 송신기에서의 부호와 동일한 부호를 사용하여야 복조가 이루어진다. 대역확산 통신시스템은 간섭(interference)과 의도적인 방해신호(jamming)를 억제할 수 있는 능력이 있으며 [그림 10.1.2]는 대역확산통신에서의 방해신호 억제원리를 보여주고 있다. 그리고 중요한 응용방식에는 공통통신채널로 여러 이용자가 접속이 가능한 다중접속 통신방식과 GPS를 이용한 범위 또는 거리 측정이 가능하다. 대표적인 대역확산통신방식은 직접도약(DS: direct sequences), 주파수도약(FH: frquency hopping), 그리고 시간도약(TH: time hopping) 방식 등이 있다.

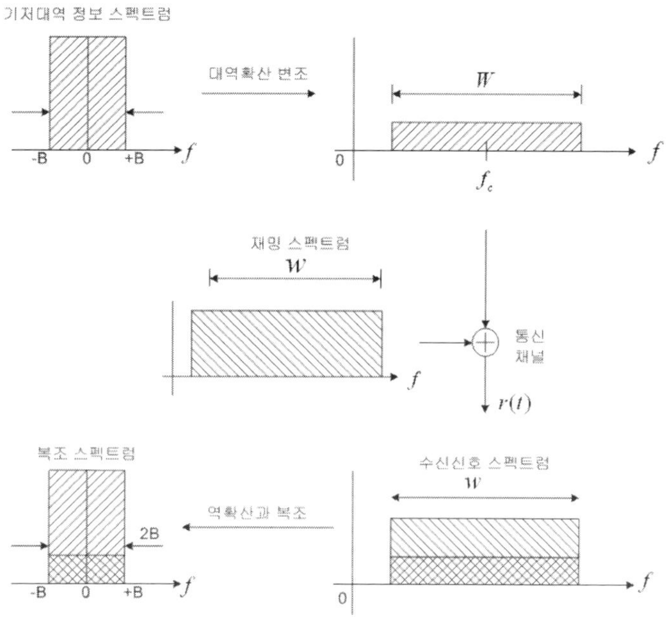

[그림 10.1.2] 대역확산통신에서의 재밍신호 억제

10.2 PN 부호 계열

PN(pseudo noise) 부호는 LFSR(linear feedback shift resister)의 구성으로 발생시킬 수 있다. 쉬프트레지스터를 이용한 선형피드백(linear feedback) 부호계열 발생기는 크게 Fibonacci 발생기와 Galois 발생기 2가지 형태의 구조로 구성할 수 있다.

10.2.1 Fibonacci 발생기와 Galois 발생기 구성

유한장 $GF(p^m)$의 원들로 이루어지는 계열 $\{b_n\}$이 아래와 같은 관계를 가지면 선형순환(linear recursion)이라 한다. $b_n = -\sum_{i=1}^{M} a_i b_{n+M-i}$, 모든 n에 대하여 적용. 계수들 a_i는 같은 유한장 GF(p)에 있으며 $a_M \neq 0$면 M을 선형순환의 차수(degree)라 한다. 차수 m인 원시다항식 h(x)는 다음 식 (10.2.1)과 같이 표현된다.

$$h(x) = h_0 x^m + h_1 x^{m-1} + h_2 x^{m-2} + \cdots + h_{m-1} x + h_m = \sum_{i=0}^{m} h_i x^{m-i} \tag{10.2.1}$$

이를 이용하여 [그림 10.2.1]과 같은 Fibonacci 발생기를 구성할 수 있으며 [그림 10.2.2]는 원시다항식 x^4+x+1를 이용한 Fibonacci 발생기 구성을 보여준다. 식 (10.2.1)을 이용하여 다른 형태인 [그림 10.2.3]과 같은 Galois 발생기를 구성할 수 있으며 [그림 10.2.4]는 원시다항식 x^4+x+1를 이용한 Galois 발생기 구성을 보여준다.

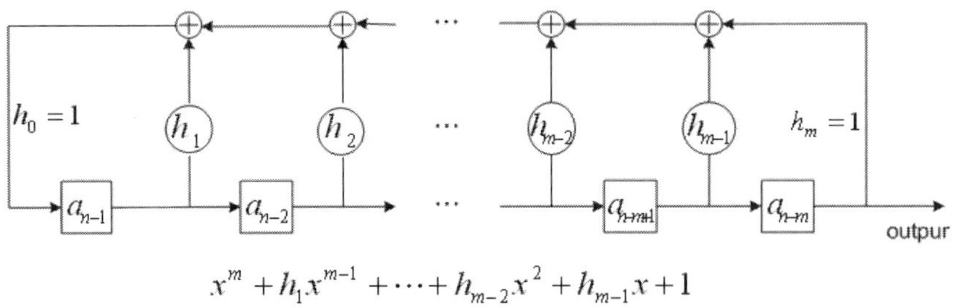

[그림 10.2.1] Fibonacci 발생기 구성

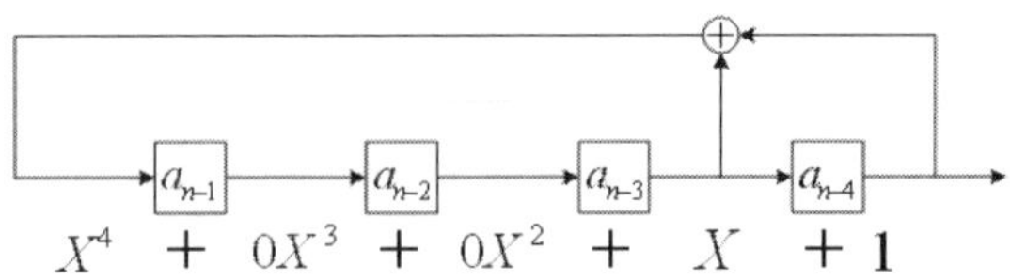

[그림 10.2.2] 원시다항식 x^4+x+1를 이용한 Fibonacci 발생기 구성

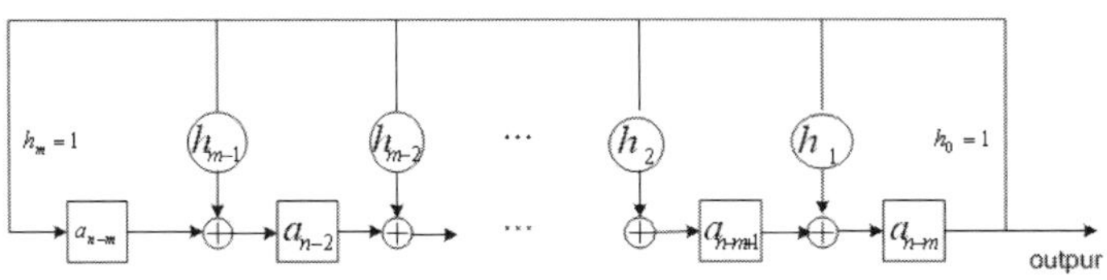

[그림 10.2.3] Galois 발생기 구성

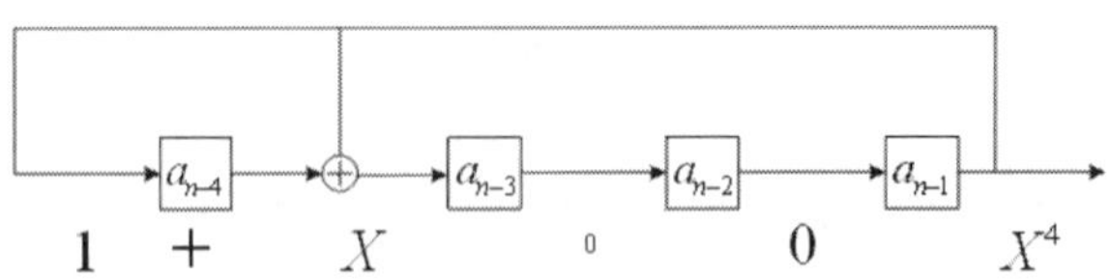

[그림 10.2.4] 원시다항식 x^4+x+1를 이용한 Galois 발생기 구성

10.2.2 최장부호(maximum length code)

쉬프트레지스터에 의하여 구성된 PN 부호계열발생기는 최장계열발생기(maximum-length sequence generator) 또는 m-계열발생기라 부르며 이로부터 발생된 부호계열을 최장부호계열 또는 m-계열이라 한다. m을 쉬프트레지스터 단수라면 m-계열의 주기 $N=2^m-1$이 되며 다음과 같은 특성을 갖는다.

(1) 자기상관함수 특성

2진계열 $\{c_n\}$의 자기상관함수(autocorrelation function)은 다음 식 (10.2.2)와 같이 정의된다.

$$R_c(k)=\frac{1}{N}\sum_{n=1}^{N}c_n c_{n-k} \tag{10.2.2}$$

여기서 N은 PN 부호의 주기 그리고 k는 자기상관 함수의 지연수다.

예제 10.2.1

확산부호계열 $\{c_n\}$=(1110100)의 자기상관함수를 구하라.

부호계열 원소를 0→'1', 1→'-1'로 치환하면 부호계열은 {-1-1-11-111}로 된다.

$k=0$: $R_c(0)=\frac{1}{7}[1^2+1^2+1^2+(-1)^2+1^2+(-1)^2+(-1)^2]=1$

$k=1$: $R_c(1)=\frac{1}{7}[1^2+1^2-1-1-1+1^2-1]=-\frac{1}{7}$

$k=2$: $R_c(2)=\frac{1}{7}[1^2-1+1^2-1+1^2-1-1]=-\frac{1}{7}$

일반적으로 자기상관함수 값은 식 (10.2.3)과 같은 값을 갖는다.

$$R_c(k)=\begin{cases}1 & ,k=lN \\ -\frac{1}{N} & ,k\neq lN\end{cases},\quad l\text{은 정수} \tag{10.2.3}$$

(2) 평형성, 균형성

m-계열의 1주기에는 $N_-=2^{m-1}-1$개의 '0'과 $N_+=2^{m-1}$개의 '1'을 포함하며 $N_+-N_-=1$로 1개 차이만을 갖는다. 예로서 PN 부호계열 C=(1110100)에서 1이

N_+ =4개, 0이 N_- =3개가 되며 이 차는 2^m 개에서 초기상태가 전부 영인 경우가 제외되었기 때문에 항상 0이 하나 부족하다.

(3) 쉬프트와 가산성(shift and add property)

PN 부호의 계열과 쉬프트 시킨 계열을 mod-2 가산하여 생긴 다른 계열은 본래의 계열을 다르게 쉬프트 시킨 계열과 동일하다. 예로서 $N=7$, $C=(1110100)$인 PN 부호 계열에서

본래계열	1 1 1 0 1 0 0	본래계열	1 1 1 0 1 0 0
1회 쉬프트계열	⊕ 1 1 0 1 0 0 1	2회 쉬프트계열	⊕ 1 0 1 0 0 1 1
	0 0 1 1 1 0 1		0 1 0 0 1 1 1
본래 계열을 2회 쉬프트 시킨 계열		본래 계열을 4번 쉬프트 시킨 계열	

(4) 런(run) 특성

'1'과 '0'의 동일한 심벌의 연속에 관한 엄밀하게 정의된 분포특성

- 주기마다 길이 1의 연속 : 1/2
- 주기마다 길이 2의 연속 : 1/4
- 주기마다 길이 3의 연속 : 1/8

예로서 (4,3)은 쉬프트레지스터 단수가 4이고 3번째에서 발생기 출력과 결합되어 입력으로 회귀한다는 의미다. $m=4$일 경우 [그림 10.2.2]와 동일하게 [그림 10.2.5]와 같이 구성될 수 있다. 표 10.2.1은 발생기의 상태표를 보여준다.

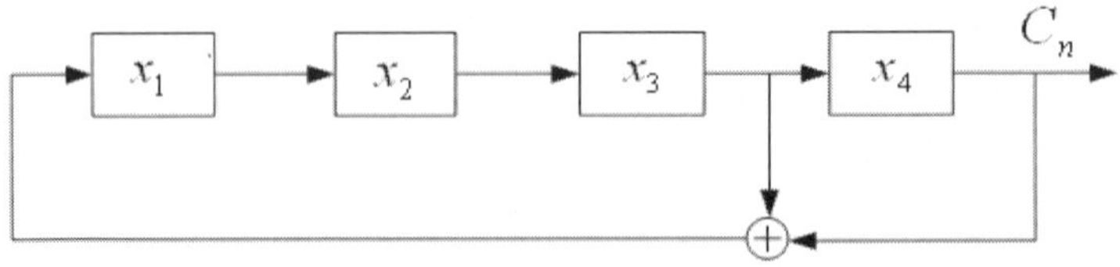

[그림 10.2.5] 쉬프트레지스터 4단인 m-계열발생기

〈표 10.2.1〉 그림 10.2.5의 발생기 상태표

순서	쉬프트레지스터 상태				출력 c_n
	x_1	x_2	x_3	$1x_4$	
0	1	1	1	1	1
1	0	1	1	1	1
2	0	0	1	1	1
3	0	0	0	1	1
4	1	0	0	0	0
5	0	1	0	0	0
6	0	0	1	0	0
7	1	0	0	1	1
8	1	1	0	0	0
9	0	1	1	0	0
10	1	0	1	1	1
11	0	1	0	1	1
12	1	0	1	0	0
13	1	1	0	1	1
14	1	1	1	0	0
15	1	1	1	1	1

이 발생기로부터 발생된 부호계열의 주기는 $N=2^4-1=15$이 된다. 발생된 부호계열 $C_n=(111100010011010)$이 되며

'1': $8/15 \simeq 1/2$, '0': $7/15 \simeq 1/2$, '11': $4/15 \simeq 1/4$, '00': $3/15 \simeq 1/4$,
'111':$2/15 \simeq 1/8$, '000':$1/15 \simeq 1/8$, '1111': $1/15 \simeq 1/16$

런특성이 대략적으로 표현되었으나 부호계열의 길이가 길어지면 정의된 분포특성에 근접하게 된다.

10.3 직접대역확산(Direct-Sequence Spread Spectrum) 시스템

DSSS(Direct-Sequence Spread Spectrum) 시스템은 대역확산 신호 또는 부호에 의하여 데이터 변조 반송파를 직접 확산하는 대역확산 방식으로 확산부호에 의하여 데이터 변조된 반송파를 직접적으로 변조하여 송신하는 시스템이다.

10.3.1 직접대역확산 방식의 동작원리

[그림 10.3.1]은 DSSS의 가장 간단한 형태인 BPSK DSSS 시스템의 동작원리를 보여준다.

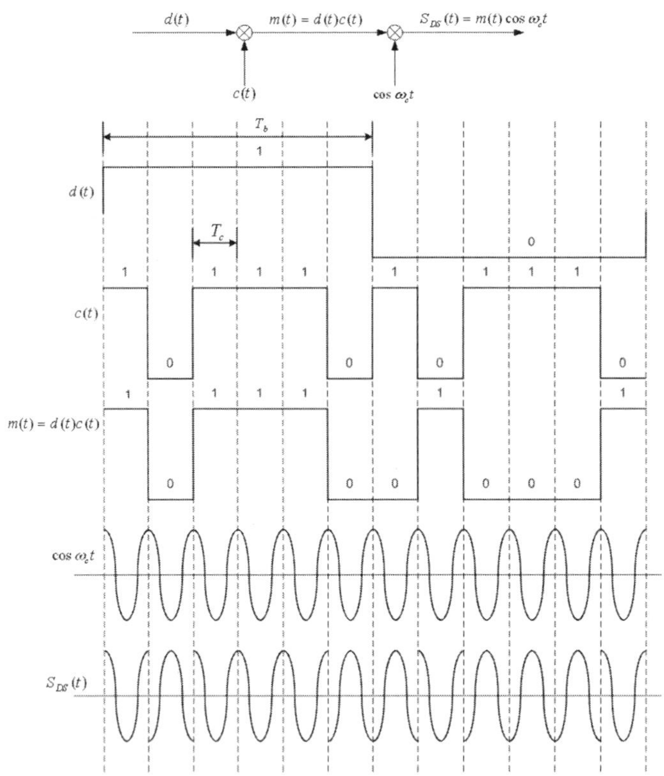

[그림 10.3.1] BPSK DSSS 송신 시스템의 원리

입력 정보데이터 $d(t)$는 심벌비트 시간간격 T_b를 갖고 확산부호 $c(t)$는 시간간격 T_c를 갖는다. $T_c << T_b$인 관계를 가진다. 확산된 직접대역확산은 다음 식 (10.3.1)과 식 (10.3.2)와 같이 이루어진다. 표 10.3.1은 이러한 과정의 내용을 보여준다.

$$m(t) = d(t)c(t) \tag{10.3.1}$$

$$s_{DS}(t) = m(t)\cos(\omega_c t) \tag{10.3.2}$$

〈표 10.3.1〉 직접대역확산 상태표

$d(t)$	$c(t)$	$m(t)$	$s_{DS}(t) = m(t)\cos(\omega_c t)$
1	1	1	$\cos(\omega_c t)$
0	1	0	$-\cos(\omega_c t)$
1	0	0	$-\cos(\omega_c t)$
0	0	1	$\cos(\omega_c t)$

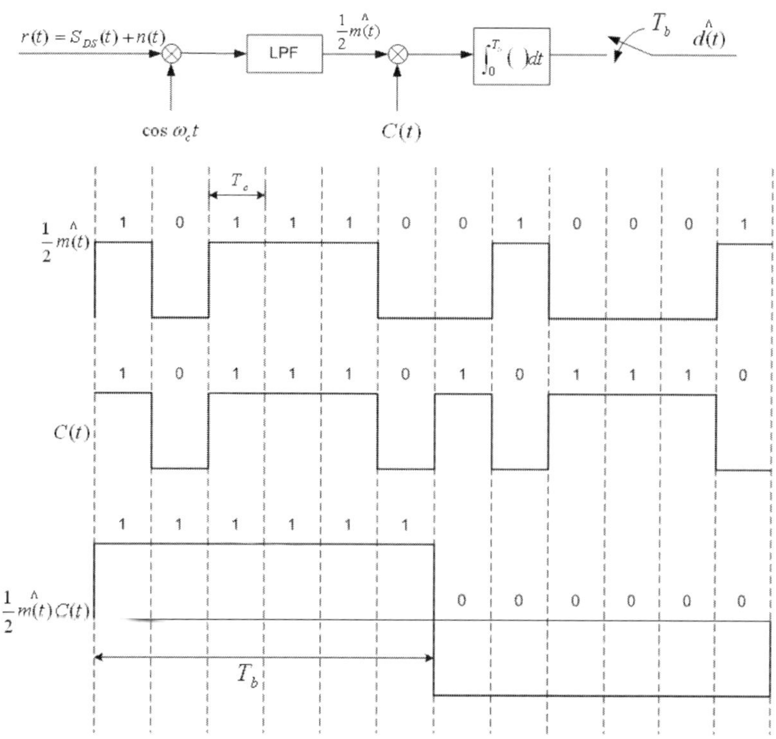

[그림 10.3.2] BPSK DSSS 수신 시스템의 원리

정보데이터 $d(t)$의 대략적인 대역폭은 $1/T_b$이 되고 확산부호 $c(t)$의 대역폭은 대략 $1/T_c$이 되며 대역확산율과 진행이득은 각각 다음 식 (10.3.3)과 식 (10.3.4)와 같이 정의된다.

$$(1/T_c)/(1/T_b) = N \tag{10.3.3}$$

$$PG = T_b/T_c \tag{10.3.4}$$

송신된 직접대역확산신호는 부가적인 잡음 $n(t)$가 부가되어 [그림 10.3.2]과 같은 수신기에 도달하여 역확산에 근거한 복조를 통하여 정보신호를 추출할 수 있다. 수신신호는 다음 식 (10.3.5)와 같이 표현된다.

$$r(t) = s_{DS}(t) + n(t) = m(t)\cos(\omega_c t) + n(t) \tag{10.3.5}$$

이 신호에 동기검파용 반송파를 곱하면 다음과 같이 된다.

$$\begin{aligned} r(t)\cos(\omega_c t) &= m(t)\cos^2(\omega_c t) + n(t)\cos(\omega_c t) \\ &= m(t)\left\{\frac{1}{2}(1+\cos 2\omega_c t)\right\} + n(t)\cos\omega_c t \end{aligned}$$

이 신호가 LPF를 통과하면 주파수 $2\omega_c$에 해당하는 성분이 제거된다.

$$\hat{m}(t) = d(t)c(t)$$

$$\hat{d}(t) = d(t)c(t) \times c(t) = d(t)$$

와 같이 송신된 데이터 $d(t)$가 복원된다.

10.3.2 직접확산 방식의 오류확률

동기 BPSK 시스템에 대한 평균오류확률은 앞 9장에서 다음 식 (9.3.2)와 같다.

$$P(e)=\frac{1}{2}erfc\sqrt{\frac{E_b}{N_0}}=Q(\sqrt{2E_b/N_0}) \tag{9.3.2}$$

채널에서 간섭신호 랜덤신호인 $j(t)$가 가해지고 잡음전압 v가 랜덤변수 V_j의 표본 값을 가지며 V_j는 균일 분포된 $N(=T_b/T_c)$ 개의 표본값의 합으로 표현된다. $N \gg 1$ 조건에서 중앙극한정리를 이용하면 V_j는 Gaussian 분포를 하며 V_j의 전력스펙트럼밀도는 다음과 같이 된다.

$$N_j=\frac{P_j}{B}=P_jT_c$$

여기서 $B=1/T_c$로서 주엽의 대역폭이다. 이 값을 식 (9.3.2)에 대입하면

$$P(e)\approx\frac{1}{2}erfc\sqrt{\frac{E_b}{P_jT_c}}=Q(\sqrt{\frac{2E_b}{P_jT_c}}),$$

여기서

$$P_j=\frac{1}{T_c}\int_0^{T_c}j^2(t)dt,\quad \frac{N_0}{2}=\frac{P_jT_c}{2}$$

비트에너지 $E_b=P_sT_b$ 여기서 P_s는 평균신호 전력, T_b는 데이터 비트 간격이다.

$$\frac{E_b}{N_0}=\left[\frac{T_b}{T_c}\right]\left[\frac{P_s}{P_j}\right]=G_p\left[\frac{P_s}{P_j}\right]$$

따라서

$$\frac{P_j}{P_s}=\frac{G_p}{E_b/N_0}$$

이 되며 이를 재밍마진(jamming margin)이라 부른다. (재밍마진)[dB]=(처리이득)[dB]$-10\log_{10}(\frac{E_b}{N_0})_{\min}$(최소 비트 당 에너지 대 잡음 밀도비)

10.4 주파수도약 시스템

데이터 변조된 반송파의 스펙트럼을 넓게 하는 두 번째 방법은 주기적으로 반송파의 주파수를 변화하는 것이다. 특히 각 반송 주파수는 대략적으로 데이터 변조 스펙트럼 간격인 2^k, k는 양의 정수, 주파수들의 집합으로부터 선택된다. 확산코드는 이 경우 데이터 변조된 반송파를 직접적으로 변조하지 않고 반송 주파수들의 계열을 제어하는데 사용된다. [그림 10.4.1]은 주파수도약 송신시스템을 보여준다. 송신기 데이터입력 $d(t)$는 M진 FSK변조가 되며 주파수합성기에 의하여 패턴에 따라 발생된 도약하는 반송파로서 나타나기 때문에 이러한 형태의 대역확산 방식을 주파수도약(FH: Frequency-Hopping) 대역확산 이라 부른다. [그림 10.4.2]는 주파수도약 수신시스템을 보여준다. 수신기에서는 혼합기에서 송신기와 동일한 FH 패턴에 의하여 발생되는 국부발진 주파수에 의하여 동기적으로 도약하는 신호와 더해져 수신신호의 도약주파수가 제거되어 통상적인 M진 FSK 복조기를 거쳐 송신된 정보신호를 검출하게 된다.

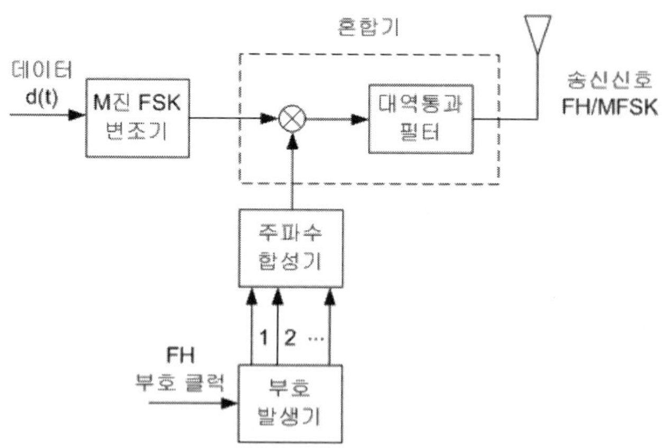

[그림 10.4.1] 주파수도약 송신시스템

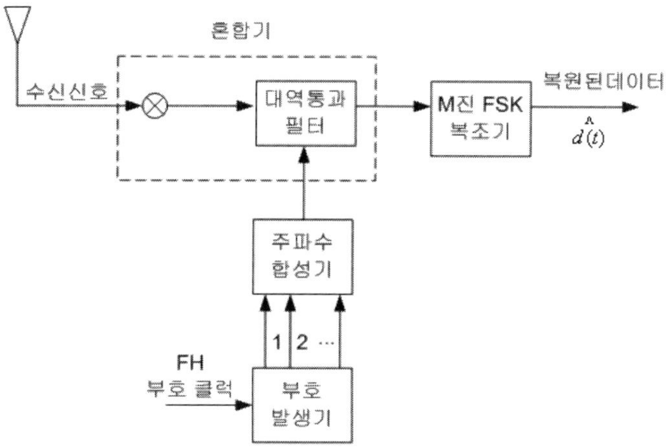

[그림 10.4.2] 주파수도약 수신시스템

DS와 FH 방식을 비교하면 DS 방식은 Jamming에 강하고 신호검출이 어려우며 다중경로에 강하다. 그러나 포착시간 즉 초기동기시간이 길고 PN 부호발생기가 필요하며 원근(near-far) 문제가 발생한다. 한편 FH 방식은 도약 주파수를 증가시킴으로서 포착시간이 짧고 원근문제 등이 거의 없으나 복잡한 주파수 합성기가 필요하다.

10.5 CDMA 통신

중요한 다원접속 방식은 [그림 10.5.1]과 같이 주파수를 이용자에 따라 분할하여 사용하는 주파수분할다원접속(Frequency Division Multiple Access: FDMA)와 이용자에 따라 시간을 분리하여 사용하는 시분할다원접속(Time Division Multiple Access: TDMA) 그리고 이용자의 부호를 달리하여 사용하는 부호분할다원접속(Code Division Multiple Access: CDMA)로 크게 나눌 수 있으며 주파수의 직교성을 이용한 직교주파수 다중화(OFDM) 시스템을 생각할 수 있다.

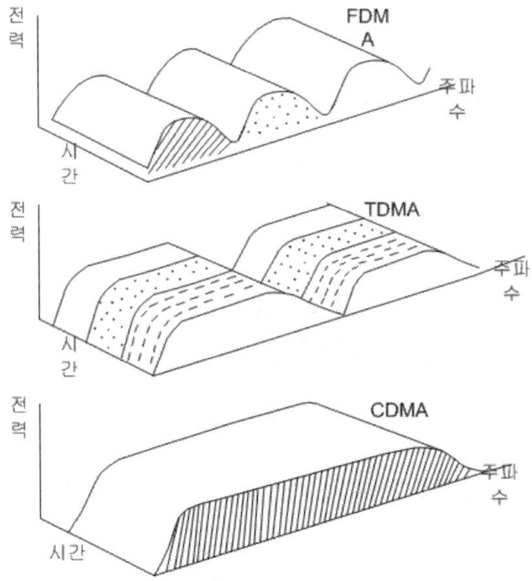

[그림 10.5.1] FDMA, TDMA 그리고 CDMA의 시간-주파수특성.

여기서는 대역확산방식을 이용한 부호분할 다중방식에 대하여 중점적으로 설명한다. 부호분할 다중방식은 앞에서도 이야기한 DS를 이용한 DS-CDMA와 FH를 이용한 FH-CDMA로 나눌 수 있다. [그림 10.5.2]는 DS-CDMA의 송신시스템의 개략도를 보여준다.

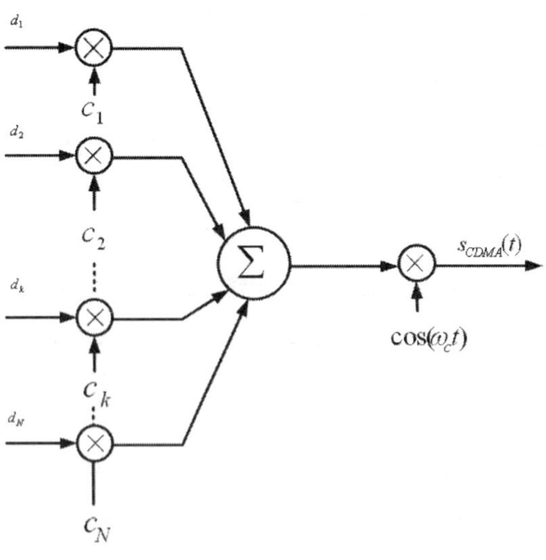

[그림 10.5.2] DS-CDMA 송신시스템

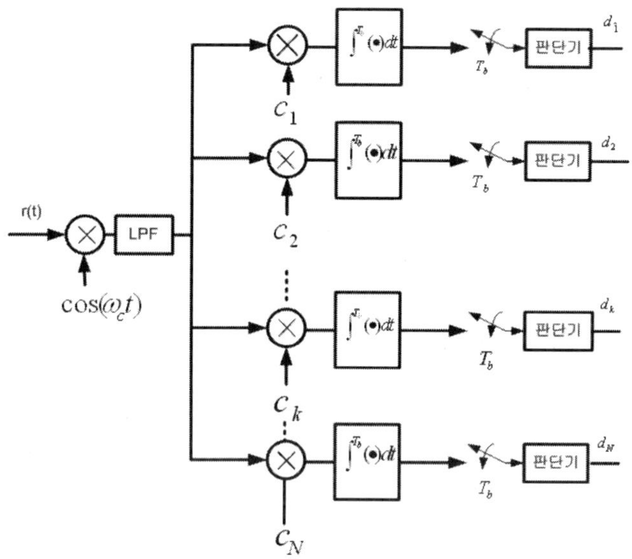

[그림 10.5.3] DS-CDMA 수신시스템

[그림 10.5.2]에서 DS-CDMA 신호는 다음 식 (10.5.1)과 같이 표현된다.

$$s_{CDMA}(t) = \sum_{k=1}^{N} A_k d_k c_k \cos(\omega_c t + \theta_k) \tag{10.5.1}$$

여기서 A_k는 이용자 k1의 신호크기, d_k와 c_k는 각각 이용자 k의 정보데이터와 확산부호계열이다. ω_c는 반송파 주파수이며 θ_k는 k번째 이용자의 위상이다. 채널상에서 잡음 $n(t)$와 간섭신호 $J_k(t)$의 영향을 받는다고 가정하면 [그림 10.5.3]에서 수신신호는 다음 식 (10.5.2)와 같이 된다.

$$r(t) = \sum_{k=1}^{N} [A_k d_k c_k \cos(\omega_c t + \theta_k) + J_k(t)] + n(t) \tag{10.5.2}$$

이용자 $k=1$의 신호를 수신하기를 원한다고 가정한다. LPF 입력신호는

$$2r(t)\cos(\omega_c t + \theta_1) = 2\left\{\sum_{k=1}^{N} [A_k d_k c_k \cos(\omega_c t + \theta_k) + J_k(t)] + n(t)\right\}\cos(\omega_c t + \theta_1)$$

$$= 2\sum_{k=1}^{N} [A_k d_k c_k \cos(\omega_c t + \theta_k)]\cos(\omega_c t + \theta_1)] + [J(t) + n(t)]\cos(\omega_c t + \theta_1)]$$

여기서 계산의 편리를 위하여 2를 곱하였다. $J(t)=\sum_{k=1}^{N} J_k(t)$이며 LPF 출력신호는 다음 식 (10.5.3)으로 되고

$$A_1 d_1 c_1 + \sum_{k=2}^{N} A_k d_k c_k \cos(\theta_k - \theta_1) + [J(t)+n(t)]\cos(\omega_c t + \theta_1) \tag{10.5.3}$$

적분기 입력신호는 다음 식 (10.5.4)와 같다.

$$A_1 d_1 c_1 c_1 + \sum_{k=2}^{N} A_k d_k c_k c_1 \cos(\theta_k - \theta_1) + [J(t)+n(t)]\cos(\omega_c t + \theta_1) \tag{10.5.4}$$

$\theta = \theta_k - \theta_1$이라면 적분기 출력신호는 다음 식 (10.5.5)와 같이 표현된다.

$$A_1 T_b d_1 + \sum_{k=2}^{N} A_k d_k \cos(\theta) R_{k1}(\tau) + \int_0^{T_b} [J(t)+n(t)] c_1 \cos(\omega_c t + \theta_1) dt \tag{10.5.5}$$

여기서 상호상관함수 $R_{k1}(\tau)$는 다음 식 (10.5.6)과 같이 정의된다.

$$R_{k1}(\tau) = \int_0^{T_b} c_k(t) c_1(t+\tau) dt \tag{10.5.6}$$

식 식 (10.5.5)의 첫째항은 정보신호 d_1을 포함하는 정보데이터이고 둘째 항은 이용자 1을 제외한 다른 이용자들의 간섭성분이다. 만약 부호계열의 상호상관함수 $R_{k1}(\tau)=0$이면 이 항은 사라지게 된다. 마지막 3번째 항에서 방해신호 $J(t)$와 잡음과의 합으로 이루어진다. $J(t)$는 신호가 확산되어 잡음과 같은 낮은 레벨로 되고 정보신호의 대역에서만 영향을 미치므로 이 영향을 무시할 수 있는 수준이면 정보신호 d_1을 완전하게 추출할 수 있다.

10.6 직교주파수분할다중화(OFDM) 방식

직교주파수분할다중화(OFDM: Orthogonal Frequency Division Multiplexing)은 고속의 데이터를 여러 개의 저속의 병렬 데이터로 변화시킨 뒤 다수의 부반송파(subcarrier)를 이용하여 데이터 열을 변조하는 다중반송파 변조방식(multicarrier modulation)중 하나로 발달되어 왔다. 그리고 부 채널 사이의 사용방식에 따라 주파수분할다중화(FDM: frequency-division multiplexing) 또는 다중반송파송신(multicarrier transmission) 그리고 부호분할다중화(CDM: code-division multiplex) 또는 다중부호전송(multicode transmission) 등이 있다.

[그림 10.6.1]은 부호분할다중화 방식을 보여준다. 송신기에서 직렬로 들어간 데이터는 병렬로 변환되며 부반송파에 부여된 각기 다른 부호에 의하여 변조되고 송신되고 수신기에서는 송신에서와 동일한 부호계열을 이용하여 병렬데이터를 복조하며 직렬변환기를 거쳐 송신된 데이터를 복원하게 된다. [그림 10.6.2]는 다중반송파송신 방식을 보여준다. 송신기에 입력된 데이터 $d(t)$는 직병렬변환기를 거쳐 병렬데이터로 변환되어 부채널로 들어가게 된다. 부채널은 채널의 구별이 가능한 서로 다른 주파수가 할당되어 있으며 데이터를 변조하게 된다. 수신기에서는 주파수별 데이터의 검출을 거친 병렬 데이터를 직렬데이터로 변환하여 정보데이터를 얻게 되는 시스템이다. 마지막으로 [그림 10.6.3]은 직교주파수분할다중화(OFDM) 방식을 보여준다.

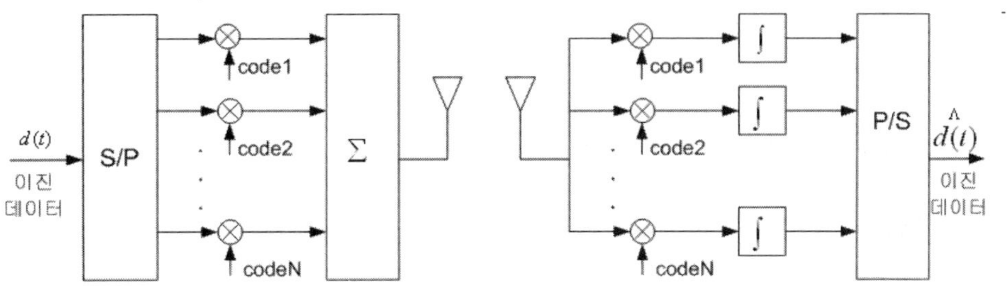

[그림 10.6.1] 부호분할다중화(CDM)

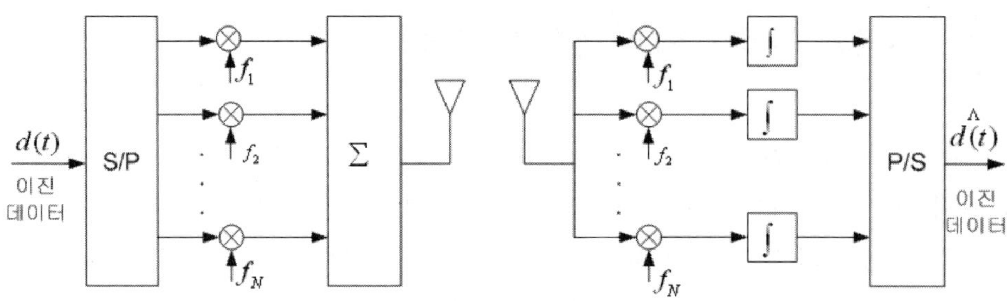

[그림 10.6.2] 다중반송파송신(MC)

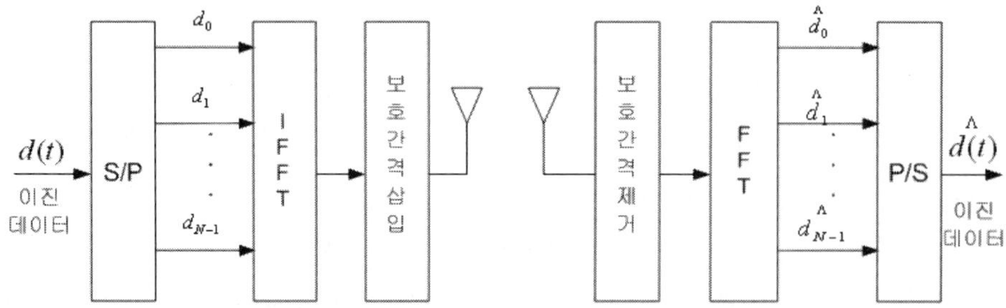

[그림 10.6.3] 직교주파수분할다중화(OFDM)

OFDM의 송신기는 그림에서와 같이 송신되는 고속데이터가 직병렬 변환기를 통하여 최초 N개의 부채널을 이용한 저속 병렬 데이터로 변환된다. 각 병렬 부채널로 송신된 데이터는 PSK 기반 변조를 수행한다. N 채널 직교변조 데이터 계열을 $\boldsymbol{d}=(d_0,d_1,\ldots\ldots,d_{N-1})$ 여기서 각 d_n은 복소수로 $d_n=d_{nI}+jd_{nQ}$, d_{nI}와 d_{nQ}는 QPSK에서 {1, -1}로 표현된다. 이 변조된 데이터는 IFFT를 거쳐 OFDM 신호가 발생된다. OFDM 신호의 심볼간격 T_s, i번째 부반송파의 주파수 f_i, $i=0,1,2,\ldots.,N$, $f_i=f_0+\dfrac{i}{T_s}$이며 각 심벌의 펄스파형 p(t)는 다음 식 (10.6.1)과 같다.

$$p(t)=\begin{cases}1\,,(0\le t\le T_s)\\0\,,(\text{다른 경우})\end{cases}\tag{10.6.1}$$

OFDM 신호는 자신의 주파수를 갖는 많은 반송파 신호를 포함한다. 또한 OFDM 신호는 ISI를 줄이기 위하여 보호시간간격을 삽입하게 된다. OFDM의 부반송파 신호간의 직교성이 유지되면 송신채널의 찌그러짐에 의한 ISI와 ICI(intercarrier interference)가 발생하지 않지만 실제적으로 OFDM의 신호대역이 완전하게 대역이 제한되어 있지 않기 때문에 다중경로 페이딩에 기인하여 각 부채널의 인접채널로 전력이 확산된다. 찌그러짐을 방지하는 가장 간단한 방법은 심벌구간 또는 반송파의 수를 증가 시키는 것이다. 그러나 이 방법은 도플러 주파수에 대한 반송파 안정성과 FFT 크기로 인하여 구성하기가 어렵게 된다.

총 심벌간격은 $T_{ts}=T_g+T_s$가 되며 여기서 T_g는 보호간격이다. 따라서 T_g가 채널 임펄스응답 또는 다중경로 지연보다 길면 ISI는 제거될 수 있다. 그러나 ICI 또는 대역내(in-band) 페이딩은 여전히 존재한다. T_g는 일반적으로 $T_s/4$ 보다 작다. 수신기에서는 보호간격 T_g가 제거된 후 FFT를 거쳐 병렬데이터가 검출되며 병렬/직렬변환기를 거쳐 송신데이터인 직렬 데이터를 얻게 된다.

10장 Matlab Simulink 예제

예제 10-1

다음 그림과 같은 PN코드발생기를 이용하여 PSK 변조하는 DS 대역확산통신 Matlab Simulink 프로그램을 작성하시오. 단, PSK 변조의 반송파 신호는 $\cos(2\pi 20t)$로 한다.

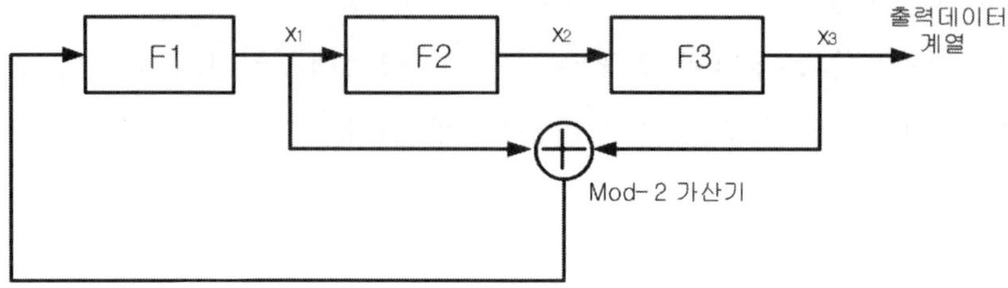

[예제 그림 10.1]

필요한 Simulink Library Block

Simulink Library Browser에서 다음과 같은 Simulink Library Block을 준비한다.

1. Communications Blockset ▶ Communications sources ▶ Random Data sources ▶ Random Integer Generator
2. Simulink ▶ Lookup Tables ▶ Lookup Table
3. Simulink ▶ Signal Attributes ▶ Rate Transition
4. Simulink ▶ Math Operations ▶ Product
5. Simulink ▶ Sources ▶ Sine Wave
6. Communications Blockset ▶ Comm Filters ▶ Integrate and Dump
7. Simulink ▶ Math Operations ▶ Sign
8. Communications Blockset ▶ Communications sources ▶ Sequence Generators ▶ PN Sequence Generator
9. Simulink ▶ Discrete ▶ Unit Delay
10. Simulink ▶ Sinks ▶ Scope
11. Communications Blockset ▶ Comm Sinks ▶ Error Rate Calculation
12. Simulink ▶ Sinks ▶ Display

풀이 10-1

1 Matlab Simulink를 실행 후 다음과 같은 블록도를 만든다.

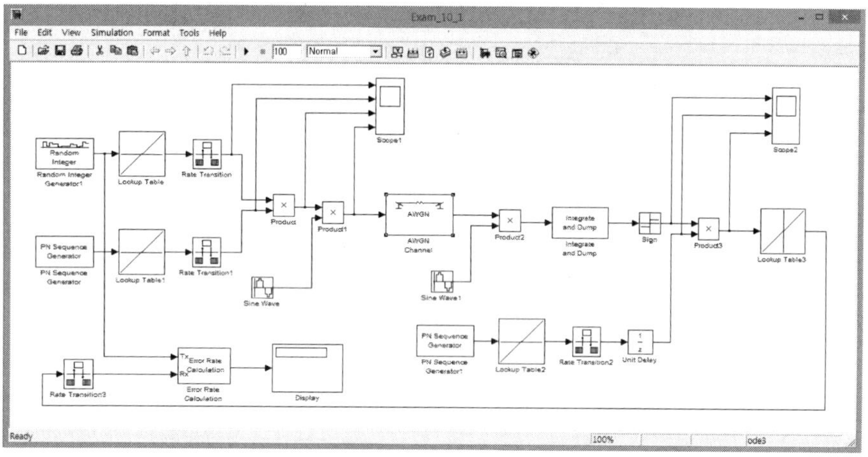

[예제 그림 10.2]

2 여기서 랜덤 데이터를 만들어 주기 위해 Random Integer Generator를 삽입하고 속성을 다음과 같이 입력한다.

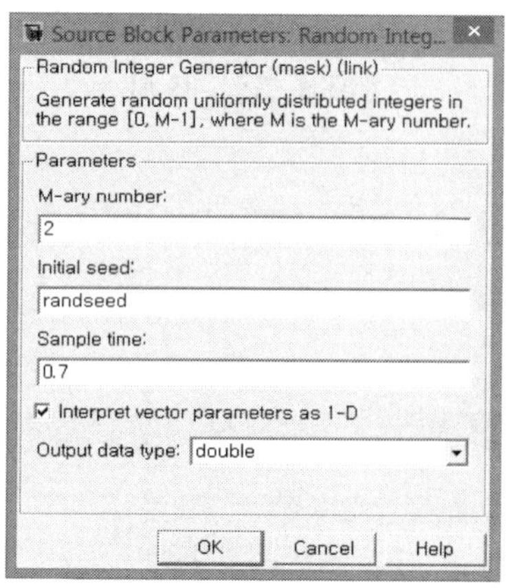

[예제 그림 10.3]

여기서 Sample time을 0.7로 하여 데이터 전송 주기를 0.7 sec/bit로 한다.

3 PN코드를 문제와 같은 코드로 만들기 위해 PN Sequence Generator의 속성을 다음과 같이 입력한다.

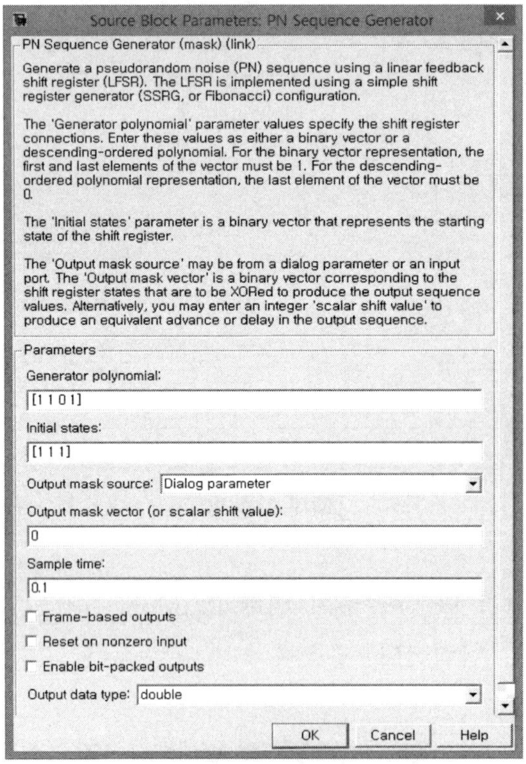

[예제 그림 10.4]

4 '0', '1'의 데이터를 '-1', '1'로 변환시키기 위해 Lookup Table, Lookup Table1을 다음과 같이 삽입한다.

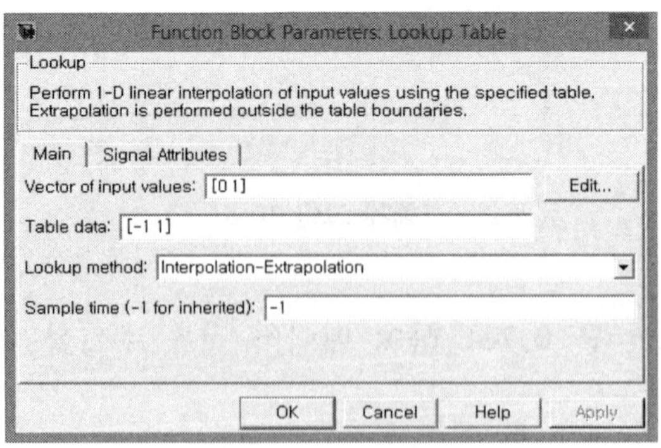

[예제 그림 10.5]

5 Scope의 여러 입력 동작 속도를 맞추기 위해 Rate Transition의 속성은

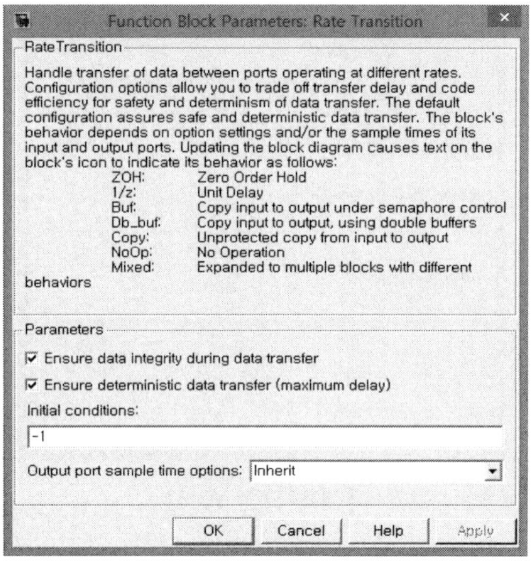

[예제 그림 10.6]

6 동작 속도를 맞추기 위해 Rate Transition1의 속성은

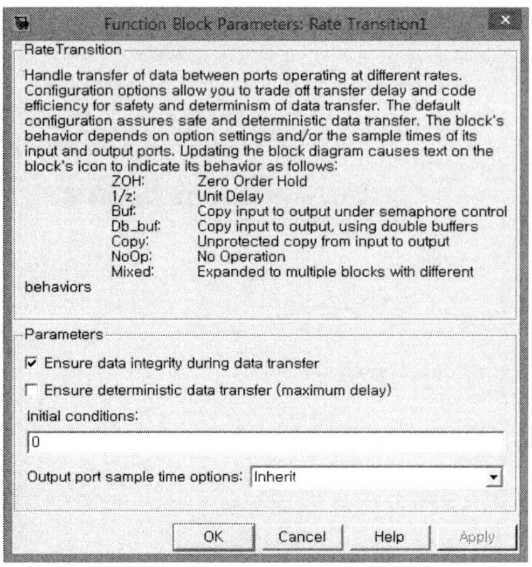

[예제 그림 10.7]

7 두 신호를 곱해 DS 확산을 하고 PSK 변조를 하기 위해 Product, Product1을 넣는다.

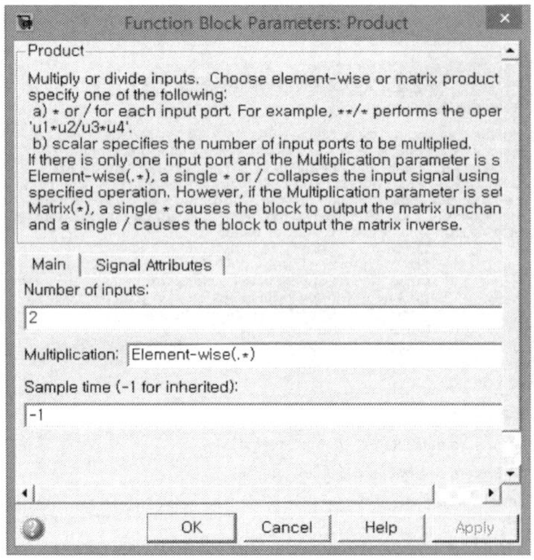

[예제 그림 10.8]

8 반송파 신호를 $\cos(2\pi 20t)$로 맞추기 위해 Sine Wave의 속성은

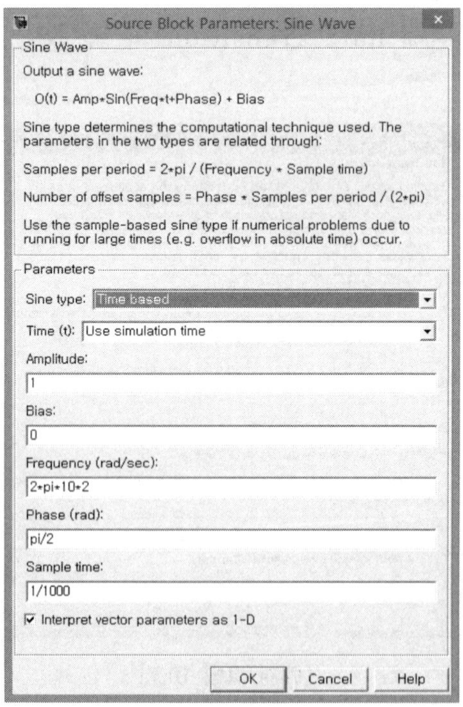

[예제 그림 10.9]

9 채널을 통과시키기 위해 AWGN Channel1의 속성은 다음과 같고 여기서 Eb/No는 0~20까지 임의의 값으로 입력한다.

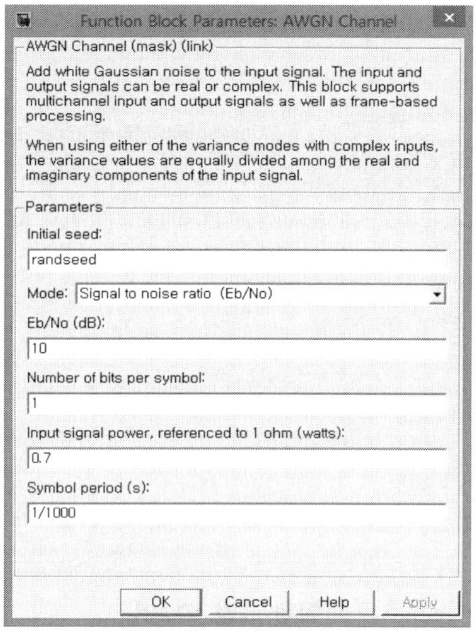

[예제 그림 10.10]

10 수신단에서의 PSK 복조를 위해 Sine Wave1의 속성은 다음과 같다.

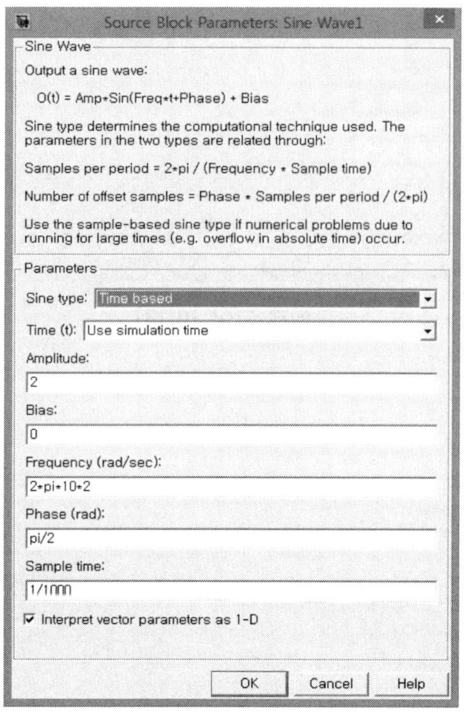

[예제 그림 10.11]

11 검파를 위해 Integrate and Dump를 삽입하고 속성은

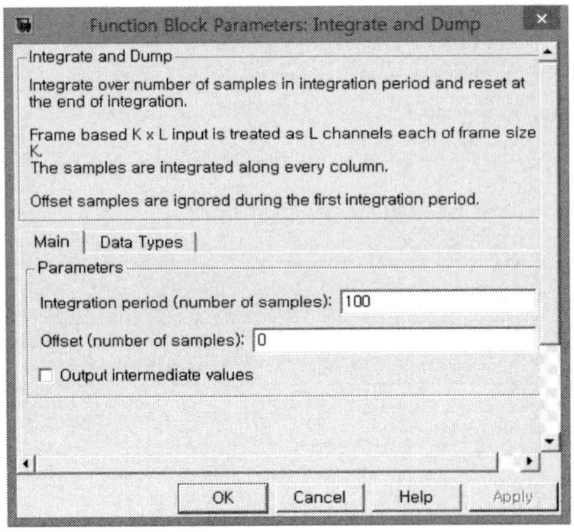

[예제 그림 10.12]

12 Integrate and Dump의 출력이 양수일 때 '1', '0'일 때 '0', 음수일 때 '−1'을 출력시키기 위해 Sign 블록을 삽입하고 이의 속성은 다음과 같다.

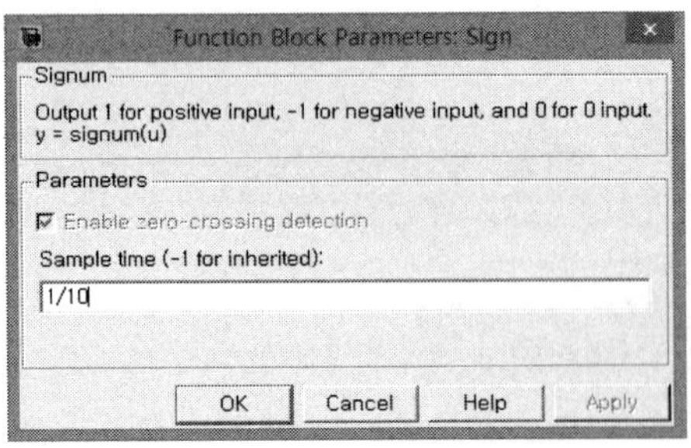

[예제 그림 10.13]

13 수신단에서의 PN코드도 송신단과 똑같이 하기 위해 PN Sequence Generator1의 속성을 다음과 같이 입력한다.

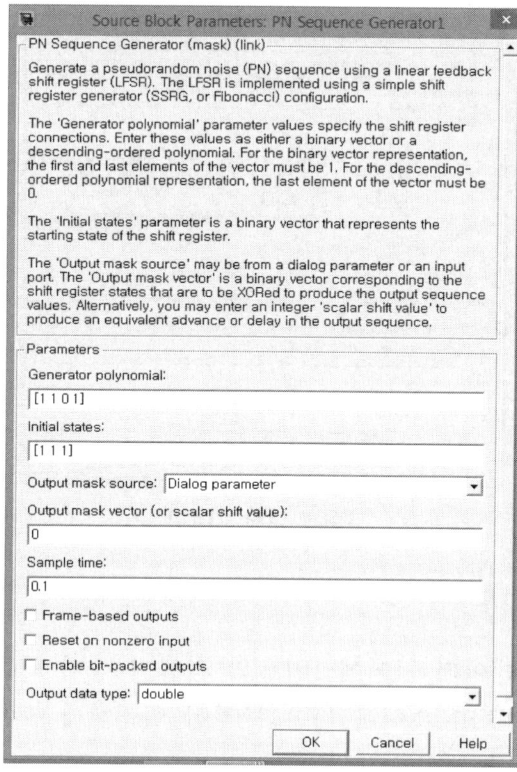

[예제 그림 10.14]

14 '0', '1'의 데이터를 '−1', '1'로 변환시키기 위해 Lookup Table2의 속성은

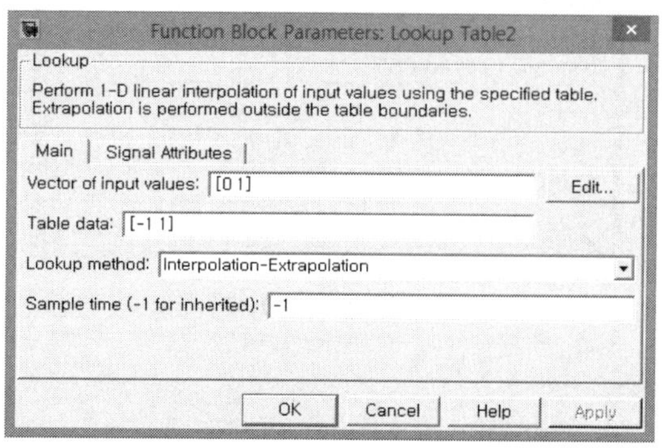

[예제 그림 10.15]

이다.

15 동작 속도를 맞추기 위해 Rate Transition2의 속성은

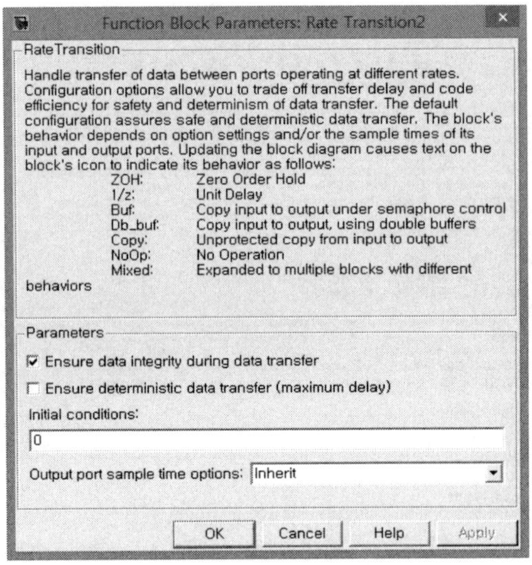

[예제 그림 10.16]

이다.

16 송신데이터와 수신데이터 사이에 1비트의 지연이 생겨 PN 코드를 곱해 주기 전에 Unit Delay를 삽입하고 속성을 다음과 같이 입력한다.

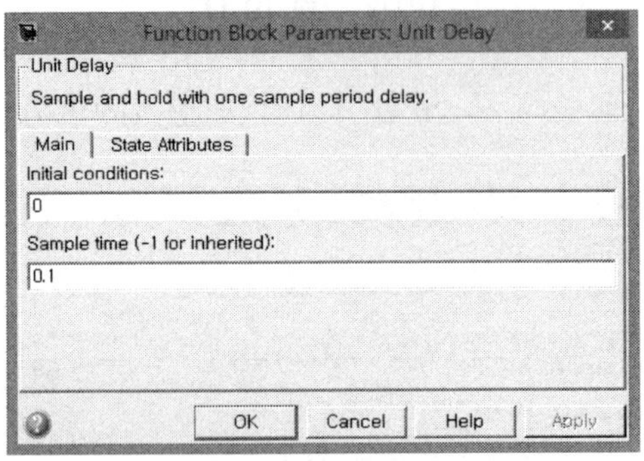

[예제 그림 10.17]

17 두 신호를 곱해 주기 위해 product3을 넣는다.

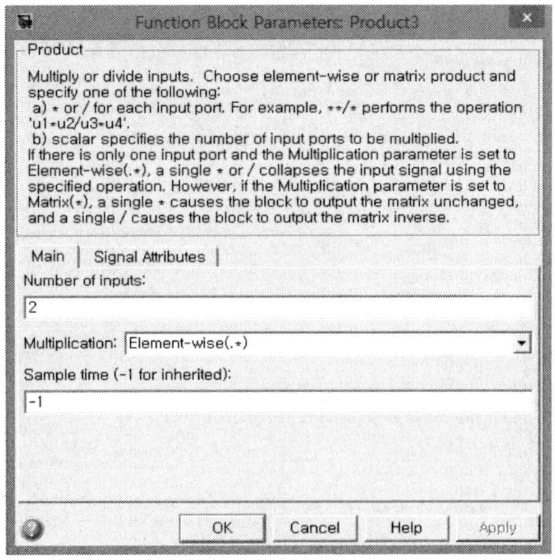

[예제 그림 10.18]

18 '-1', '1'의 데이터를 '0', '1'로 변환시키기 위해 Lookup Table3의 속성은

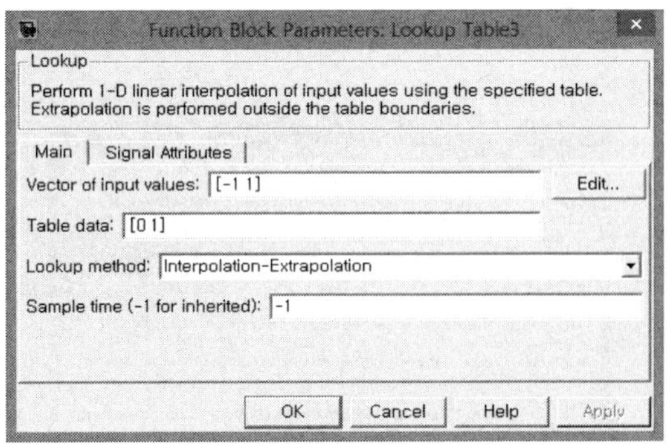

[예제 그림 10.19]

19 동작 속도를 맞추기 위해 Rate Transition3의 속성은

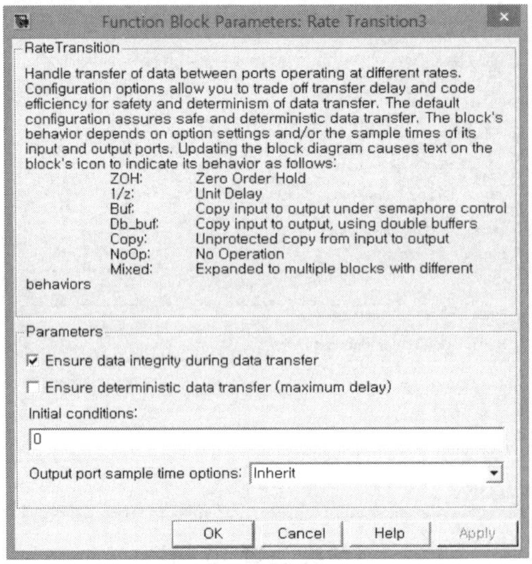

[예제 그림 10.20]

20 송신데이터와 수신데이터의 에러율을 측정하기 위해 Error Rate Calculation의 속성은 다음과 같고 Receive delay를 '2'로 입력한다.

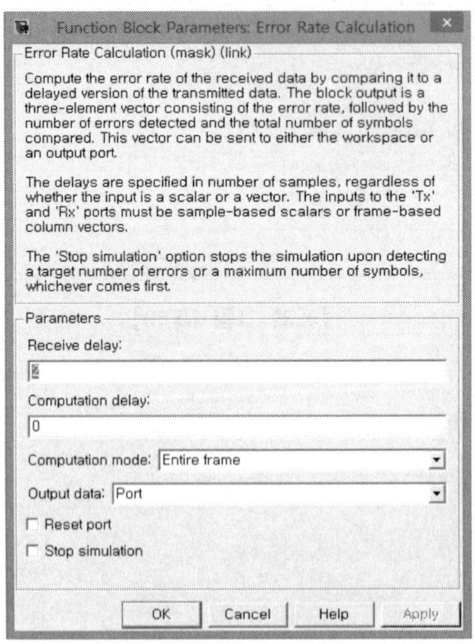

[예제 그림 10.21]

21 Display의 속성은

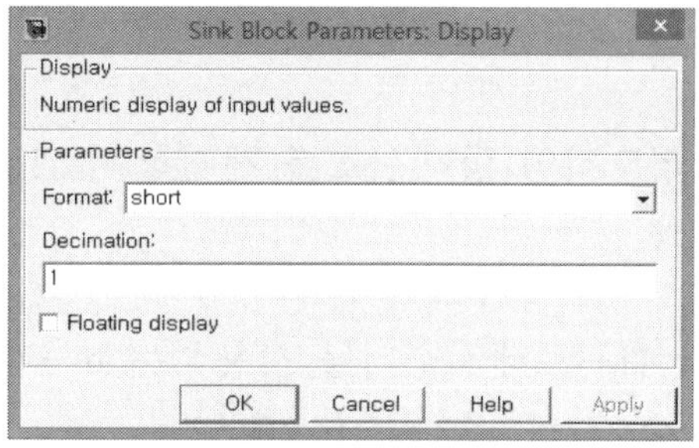

[예제 그림 10.22]

22 시뮬레이션을 수행하기 위해 Simulation 시간을 10으로 입력하고 Start Simulation 버튼을 누른 후 Scope1, 2를 클릭하면 다음 그림과 같은 결과를 얻는다.

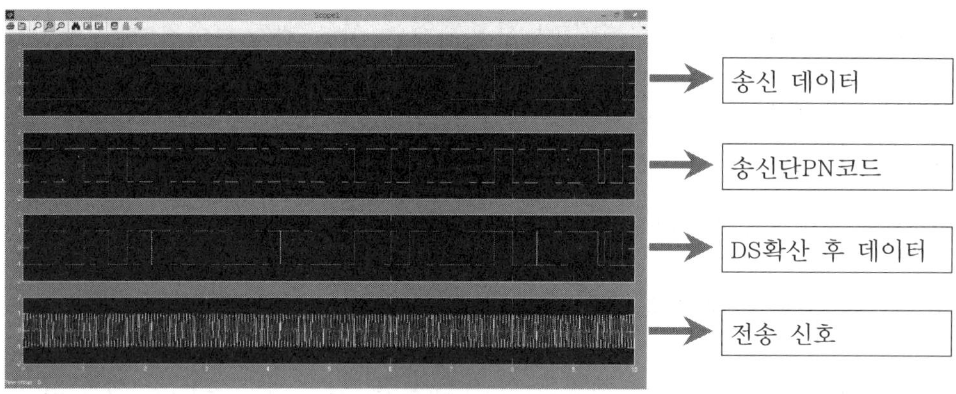

[예제 그림 10.23]

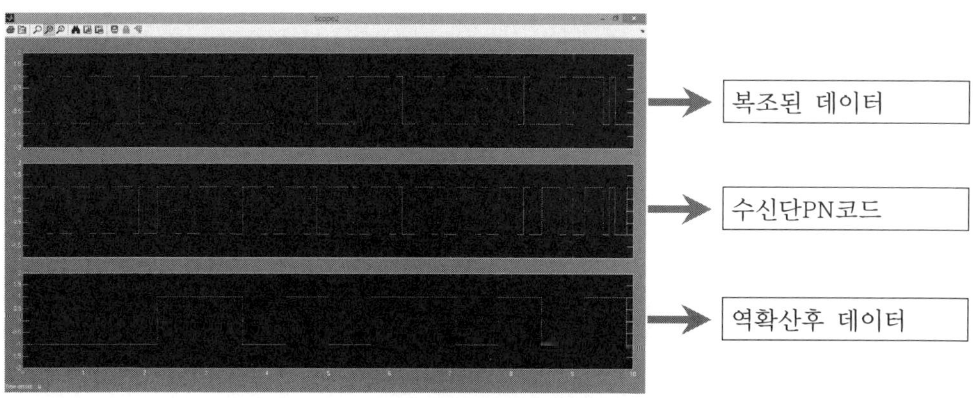

[예제 그림 10.24]

여기서 송신 데이터와 수신데이터 사이에는 복조과정에서 0.1초의 지연이 발생한다.

연습문제

10.1 대역확산통신방식이 의도적인 방해신호를 제거할 수 있는지 간단한 그림을 이용하여 설명하시오.

10.2 DS 시스템에서 5단의 쉬프트레지스터를 사용하는 m-계열을 PN 부호 발생기로 사용할 때 다음을 구하시오.

(a) 부호계열발생기 구성

(b) m-계열의 발생

(c) 부호계열의 주기

(d) 자기상관함수

(e) 하나의 정보비트에 한 주기의 부호계열을 사용하여 직접확산할 때 처리이득

10.3 직접대역확산 시스템의 송신과 수신기 동작원리를 설명하고 이를 바탕으로 시스템을 설계하시오.

10.4 FH 방식에서 주파수도약을 위한 주파수합성기를 설계하고 동작원리를 설명하시오.

10.5 DS 방식과 FH 방식의 특성을 비교분석하시오.

10.6 GPS에 사용되는 Gold 부호계열은 다음 그림 과 같이 두 개의 m-계열 발생기를 결합하는 구조를 갖는다.

셀프평가

1. 나는 대역확산 시스템의 원리를 이해하였다(예, 아니오).

2. 나는 부호발생기의 원리를 이해하였다(예, 아니오).

3. 나는 최대장부호계열의 원리를 완전히 이해하였다(예, 아니오).

4. 나는 직접대역확산 방식의 송수신 원리를 이해하였다(예, 아니오).

5. 나는 주파수도약방식의 원리를 이해하였다(예, 아니오).

6. 나는 CDMA 송수신 원리를 이해하였다(예, 아니요).

** '**아니오**'가 발견되면 본문을 복습하여 '**예**'로 바꿀 수 있는 능력을 기르십시오.

Chapter

11

정보이론과 채널부호화

공부할 내용

1. 정보의 수량화
2. 평균정보량
3. 정보의 부호화
4. 통신채널용량
5. Shannon의 정리
6. 오류제어부호
7. 블럭부호
8. 길쌈부호

정보이론의 3가지 기본개념은 정보의 수량화, 정보전송의 통신채널용량 그리고 전송효율의 향상과 에러의 감소를 위한 부호화와 같이 3가지로 압축할 수 있다.

11.1 정보의 수량화

정보원에서 매 T초마다 발생되는 기호는 통계적으로 독립되었다고 가정하고 P_j를 j번째 메시지를 전송할 확률이라면 정보량 I_j는 다음 식 (11.1.1)과 같이 정의된다.

$$I_j = \log(\frac{1}{P_j}) = -\log(P_j) \tag{11.1.1}$$

대수 밑이 자연대수 e인 경우 기본단위는 net, 10인 경우 기본단위는 Hartley(혹은 Decit) 그리고 2인 경우 bit(binary digit의 약자)가 된다. 예로서 2진수 '0'과 '1'의 발생확률이 각각 $P_0 = P_1 = \frac{1}{2}$이라면 $I_0 = I_1 = \log_2 2 = 1[bit]$ 정보량이 된다. 예로서 5개의 문자신호 A, B, C, D, E의 발생확률이 $P_A = \frac{1}{2}$, $P_B = \frac{1}{4}$, $P_c = \frac{1}{8}$, $P_D = \frac{1}{16}$, $P_E = \frac{1}{16}$ 일 때 각 기호의 정보량은 다음과 같이 구할 수 있다.

$$I_A = -\log_2(1/2) = 1[bit]$$
$$I_B = -\log_2(1/4) = 2[bit]$$
$$I_C = -\log_2(1/8) = 3[bit]$$
$$I_D = -\log_2(1/16) = 4[bit]$$
$$I_E = -\log_2(1/16) = 4[bit]$$

11.1.1 평균정보량

x_0, $x_1, \ldots, x_{M-1}$을 통계적으로 독립적인 M개의 이산적인 기호계열 정보원이고 각 발생확률이 $P(x_0)$, $P(x_1), \ldots, P(x_{M-1})$라면 n개로 구성된 메시지 $x_0 x_1 x_0 x_0 x_3 \ldots, x_0$에서의 기호 x_i, $i = 0, 1, \ldots$, M−1의 평균발생회수는 $nP(x_0)$, $nP(x_1), \ldots$, $nP(x_{M-1})$이 되

며 메시지의 총정보량은 다음 식 (11.1.2)와 같이 정의된다.

$$I_{total} = \sum_{i=0}^{M-1} nP(x_i)\log_2[\frac{1}{P(x_i)}] \text{ [bits]} \qquad (11.1.2)$$

메시지에 대한 디지털 정보원의 평균정보량 엔트로피(Entropy)는 다음 식 (11.1.3)과 같이 정의된다.

$$H(X) = \frac{I_{total}}{n} = \sum_{i=0}^{M-1} P(x_i)\log_2[\frac{1}{P(x_i)}] \text{ [bits/symbol]} \qquad (11.1.3)$$

여기서 X는 이산적정보원 $\{x_0, x_1, \ldots, x_{M-1}\}$에서 선택되는 입력기호 랜덤변수를 의미한다. 예로서 3개의 문자 A, B, C의 발생확률이 각각 $P(A)=1/21$. $P(B)=1/4$, $P(C)=1/41$일 때 평균정보량은 다음과 같이 구할 수 있다.

$$H(X) = \sum_{i=0}^{M-1} P(x_i)\log_2[\frac{1}{P(x_i)}]$$

$$= \frac{1}{2}log_2 2 + \frac{1}{4}log_2 4 + \frac{1}{4}log_2 4 = \frac{1}{2}\times 3 = 1.5\text{[bits/symbol]}$$

2개의 기호 '0'과 '1'의 발생확률을 각각 p와 $(1-p)$, $0<p<1$라면 평균정보량 $H(X)$는 다음 식 (11.1.4)와 같이 된다.

$$H(X) = -plog_2 p - (1-p)\log_2(1-p) \text{ [bits/symbol]} \qquad (11.1.4)$$

만약 $p=1$면 $H(X)=0$, $p=0$이면 $H(X)=0$이 된다. 따라서 모두 '0'이 되거나 또는 '1'이 되면 평균정보량이 없다는 것을 의미한다. 평균정보량 $H(X)$가 최대가 되는 p를 구해보자. 식 (11.1.4)를 미분하면

$$\frac{dH(X)}{dp} = -\frac{1}{\ln 2}lnp - \frac{1}{\ln 2} + \frac{1}{\ln 2}ln(1-p) + \frac{1}{\ln 2} = 0$$

$$\ln\frac{(1-p)}{p} = 0$$

으로부터 $1-p=p$ [그림 11.1.1]과 같이 $p=1/2$일때 $H(X)$는 최대값 1을 갖는다.

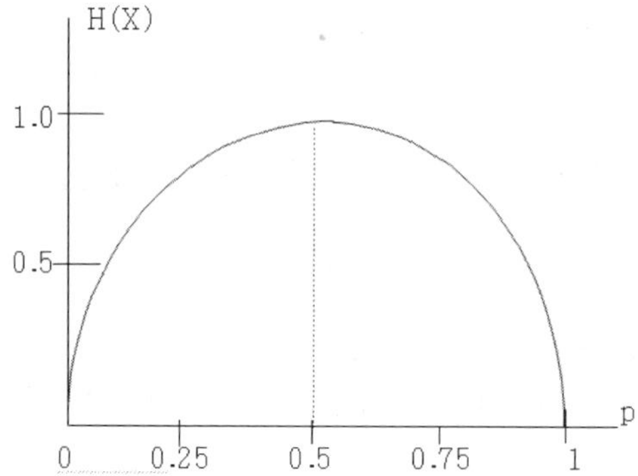

[그림 11.1.1] 이진 소스의 엔트로피

M개의 기호로 구성된 기호의 경우도 최대 엔트로피는 각 기호의 확률이 동일할 때 최대값을 갖는다.

$$p_0 = p_1 = \cdots = p_{M-1} = \frac{1}{M}$$

$$H_{\max}(X) = \log_2 M[bits/symbol]$$

정보원이 일정한 심벌속도 $R_s[symbol/\mathrm{sec}]$이고 정보원의 평균 정보전송속도 또는 정보전송률을 R[bits/sec]이라면 한 기호에 대한 평균정보량 $H(X)$ [bits/symbol]와 심벌속도 R_s[symbols/sec]와의 곱은 다음 식 (11.1.5)와 같이 평균정보 전송률 R이 된다.

$$R = R_s H(X) \ \ [\mathrm{bits/sec}] \tag{11.1.5}$$

예로서 5개의 정보원 심벌 $\{x_0, x_1, x_2, x_3, x_4\}$가 매 1[msec] 간격으로 전송되며 각 기호의 발생확률이 각각 $P(x_0)=1/2$, $P(x_1)=1/4$, $P(x_2)=1/8$, $P(x_3)=1/16$, $P(x_4)=1/16$이라면 정보원의 엔트로피 $H(X)$와 평균정보전송률 R을 다음과 같이 구할 수 있다.

(1) 정보원 엔트로피 $H(X)$

$$H(X) = \sum_{i=0}^{4} P(x_i)\log_2[1/P(x_i)]$$

$$= 1/2\log_2(2) + 1/4\log_2(4) + 1/8\log_2(8) + 1/16\log_2(16) + 1/16\log_2(16)$$

$$= 0.5 + 0.5 + 0.375 + 0.25 + 0.25$$

$$= 1.875[bits/symbol]$$

(2) 평균정보전송률

$$R = R_s H(X)\ [\text{bits/sec}] = (1/10^{-3}(1.875) = 1,875)\ [\text{bits/sec}]$$

11.2 정보의 부호화와 통신채널용량

표 11.2.1은 정보원 심벌을 두 개의 부호어 I, II로 다르게 표현한 예를 보여준다.

〈표 11.2.1〉 정보원 심벌을 두 개의 부호어 I, II로 다르게 표현

정보원 심벌	부호어	
	부호 I	부호 II
x_0	00	0
x_1	01	10
x_2	10	110
x_3	11	1110

표 11.2.1에서 부호화 방법에 따른 효율을 살펴보자. 부호어의 평균길이는 다음 식 (11.2.1)같이 정의된다.

$$L = \sum_{i=0}^{M-1} n_i P(x_i) \tag{11.2.1}$$

여기서 n_i는 심벌 x_i의 부호어 비트수, 그리고 $P(x_i)$는 발생확률이다. 부호화된 4개의 심벌 x_0, x_1, x_2, x_3의 상호독립적으로 발생되는 확률을 각각 $P_0 = P_1 = P_2 = P_3 = 1/4$이라 가정하자.

(1) 부호 I의 평균길이

$$L1 = 4(2 \times 1/4) = 2$$

(2) 부호 II의 평균길이

$$L2 = (1+2+3+4) \times 1/4 = 2.5$$

따라서 부호 I의 형태로 부호화 하는 것이 효과적이다. 예로서 다음 여러 종류의 부호에 대한 복호 특성을 살펴보자.

(a) 0, 01, 001, 0011, 101: 유일하게 복호 불가능(non-uniquely decodable)
  0, 01, 101 또는 001, 101

(b) 110, 111, 101, 01: 유일하고 순시복호가능(uniquely and instantaneously decodable)

(c) 0, 01, 011, 0111: 유일하게 복호가능하나 0이 나오기 전까지 확인할 수 없으므로 순시복호가 가능하지는 않다. 011, 011, 0111

11.2.1 Huffman 부호

Huffman 부호는 부호어의 평균길이가 정보원의 엔트로피에 의하여 제시된 기본적 한계에 접근하는 부호다. [그림 11.2.1]은 5개의 심벌 x_0, x_1, x_2, x_3, x_4에 대한 Huffman 부호화 과정을 보여준다. 여기서 각 심벌의 발생확률은 $P(x_0) = 0.4$, $P(x_1) = 0.3$, $P(x_2) = 0.2$, $P(x_3) = 0.06$, $P(x_4) = 0.02$ 그리고 $P(x_5) = 0.02$로 가정한다.

기호	1단계	2단계	3단계	4단계	5단계	부호어	부호길이
x_0	0.4	0.4	0.4	0.4	0	1	1
x_1	0.3	0.3	0.3	0.3 0	1	00	2
x_2	0.2	0.2	0.2 0	0.3 1		010	3
x_3	0.06	0.06 0	0.1 1			0110	4
x_4	0.02 0	0.04 1				01110	5
x_5	0.02 1					01111	5

[그림 11.2.1] Huffman 부호의 부호화

정보원 기호의 분산은 다음 식 (11.2.2)와 같이 정의되며 평균부호어 길이 L에 대한 소스코드의 부호어 길이 변화를 측정한다.

$$\sigma^2 = \sum_{i=1}^{K} P(x_i)(l_i - L)^2 \tag{11.2.2}$$

여기서 $P(x_1)$, $P(x_2)$,...$P(x_K)$는 정보원의 기호발생확률 그리고 l_i는 정보원 기호 x_i에 대응하는 부호어의 길이다. [그림 11.2.1]에서

(1) 평균 부호어 길이

$$L = 0.4 \times 1 + 0.3 \times 2 + 0.2 \times 3 + 0.06 \times 4 + 0.02 \times 5 + 0.02 \times 5 = 2.04$$

(2) 부호어 길이의 분산

$$\sigma^2 = 0.4(1-2.04)^2 + 0.3(2-2.04)^2 + 0.2(3-2.04)^2 + 0.06(4-2.04)^2$$
$$+ 0.02(5-2.04)^2 + 0.02(5-2.04)^2 = 1.20$$

(3) 엔트로피 H(X)

$$H(X) = -0.4 \times \log_2(0.4) - 0.3 \times \log_2(0.3) - 0.2 \times \log_2(0.2) - 0.06 \times \log_2(0.06)$$
$$-0.02 \times \log_2(0.02) - 0.02 \times \log_2(0.02) = 1.98$$

따라서 평균부호어 길이는 엔트로피보다 크다.

11.2.2 상호정보량

[그림 11.2.2]에서 송신측 전송 심벌 $X=\{x_0,x_1,\cdots x_{M-1}\}$, 독립적인 확률 $p(x_0)$, $p(x_1)$, $p(x_2)$, $\cdots$, $p(x_{M-1})$ 그리고 수신측 심벌 $Y=\{y_0,y_1,\cdots y_{n-1}\}$, $n \neq M$이면 송신측에서 기호 x_i를 송신한 뒤 수신측에서 기호 y_j가 수신될 확률은 다음 식 (11.2.3)으로 정의된다.

$$p(x_i,y_j)=P(X=x_i, Y=y_j) \tag{11.2.3}$$

여기서 $j=i$면 송신기호가 수신측에 바르게 전송되는 경우의 확률을 의미한다.

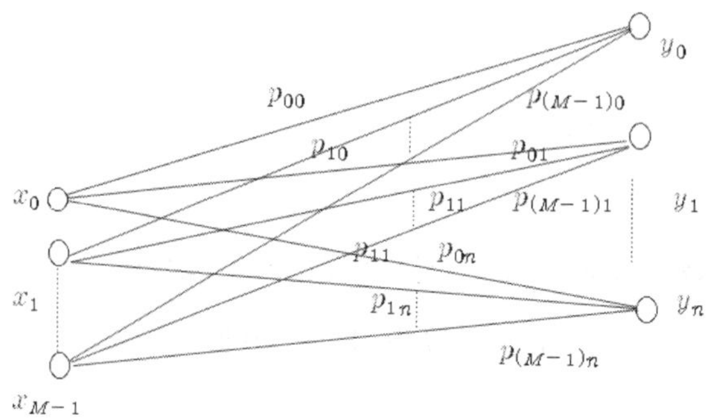

[그림 11.2.2] 채널 구성도

천이확률(transition probability) 또는 조건부확률 $p_{ij}=p(y_j|x_i)=P(Y=y_j|X=x_i)$은 통신로의 상태에 의하여 결정된다. 결합확률은 다음 식 (11.2.4)과 같이 정의된다.

$$\begin{aligned} p(x_i,y_j) &= P(X=x_i, Y=y_j) \\ &= P(Y=y_j|X=x_i)P(X=x_i) \\ &= p(y_j|x_i)p(x_i) \end{aligned} \tag{11.2.4}$$

여기서 $p(x_i)=P(X=x_i), i=0,1,\cdots M-1$는 사전확률이다. 송신기호의 사전발생확률 $p(x_i)$와 사전조건부확률 $p(y_j|x_i)$을 알고 수신확률 $p(y_j)$와 사후조건부확률 $p(x_i|y_j)$를 구해보자.

$$\begin{aligned} p(y_j) &= P(Y=y_j) = \sum_{i=0}^{M-1} P(X=x_i, Y=y_j) \\ &= \sum_{i=0}^{M-1} P(Y=y_j|X=x_i)P(X=x_i) \qquad (11.2.5) \\ &= \sum_{i=0}^{M-1} p(y_j|x_i)p(x_i),\ j=0,1,....,M-1 \end{aligned}$$

$p(x_i|y_j)p(y_j)=p(y_j|x_i)p(x_j)$로부터 식 (11.2.5)에 Bayes 정리를 이용하면 다음 식 (11.2.6)과 같이 정의된다.

$$\begin{aligned} p(x_i|y_j) &= P(X=x_i|\,Y=y_j) \\ &= \frac{p(x_i)p(y_j|x_i)}{\sum_{i=0}^{M-1} p(x_i)p(y_j|x_i)} \qquad (11.2.6) \end{aligned}$$

수신신호 $Y=y_j$를 알고 송신기호 $\{x_0,x_1,\cdots x_{M-1}\}$에서 선택될 입력심벌 X에 대한 조건부 엔트로피(conditional entropy)는 다음 식 (11.2.7)과 같이 정의된다.

$$H(X|\,Y=y_j) = \sum_{i=0}^{M-1} p(x_i|y_j)\log_2 T[\frac{1}{p(x_i|y_j)}] \qquad (11.2.7)$$

$Y=y_j$를 알고 있을 때 수신신호 심벌 $\{y_0,y_1,\cdots y_{M-1}\}$에 대한 $(H(X|\,Y=y_j)$의 평균 조건부 엔트로피(conditional entropy) $H(X|\,Y)$는 다음 식 (11.2.8)과 같이 정의된다.

$$\begin{aligned} H(X|\,Y) &= \sum_{j=0}^{M-1} H(X|\,Y=y_j)p(y_j),\ \ j=0,1,2,....,M-1 \\ &= \sum_{j=0}^{M-1}\sum_{i=0}^{M-1} p(x_i|y_j)p(y_j)\log_2[\frac{1}{p(x_i|y_j)}] \qquad (11.2.8) \\ &= \sum_{j=0}^{M-1}\sum_{i=0}^{M-1} p(x_i,y_j)\log_2[\frac{1}{p(x_i|y_j)}] \end{aligned}$$

여기서 $p(x_i,y_j)=p(x_i|y_j)p(y_j)$이다. 출력을 알고 난 뒤 통신로의 입력에 관한 불확정

의 량에 대하여 검토해보자. 에러발생이 없는 통신로에서 입력에 대한 불확정성이 '영(zero)'이면 $H(X|Y)=0$이 된다. $H(X)$는 통신로 출력을 알기전의 통신로 입력에 관한 불확정량을 의미하고 $H(X|Y)$는 통신로 출력을 알고 난 후의 통신로의 입력에 대한 불확정량을 나타내면 $\{H(X)-H(X|Y)\}$는 통신로의 입력에 들어간 불확정량 $H(X)$에서 통신로에서 잃어버린 불확정량을 뺀 것이므로 통신로를 통하여 수신측에 전송된 정보량을 의미한다.

평균상호정보량(average mutual information), $I(X:Y)$은 정보전송량(information transmission)을 이용하여 다음 식 (11.2.9)와 같이 정의된다.

$$I(X;Y)=H(X)-H(X|Y) \qquad (11.2.9)$$

통신로에 잡음이 심하여 입력과 출력이 서로 독립이면 $H(X)=H(X|Y)$이므로 정보전송량이 '영(zero)'이 된다. 따라서 모든 정보가 손실된다.

11.2.3 이산적 통신로의 채널용량(channel capacity)

이산적인 통신로의 채널용량(channel capacity)은 다음 식 (11.2.10)과 같이 정의된다.

$$\begin{aligned} C &= \max_{p(x)} I(X;Y) \\ &= \max_{p(x)} \{H(X)-H(X|Y)\} \end{aligned} \qquad (11.2.10)$$

여기서 $\max_{p(x)}$는 모든 정보원에 대하여 최대값을 의미하며 채널용량 C의 단위는 [bits/channel]이 된다. [그림 11.2.3]과 같은 2진 대칭 채널(BSC: binary symmetric channel)에 대하여 $H(X)$, $H(X|Y)$, $I(X;Y)$그리고 채널용량 C를 구하여 보자. 여기서 $P(X=0)=1/2$, $P(X=1)=1/2$로 가정한다.

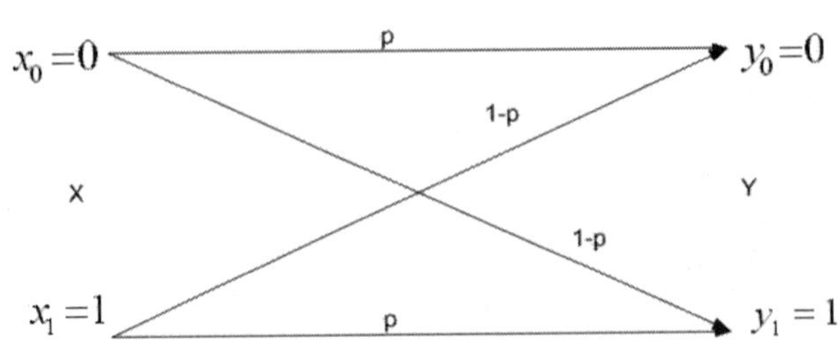

[그림 11.2.3] 이진대칭행렬

(a) $H(X) = -p(x_0)\log_2 p(x_0) - p(x_1)p(x_1) = 1/2\ \ \log_2 2 + 1/2 = 1\ \ \log_2 2$[bits/symbol]

(b) 평균조건부 엔트로피 $H(X/Y)$

$$P(X|Y) = \frac{P(Y=0|X=0)P(X=0)}{P(Y=0)}$$

한편

$$P(Y=0) = P(Y=0|X=0)P(X=0) + P(Y=0|X=1)P(X=1)$$
$$= px1/2 + (1-p)x1/2 = 1/2$$

따라서

$$\begin{aligned} H(X|Y) =& -P(X=0, Y=0)\log_2 P(X=0|Y=0) \\ & - P(X=0, Y=1)\log_2 P(X=0|Y=1) \\ & - P(X=1, Y=0)\log_2 P(X=1|Y=0) \\ & - P(X=1, Y=1)\log_2 P(X=1|Y=1) \\ =& -[1/2plog_2 p + 1/2(1-p)\log_2(1-p) \\ & + 1/2(1-p)\log_2(1-p) + 1/2p\log_2 p] \\ =& -[plog_2 p + (1-p)\log_2(1-p)] \end{aligned}$$

(c) 평균상호정보량 $I(X;Y)$

$$\begin{aligned} I(X;Y) &= H(X) - H(X|Y) \\ &= 1 + [plog_2 p + (1-p)\log_2(1-p)] \end{aligned}$$

(d) $C = \max_{p(x)} I(X;Y)$

$= \max_{p(x)} \{H(X) - H(X|Y)\}$

$= \max\{1 + [plog_2 p + (1-p)\log_2(1-p)]\}$

(i) 통신로에 잡음이 없을 때($p=0$), 통신용량 C는 최대값 1[bits/channel]를 갖는다. 이때 $H(X)$는 최소값을 갖는다.

(ii) 통신로에 잡음이 발생하여 $p=1/2$이라면 통신용량 C는 최소값 0[bits/channel]이 된다. 이때 $H(X)$는 최대값을 갖는다.

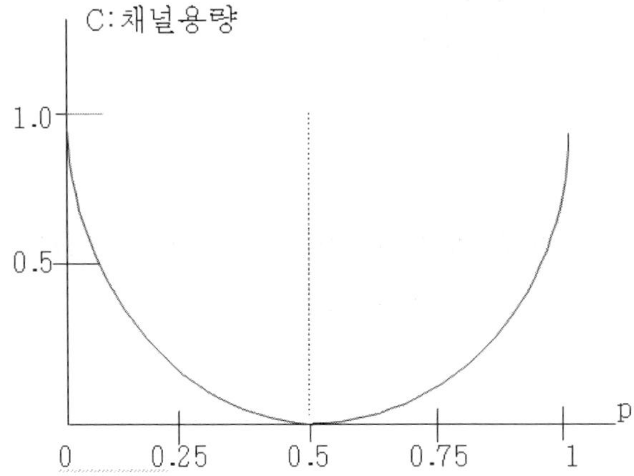

[그림 11.2.4] 이진 대칭채널의 채널용량

11.2.4 Shannon의 정리와 통신용량

심벌 전송률이 r[symbol/sec]로 전송되고 엔트로피가 H[bits/symbol]일 때 정보전송률 R은 다음 식 (11.2.11)과 같이 정의된다.

$$R=rH\text{[bits/sec]} \tag{11.2.11}$$

예로서 $r=2$[symbol/sec], $H(X)=1.5$[bits/symbol]이면 정보전송률 $R=rH(X)=3$ [bits/sec]가 된다. C.E.Shannon은 통신채널이 주어지면 이 채널이 가질 수 있는 최대 정보전송률인 채널용량(channel capacity) C가 존재하며 정보전송률 R이 C보다 크다면 부호화 기술을 이용하여도 에러를 피할 수 없으며 부가적 잡음(AWGN)이 존재하는 대역 제한된 채널의 통신용량이 다음 식 (11.2.12)와 같이 됨을 보였다.

$$C=B\log_2(1+S/N)\text{: Shannon-Hartley 정리} \tag{11.2.12}$$

여기서

C[bits/sec]: 채널용량

B[Hz]: 채널의 대역폭

S/N: 신호 대 잡음비

이며 채널의 대역폭 B가 증가하면 C도 증가하며 정보신호는 빠르게 전송될 수 있다. 또한 S/N의 증가는 오류를 감소시키고 정보전송률의 증가를 가져온다. 만약 $N \to 0$면 $C \to \infty$로 B와는 무관하게 되며 $B \to \infty$면 $C \to \infty$로 되지 않는다. 왜냐면 B의 증가는 AWGN 잡음의 증가를 초래하여 S/N이 감소하여 시스템에 영향을 준다. 채널잡음이 백색잡음으로 전력스펙트럼밀도가 $N_0/2$이며 신호전력이 S로 고정되었다고 가정하면 채널용량은 다음 식 (11.2.13)과 같이 된다.

$$C = Blog_2[1 + S/(N_0 B)] \tag{11.2.13}$$

여기서 B[Hz], N_0[W/Hz]이며 $B \to \infty$ 이면

$$
\begin{aligned}
C &= \lim_{B \to \infty} Blog_2[1 + S/(N_0 B)] \\
&= \lim_{B \to \infty} (S/N_0)\log_2[1 + S/(N_0 B)]^{N_0 B/S} \\
&= (S/N_0)\log_2 e \\
&= 1.44(S/N_0)
\end{aligned}
$$

로 수렴한다. 여기서 $\lim_{x \to 0}(1+x)^{1/x} = e$인 관계를 이용하였다. Shannon의 정리를 달리 기술하면 채널용량이 C이고 정보전송률 $R < C$인 이산 무기억 채널이 주어진 경우 아주 작은 오류 확률로 채널을 통하여 전송할 수 있는 부호가 존재한다. 따라서 오류의 검출과 정정에 부호이론 기법을 이용하여 Shannon의 한계에 접근할 수 있는 설계 기법이 있다.

11.3 오류제어부호(Error Correcting Codes)

오류 제어용 부호화인 채널부호화(channel coding)는 대별하여 블록부호(block code)와 길쌈부호(convolutional code)로 분류할 수 있으며 블록부호에는 선형부호(linear code)와 순환부호(cyclic code)가 있다.

11.3.1 부호개론

[그림 11.3.1]은 k비트 데이터가 채널부호기를 거쳐 n비트의 부호어로 변환시키는 채널부호화 과정을 보여준다.

[그림 11.3.1] 채널부호화 과정

통신채널을 통과하면서 부호길이 n[bits]에서 한곳에서 오류가 발생하면 단일오류(single error), 두 곳에서 오류가 발생하면 이중오류(double error) 그리고 t곳에서 오류가 발생하면 t중 오류(t-tuple error)라 한다. k 비트의 데이터가 n비트의 부호어로 부호화 되었을 때 부호화율(code rate)은 k/n [bits/symbol]으로 정의된다. 부호화에 의하여 주어진 E_b/N_0 값에 대한 오류발생확률이 감소하게 되며 임의의 평균오율에 대해서는 E_b/N_0값이 감소하는 효과를 얻게 된다. 이로부터 얻어지는 E_b/N_0를 부호이득(coding gain)이라한다.

부호화는 M개의 가능한 정보를 M개의 부호어로 1:1 변환하게 되며 두 부호어(code word) 사이의 거리 개념과 여유 비트(n-k)를 이용하여 부호어의 오류 검출과 정정능력에 대하여 살펴본다. 두 부호어 $\boldsymbol{a}=(a_1,a_2,\cdots,a_n)$, $\boldsymbol{b}=(b_1,b_2,\cdots,b_n)$ 사이의 해밍(Hamming) 거리는 $a_i \neq b_i$인 개수로 정의된다. 예로서 3비트로 구성된 부호어

정보 '0' ↔ 부호어 '000'
'1' ↔ 부호어 '111'

해밍(Hamming) 거리=3이 되며 [그림 11.3.2]에서와 같이 000에서 111까지는 3개의 선을 지나야한다. 부호어 군은 $2^3=8$개의 정보를 갖는 조합이다.

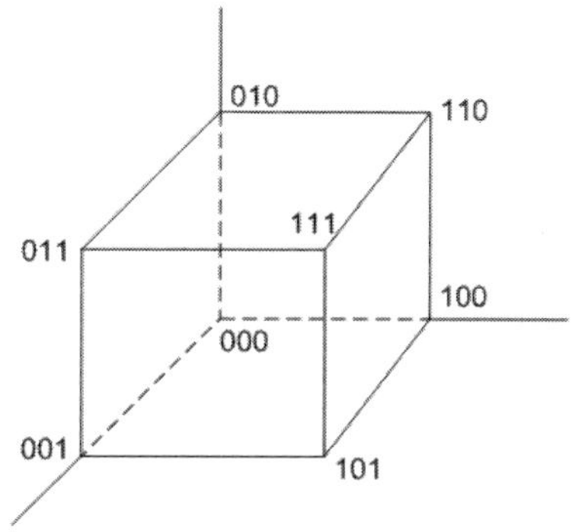

[그림 11.3.2] 3비트 부호어의 해밍거리

11.3.2 선형블럭부호(linear block code)

0,1로 구성되는 2원 부호에서 정보계열 길이 k인 데이터의 부호화는 2^k개의 서로 다른 정보블럭 $\boldsymbol{d} = (d_1, d_2, \cdots d_k)$, 부호벡터 $\boldsymbol{C} = (c_1, c_2, \cdots c_n)$ 그리고 부호어계열의 길이를 n이라하면 부호기는 정보길이 k인 입력정보(정보블럭) $\boldsymbol{d}$를 길이 n인 부호어 $\boldsymbol{C}$로 변환, $n > k$, $\boldsymbol{d}$와 $\boldsymbol{C}$는 1:1로 대응하며 2^k개의 부호어가 만들어진다. 따라서 $\boldsymbol{d}$에 $(n-k)$개의 패리티 검사비트를 첨가하여 부호어 $\boldsymbol{C}$를 만들어 낸다. 검사비트는 정보를 포함하지 않고 전송 중 발생하는 오류를 검출, 정정 하는 능력을 갖게 된다.

선형블럭부호(linear block code)는 2^k개의 부호어 (n,k) 블럭부호가 다음 식 (11.3.1)과 같은 m=n−k개의 선형방정식(패리티 검사 방정식)을 만족시키는 부호계열 $C = (c_1, c_2, \cdots c_n)$를 선형블럭부호라 한다.

$$
\begin{aligned}
&h_{11}c_1 + h_{12}c_2 + \cdots + h_{1n}c_n = 0 \\
&h_{21}c_1 + h_{22}c_2 + \cdots + h_{2n}c_n = 0 \\
&\cdots\cdots\cdots\cdots \ \cdots\cdots \\
&h_{m1}c_1 + h_{m2}c_2 + \cdots + h_{mn}c_n = 0
\end{aligned}
\tag{11.3.1}
$$

여기서 $h_{ij} = \{0,1\}$이며 '+'는 $0 \oplus 0 = 1 \oplus 1 = 0$, $1 \oplus 0 = 0 \oplus 1 = 1$의 연산을 만족한다. $c_1, c_2, \cdots\cdots, c_n$중 m개는 이 방정식으로부터 정해지고 나머지 k개는 자유로이 선택된다. k개는 정보비트, m개는 패리티비트이다. 식 (11.3.1)은 다음 식 (11.3.2)와 같이 행렬방정식으로 표현할 수 있다.

$$\boldsymbol{H}\boldsymbol{C}^T = 0 \tag{11.3.2}$$

여기서 패리티검사 행렬

$$H=\begin{bmatrix} h_{11}h_{12} & \cdots h_{1n} \\ h_{21}h_{22} & \cdots h_{2n} \\ \cdots\cdots\cdots \\ h_{m1}h_{m2} & \cdots h_{mn} \end{bmatrix} \tag{11.3.3a}$$

부호어

$$C=(c_1,c_2,\cdots c_n) \tag{11.3.3b}$$

로 표현된다.

11.3.2.1 조직부호(systematic code)

정보블럭 $d=(d_1,d_2,\cdots,d_k)$를 부호어 $C=(c_1,c_2,\cdots c_k)$로 부호화하고 나머지 m개 $(c_{k+1},c_{k+2},\cdots c_{n=k+m})$를 검사비트로 지정하면

$$\begin{aligned} &c_1=d_1 \\ &c_2=d_2 \\ &\vdots \\ &c_k=d_k \\ &c_{k+1}=h_{11}d_1+d_{12}d_2+\cdots+h_{1k}d_k \\ &c_{k+2}=h_{21}d_1+d_{22}d_2+\cdots+h_{2k}d_k \\ &\cdots\cdots\cdots\cdots \\ &c_{k+m}=h_{m1}d_1+d_{m2}d_2+\cdots+h_{mk}d_k \end{aligned} \tag{11.3.4}$$

을 행렬로 표현하면 다음 식 (11.3.5a)로 표현할 수 있다.

$$C=dG \tag{11.3.5a}$$

여기서 생성행렬(generating matrix) G는 다음 식 (11.3.5b)로 표현된다.

$$\boldsymbol{G}=\begin{bmatrix}100\cdots 0\ h_{11}h_{21}\cdots h_{m1}\\010\cdots 0\ h_{12}h_{22}\cdots h_{m2}\\000\cdots 1\ h_{1k}h_{2k}\cdots h_{mk}\end{bmatrix} \tag{11.3.5b}$$

그리고 $\boldsymbol{I_k}(k\times k)=\begin{bmatrix}1\,0\,\ldots\,0\\0\,1\,0..\,0\\.\ .\ .\ .\ .\\0\,0\,0..\,1\end{bmatrix}$ 인 k행 k열의 단위행렬, $P(k\times m)=\begin{bmatrix}h_{11}h_{21}\cdots h_{m1}\\h_{12}h_{22}\cdots h_{m2}\\h_{1k}h_{2k}\cdots h_{mk}\end{bmatrix}$ 인 k 행 m열의 패리트행렬로 놓으면 부호어는 다음 식 (11.3.6)으로 표현 할 수 있다.

$$dC=dG=d[I_k:P] \tag{11.3.6}$$

예로서 $(n,k)=(6,3)$ 조직부호의 생성행렬은 [그림 11.3.3]과 같이 구할 수 있다.

$$\overset{n}{G=\begin{pmatrix}100\vdots101\\010\vdots011\\001\vdots110\end{pmatrix}}\ k$$

$$\boldsymbol{I_k}\quad \boldsymbol{P}$$

[그림 11.3.3] (6,3) 조직부호의 생성행렬

데이터 $\boldsymbol{d}=[111]$에 대한 부호어 $\boldsymbol{C}$는 다음과 같이 구할 수 있다.

$$\boldsymbol{C}=\boldsymbol{dG}=[111]\begin{bmatrix}100\ 101\\010\ 011\\001\ 110\end{bmatrix}=[111000]$$

모든 데이터에 따른 부호어는 표 11.3.1과 같이 구해진다.

〈표 11.3.1〉 데이터와 조직부호어

데이터	부호어
111	111000
110	110110
101	101011
100	100101
011	011101
010	010011
001	001110
000	000000

부호어 사이의 최소거리는 3이 되며 $(d_{\min}-1)/2=1$로부터 적어도 1개의 오류를 정정할 수 있다. 송신기에서 생성행렬 G에 대응하는 패리티검사행렬 H를 정의해보자. 복호화(Decoding)과정은 동일한 계열(sequence)의 mod-2 연산이 영(0)이 되는 조건으로부터 출발한다.

$$CH^T = dGH^T = d[I_k : P]H^T = 0 \tag{11.3.7}$$

여기서 H는 패리티검사행렬이며 G의 행과 H의 행이 서로 직교하도록 설정하면 된다. 따라서 $H^T=[\frac{P}{I_m}]$에서 $H=[P^T : I_m]$로 패리티 검사행렬, $I_m : m\times m$은 단위행렬, 그리고 $m=n-k$이다. 채널에서 오류부호벡터 e가 더해져 수신된 부호계열은 다음 식 (11.3.8)과 같이 수신된다.

$$r = C \oplus e \tag{11.3.8}$$

여기서 e는 오류부호벡터이며 n개의 요소를 갖는 계열벡터로 표현된다. 예로서 데이터가 100 그리고 부호어 100101인 3번째 부호어 비트에서 발생된 오류 $e=(001000)$를 검출하는 경우를 생각해 보자. 송신된 부호어가 $C=(100101)$이므로 수신부호열은 $r=(101101)$이 된다. 따라서 r과 C 사이의 해밍거리는 단순히 e안의 1의 총수와 같다. 신드롬(syndrome)은 다음 식 (11.3.9)와 같이 정의된다.

$$r = (C_i \oplus e_j),\quad j \neq i$$

$$\begin{aligned} S &= rH^T = (C_i \oplus e_j)H^T \\ &= d_i GH^T \oplus e_j H^T = e_j H^T \end{aligned} \tag{11.3.9}$$

S를 구하면 유일하게 e를 구할 수 있다. 여기서 $CH^T=0$이며 가능한 C가 2^k개이므로 2^k개의 오류벡터에 대하여 만족한다. $d=(100)$에서 부호어 $C=(100101)$와 수신된 r계열은 다음과 같은 여러 경우가 발생될 수 있다.

r	101101	101101	101101
C	100101	101011	010011
e	001000	000110	111110

11.3.3 오류벡터의 결정기준

최대가능도복호법(maximum likelihood decoding or rule)은 데이터벡터 r을 수신했을 때 r과 가장 유사한 부호어 C를 선택하는 방법이다.

$$P(r|C_i) > P(r|C_k),\ k \neq i \text{를 만족하는 } C_i \text{를 선택}$$

2진 대칭 통신로(BSC: binary symmetric channel)에서 r과 C_i 사이의 해밍거리를 t라면 채널잡음으로 t개의 비트오류가 발생되었음을 의미하며

$$P(r|C_i) = P^t(e)[1-P(e)]^{n-t}$$

로 된다. 만약 $P(e) < 0.5$면 $P(r|C_i)$는 단순하게 감소하는 t의 함수가 되며, 따라서 $P(r|C_i)$를 최대로 하기 위해서는 수신데이터 r과 가장 근사한 C_i를 선택한다. 예로서 (6,3) 선형조직부호에 대하여 최대가능도 복호법을 생각해보자.

(a) 생성행렬 G :

$$G = \begin{bmatrix} 100\ 101 \\ 010\ 011 \\ 001\ 110 \end{bmatrix}$$

(b) 수신벡터 $r = (100011)$

(c) 전송채널은 BSC 채널

(d) 신드롬(Syndrome)

$$S = rH^T = eH^T = [100011]\begin{bmatrix} 101 \\ 011 \\ 110 \\ 100 \\ 010 \\ 001 \end{bmatrix} = [110]$$

여기서

$$H = [P^T : I_k],\ P^T = \begin{bmatrix} 101 \\ 011 \\ 110 \end{bmatrix},\ I_k = \begin{bmatrix} 100 \\ 010 \\ 001 \end{bmatrix},\ \text{그리고 } H^T = [\frac{P^T}{I_k}]$$

(e) 정확히 전송된 부호어

$r = C \oplus e$

$$S = [110] = eH^T = [e_1, e_2, e_3, e_4, e_5, e_6]\begin{bmatrix}101\\011\\110\\100\\010\\001\end{bmatrix}$$

$e_1 + e_3 + e_4 = 1$

$e_2 + e_3 + e_5 = 1$

$e_1 + e_2 + e_6 = 0$

r	e $e_1e_2e_3e_4e_5e_6$
100011	000110 010101 011011 111110 110000 101101 100011 001000:최소가중

최소무게를 갖는 e를 이용하여 $C = 100011 \oplus 001000 = 101011$로 부호어를 찾아낼 수 있다.

11.3.4 순회부호(cyclic codes)

궤환 루프를 갖는 선형의 쉬프트레지스터에 의해 부호화 랜덤 오류와 연집 오류로 정정할 수 있는 매우 효과적인 부호다. BCH 부호는 다중오류정정능력을 갖는다.

11.3.4.1 순회부호개요

(n,k) 선형블럭부호의 임의의 부호어 C는 다음과 같이 표현할 수 있다.

$$C = (c_0, c_1, c_2, \cdots c_{n-2}, c_{n-1})$$

이 부호어를 한 비트씩 순회치환한 부호어 $C^{(1)}$과 $C^{(2)}$는

$$C^{(1)} = (c_1, c_2, \cdots c_{n-2}, c_{n-1}, c_0)$$
$$C^{(2)} = (c_2, c_3, \cdots, c_{n-1}, c_0, c_1)$$

로 표현되며 일반적으로 i비트 순환시킨 부호어 $C^{(i)}$는 다음 식 (11.3.10)으로 표현될 수 있다.

$$C^{(i)} = (c_i, c_{i+1}, \cdots, c_{n-1}, c_0, c_1, \cdots, c_{i-1}) \tag{11.3.10}$$

부호어 $C = (c_0, c_1, \cdots, c_{n-1})$를 다음 식 (11.3.11)과 같이 다항식으로 표현하면 순회부호의 부호화와 복호에 대하여 좀더 쉽게 이해할 수 있다.

$$\mathrm{c(x)} = c_0 x^{n-1} + c_1 x^{n-2} +, \cdots, + c_{n-2} x + c_{n-1} \tag{11.3.11}$$

다항식에서 계수의 연산 +와 ×은 다음과 같이 정의된다.

$$c_i \oplus c_j = \begin{cases} 0\,, i = j \\ 1\,, i \neq j \end{cases}, \quad c_i \times c_j = \begin{cases} 0, \, c_i \neq c_j \\ 1, \, c_i = c_j = 1 \end{cases}$$

그리고 순회부호벡터 $C^{(i)}$의 부호다항식 $c^{(i)}(x)$은 다음 식 (11.3.12)와 같이 정의된다.

$$c^{(i)}(x) = c_i x^{n-1} + c_{i+1} x^{n-2} +, \cdots, + c_{n-2} x^{i+1} + c_{n-1} x^i + c_0 x^{i-1} + \cdots c_{i-1} \tag{11.3.12}$$

부호다항식의 중요한 성질은 $x^i c(x)$를 $x^n + 1$로 나누면 그 나머지가 $c^{(i)}(x)$가 되는 성질이다. 예로서 $xc(x) = c_0 x^n + c_1 x^{n-1} + \cdots + c_{n-1} x$를 $x^n + 1$로 나누면

$$\begin{array}{r l} & \quad c_0 \\ x^n + 1 \, \big) & c_0 x^n + c_1 x^{n-1} + \cdots + c_{n-1} x \\ & \underline{c_0 x^n \qquad\qquad\qquad\qquad + c_0} \\ & \qquad c_1 x^{n-1} + c_2 x^{n-2} + \cdots + c_{n-1} x + c_0 = C^{(1)}(\mathrm{x}) \end{array}$$

따라서 $c^{(1)}(x) = c_1 x^{n-1} + c_2 x^{n-2} + \cdots + c_{n-1} x + c_0$가 생성된다. (n, k)의 2원 순환부호

의 생성다항식 $g(x)$는 다음 식 (11.3.13)과 같이 정의된다.

$$g(x)=g_0x^{n-k}+g_1x^{n-k-1}+\cdots+g_{n-k-1}x+1,\ g_i=0 \text{ 또는 } 1 \tag{11.3.13}$$

따라서 부호다항식은 다음과 같이 구할 수 있다.

$$c(x)=d(x)g(x) \tag{11.3.14}$$

여기서 데이터 벡터 $\boldsymbol{d}=(d_0,d_1,\cdots,d_{k-1})$의 데이터 다항식 $d(x)$는 다음 식 (11.3.15)와 같이 표현할 수 있다.

$$d(x)=d_0x^{k-1}+d_1x^{k-2}+\cdots+d_{k-1} \tag{11.3.15}$$

→ 정리 11.3.1

$g(x)$가 생성다항식이고 x^n+1의 인자로서 $(n-k)$차의 다항식이면
$x^n+1=g(x)h(x)$
로 표현될 수 있으며 여기서 $h(x)$는 k차 패리티 다항식이다.

증명

$$c(x)=d(x)g(x)$$
$$=d_0x^{k-1}g(x)+d_1x^{k-2}g(x)+\cdots+d_{k-1}g(x)$$
$$c(x)=c_0x^{n-1}+c_1x^{n-2}+\cdots+c_{n-1}$$
$$xc(x)=c_0x^n+c_1x^{n-1}+\cdots+c_{n-1}x$$
$$=c_0(x^n+1)+(c_1x^{n-1}+c_2x^{n-2}+\cdots+c_{n-1}x+c_0)$$
$$=c_0(x^n+1)+c^{(1)}(x)$$
$$xc(x)=xd(x)g(x)$$
$$=c_0(x^n+1)+c^{(1)}(x)$$

데이터벡터 d에 대하여 $d(x)g(x)$로 표시
$c^{(1)}(x)$: 부호다항식
같은 방법으로
$c^{(2)}(x)$
⋮
따라서 (n,k)의 선형부호는 $d(x)g(x)$에 의하여 만들어지는 순회부호임이 증명되었다.

예로서 (7,4) 순회부호에 대한 생성다항식 $g(x)$를 구하고 데이터벡터 1010에 대한 부호벡터를 구해보자.

(a) 데이터벡터 $d=1010$에 대한 다항식 $d(x)$

$$d(x)=x^3+x$$

(b) 생성다항식 $g(x)$

$n=7,\ n-k=3,\ x^7+1=(x+1)(x^3+x+1)(x^3+x^2+1)$에서 3차 다항식이 생성다항식이 된다. 생성다항식 $g(x)=x^3+x^2+1$로 한다.

(c) 부호다항식과 부호벡터

$$c(x)=d(x)g(x)=(x^3+x)(x^3+x^2+1)=x^6+x^5+x^4+x$$

따라서 부호벡터 $C=(1110010)$이 구해진다.

다른 예로서 $g(x)=(x^4+x^2+x+1)$인 (7,3)의 순회부호에서 $x^7+1=(x^4+x^2+x+1)(x^3+x+1)$이므로 패리티다항식 $h(x)=x^3+x+1$로 되며 각 데이터 벡터에 대한 부호다항식과 부호벡터는 아래 표와 같다.

d	$c(x)$	C
000	$0\cdot g(x)=0$	0000000
001	$1\cdot g(x)=x^4+x^2+x+1$	0010111
010	$x\cdot g(x)=x^5+x^3+x^2+x$	0101110
011	$(x+1)\cdot g(x)=x^5+x^4+x^3+1$	0111001
100	$x^2\cdot g(x)=x^6+x^4+x^3+x^2$	1011100
101	$(x^2+1)\cdot g(x)=x^6+x^3+x^1+1$	1001011
110	$(x^2+x)\cdot g(x)=x^6+x^5+x^4+x$	1110010
111	$(x^2+x+1)\cdot g(x)=x^6+x^5+x^2+1$	1100101

11.3.4.2 조직순회부호(systematic cyclic code)

조직순회부호는 부호어의 처음 k비트가 데이터비트이고 나머지 $m=n-k$ 패리티검사비트로 구성된다.

(1) 정보다항식 $d(x)$에 x^{n-k}를 곱하면

$$x^{n-k}d(x) = d_0x^{n-1} + d_1x^{n-2} + \cdots + d_{k-1}x^{n-k} \tag{11.3.16a}$$

(2) $x^{n-k}d(x)$를 $g(x)$로 나누면

$$x^{n-k}d(x) = q(x)g(x) + p(x) \tag{11.3.16b}$$

여기서 $p(x)$는 $(n-k-1)$ 이하의 차수의 나머지 다항식

$$p(x) = p_0 + p_1x + p_2x^2 + \cdots + p_{n-k-1}x^{n-k-1} \tag{11.3.16c}$$

(3) $$\mathrm{p(x)} + x^{n-k}d(x) = q(x)g(x) \tag{11.3.17}$$

$\mathrm{p(x)} + x^{n-k}d(x)$; $(n-1)$이하의 다항식 생성다항식의 배수 1개의 부호어

(4) $$\begin{aligned} x^{n-k}d(x) + p(x) = \ & p_0 + p_1x + p_2x^2 + \cdots + p_{n-k-1}x^{n-k-1} \\ & + d_0x^{n-1} + d_1x^{n-2} + \cdots + d_{k-1}x^{n-k} \end{aligned} \tag{11.3.18}$$

로부터 다음과 같은 조직순회부호어가 구해진다.

$$C = (\underbrace{p_0, p_1, \ldots, p_{n-k-1}}_{\text{패리티비트}},\ \underbrace{d_0, d_1, \ldots, d_{k-1}}_{\text{정보비트}}) \tag{11.3.19}$$

예로서 생성다항식 $g(x) = x^3 + x^2 + 1$를 사용 (7,4) 조직순회부호를 구해보자. $n=7$, $k=4$, $m=n-k=3$, 그리고 $d=(1010)$, $d(x) = x^3 + x$라하면

$$x^{n-k}d(x) = x^3(x^3 + x) = x^6 + x^4 = q(x)g(x) + p(x)$$

$$
\begin{array}{r l}
 & x^3 + x^2 + 1 : \mathrm{q(x)} \\
x^3 + x^2 + 1 \; \big) & x^6 + x^4 \\
 & \underline{x^6 + x^5 + x^3} \\
 & \quad x^5 + x^4 + x^3 \\
 & \quad \underline{x^5 + x^4 + x^2} \\
 & \qquad\qquad x^3 + x^2 \\
 & \qquad\qquad \underline{x^3 + x^2 + 1} \\
 & \qquad\qquad\qquad\qquad 1 : \mathrm{p(x)}
\end{array}
$$

$$p(x) + x^{n-k}d(x) = 1 + x^6 + x^4$$

$$q(x)g(x) = (x^3 + x^2 + 1)(x^3 + x^2 + 1) = x^6 + x^4 + 1$$

따라서 $C = (1010001)$을 구할 수 있다.

11.3.4.3 복호화

모든 부호다항식 $c(x)$는 $g(x)$의 배수이므로 전송 중 오류가 발생하면 수신된 데이터 다항식 $r(x)$는 $g(x)$의 배수가 되지 못한다.

$$\frac{r(x)}{g(x)} = m(x) + \frac{s(x)}{g(x)} \tag{11.3.20}$$

신드롬 다항식 $s(x)$는 $(n-k-1)$차 또는 그 이하의 차수가 되며 오류다항식을 $e(x)$라면 수신 데이터 다항식은 다음과 같다.

$$r(x) = c(x) + e(x) \tag{11.3.21}$$

양변을 $g(x)$로 나누면

$$\frac{r(x)}{g(x)} = \frac{c(x)}{g(x)} + \frac{e(x)}{g(x)}$$

여기서 $c(x)=d(x)g(x)$, $s(x)$는 $\frac{e(x)}{g(x)}$의 나머지 다항식으로

$$s(x)=Rem\frac{e(x)}{g(x)} \tag{11.3.22}$$

$r(x)$의 신드롬은 오류패턴을 생성다항식으로 나누어 만들어진 나머지 다항식이다. 예로서 수신데이터벡터가 $r=(0110010)$이라면

$\boldsymbol{C}=(1110010)$과 $\boldsymbol{e}=(1000000)$

$\boldsymbol{C}=(1101000)$과 $\boldsymbol{e}=(1011010)$

가장 가능성이 높은 것은 오류패턴이 최소 무게를 갖는 것으로 결정하는 것이 타당하다. $\boldsymbol{C}=(1110010)$과 $\boldsymbol{e}=(1000000)$이 올바른 결정이다.
따라서 복호순서는 다음과 같은 단계에 의하여 이루어 질 수 있다.
[단계 1] 오류정정 할 수 있는 신드롬을 나열 복호표를 만듬
[단계 2] $s(x)=Rem\frac{e(x)}{g(x)}$, 복호표로부터 신드롬 계산
[단계 3] $\boldsymbol{e}$를 결정, $\boldsymbol{C}=\boldsymbol{r}\oplus\boldsymbol{e}$ 관계식을 이용 전송부호어 결정

11.3.5 길쌈부호(Convolutional Codes)

블록 코드는 길이 k인 정보계열이 길이가 동일한 n비트의 부호어로 부호화된다. 그리고 길쌈부호는 블럭단위로 부호화를 실행하지만 n비트로 구성된 부호어가 k비트로 구성된 현재의 정보블럭에 의존할 뿐만 아니라 과거의 정보블럭의 영향을 받는다. (n,k) 길쌈부호기는 [그림 11.3.3]과 같이 구성되며 부호기에 N단(stage)의 기억장치를 갖는다. 한 개의 정보 블럭이 직접영향을 줄 수 있는 블록 수는 $N+1$이며 부호어의 출력 단자가 n이므로 구속장(constraint length) K를 $(N+1)n$으로 정의 한다.

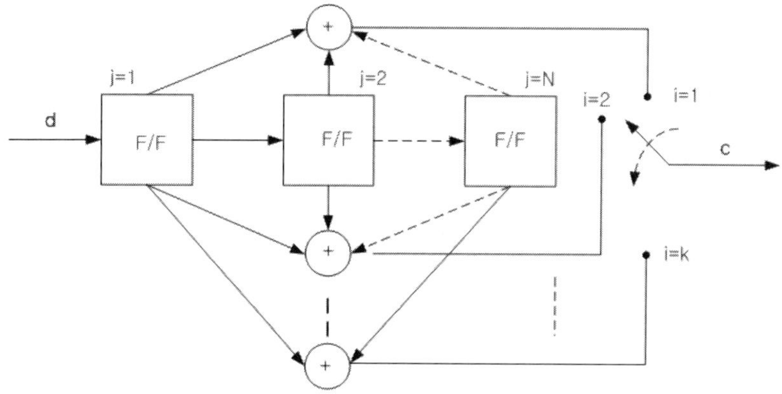

[그림 11.3.3] 길쌈부호기

길쌈부호의 부호화율(code rate)은 다음 식 (11.3.23)과 같이 정의한다.

$$r = \frac{k}{n}[\text{bits/symbol}] \tag{11.3.23}$$

$k=1$인 경우

$$r = \frac{1}{n}[\text{bits/symbol}]$$

길쌈부호화를 위한 결합 g벡터에서 j번째의 쉬프트레지스터와 n개의 mod-2 가산기 간의 결합상태는 다음 식 (11.3.24)로 표현된다.

$$g_j = (g_{1j}, g_{2j}, \cdots, g_{nj}), \quad j = 1, 2, ..., N \tag{11.3.24}$$

여기서

g_{ij}는 i번째 가산기가 j번째 단과 연결되면 '1'
i번째 가산기가 j번째 단과 연결되어 있지 않으면 '0'

이를 이용하여 길쌈부호의 생성행렬을 아래 식 (11.3.25)와 같이 정의한다.

$$[g]=\begin{bmatrix} \overbrace{g_1 \; g_2 \; g_3 \cdots\cdots g_N}^{N} & \overbrace{0 \; 0 \; \cdots\cdots \; 0}^{k-1} \\ 0 \; g_1 \; g_2 \; g_3 \cdots\cdots g_N & 0 \; 0 \cdots\cdots 0 \\ 0 \; 0 \; g_1 \; g_2 \; g_3 \cdots g_N & 0 \; 0 \cdots\cdots 0 \\ \cdots\cdots & \cdots\cdots \\ 0 \; 0 \cdots\cdots\cdots \; 0 & g_1 \; g_2 \; g_3 \cdots g_N \end{bmatrix} \text{ k 열(데이터 비트수)} \quad \text{(k+N-1행)} \tag{11.3.25}$$

부호어 C는 다음 식 (11.3.26)과 같이 발생될 수 있다.

$$C = d[g] \tag{11.3.26}$$

예로서 [그림 11.3.4]에서

$$g_1 = (g_{11}, g_{21}, g_{31}) = (111)$$
$$g_2 = (g_{12}, g_{22}, g_{32}) = (110)$$
$$g_3 = (g_{13}, g_{23}, g_{33}) = (111)$$

그리고 가산기 j와 연결된 i번째 쉬프트레지스터

$$g^{(1)} = (g_{11}, g_{12}, g_{13}) = (111)$$
$$g^{(2)} = (g_{21}, g_{22}, g_{23}) = (111)$$
$$g^{(3)} = (g_{31}, g_{32}, g_{33}) = (101)$$

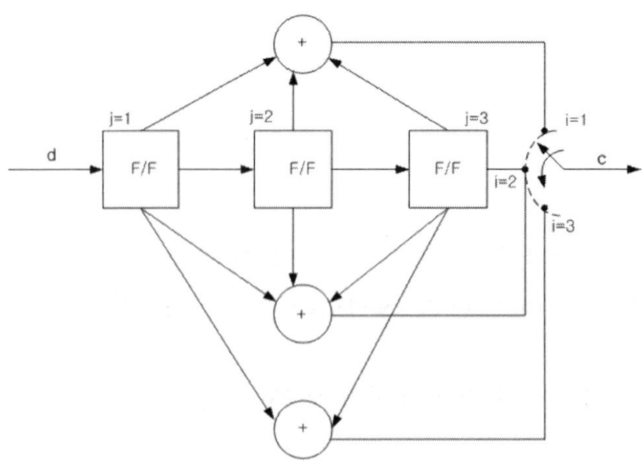

[그림 11.3.4] 길쌈부호기 $N=3$, $n=3$

이 부호기의 부호발생행렬은 다음과 같이 구할 수 있다.

$$[g]=\begin{bmatrix}111 & 110 & 111 & 0 & 0 & 0 & 0\\ 0 & 111 & 110 & 111 & 0 & 0 & 0\\ 0 & 0 & 111 & 110 & 111 & 0 & 0\\ 0 & 0 & 0 & 111 & 110 & 111 & 0\\ 0 & 0 & 0 & 0 & 111 & 110 & 111\end{bmatrix}$$

정보계열 $\boldsymbol{d}=(d_1,d_2,d_3,d_4,d_5)=(10101)$에 대한 부호계열 $\boldsymbol{C}$는 다음과 같이 구한다.

$$\boldsymbol{C}=\boldsymbol{d}[g]=(10101)\begin{bmatrix}111 & 110 & 111 & 0 & 0 & 0 & 0\\ 0 & 111 & 110 & 111 & 0 & 0 & 0\\ 0 & 0 & 111 & 110 & 111 & 0 & 0\\ 0 & 0 & 0 & 111 & 110 & 111 & 0\\ 0 & 0 & 0 & 0 & 111 & 110 & 111\end{bmatrix}$$
$$=(111110000110000:110111)$$

인 부호계열이 생성된다. 이를 다른 방법으로 확인해보자.

$d_1=1$이 입력으로 발생된 된 뒤 $C_1=d_1\boldsymbol{g_1}=(111)$

$d_2=0$이 입력 $C_2=d_2\boldsymbol{g_1}\oplus d_1\boldsymbol{g_2}=(000)\oplus(110)=(110)$

$d_3=1$이 입력 $C_3=d_3\boldsymbol{g_1}\oplus d_2\boldsymbol{g_2}\oplus d_1\boldsymbol{g_3}=(111)\oplus(000)\oplus(111)=(000)$

$d_4=0$이 입력 $C_4=d_4\boldsymbol{g_1}\oplus d_3\boldsymbol{g_2}\oplus d_2\boldsymbol{g_3}=(000)\oplus(110)\oplus(000)=(110)$

$d_5=1$이 입력 $C_5=d_5\boldsymbol{g_1}\oplus d_4\boldsymbol{g_2}\oplus d_3\boldsymbol{g_3}=(111)\oplus(000)\oplus(111)=(000)$

따라서 동일한 부호계열이 생성됨을 확인하였다.

11.3.5.1 길쌈부호기의 부호화를 위한 다이어그램

길쌈부호기의 부호화는 다음과 같은 3종류의 다이어그램을 이용하여 입력 데이터에 대하여 부호어를 쉽게 생성할 수 있다.

- 상태도(state diagram)
- 나무상태도(tree diagram)
- 격자상도(trellis diagram)

[그림 11.3.5]은 $r=1/2$인 길쌈부호를 보여주고 있다.

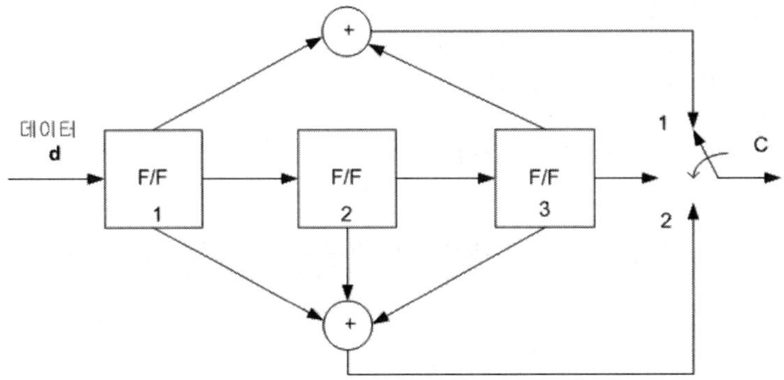

[그림 11.3.5] $r=1/2$인 길쌈부호.

$$g^{(1)}=(101)$$
$$g^{(2)}=(111)$$
$$g_1=(11),\ g_2=(01),\ g_3=(11)$$

정보계열 d=(10101), $k=5$, $N=3$ 대한 발생행렬 $[g]$는 다음과 같이 구할 수 있다.

k+N−1=7열

$$[g]=\begin{bmatrix} 11 & 01 & 11 & 0 & 0 & 0 & 0 \\ 0 & 11 & 01 & 11 & 0 & 0 & 0 \\ 0 & 0 & 11 & 01 & 11 & 0 & 0 \\ 0 & 0 & 0 & 11 & 01 & 11 & 0 \\ 0 & 0 & 0 & 0 & 11 & 01 & 11 \end{bmatrix}\ \text{k행}$$

따라서 부호기의 출력계열 C는 다음과 같이 구할 수 있다.

$$C=d[g]=(10101)\begin{bmatrix} 11 & 01 & 11 & 0 & 0 & 0 & 0 \\ 0 & 11 & 01 & 11 & 0 & 0 & 0 \\ 0 & 0 & 11 & 01 & 11 & 0 & 0 \\ 0 & 0 & 0 & 11 & 01 & 11 & 0 \\ 0 & 0 & 0 & 0 & 11 & 01 & 11 \end{bmatrix}$$
$$=(1101000100:0111)$$

(1) 상태도(state diagram)

[그림 11.3.5]의 부호기로부터 첫째 F/F, F/F1은 현재의 입력에 관련되기 때문에 입력에 따른 천이변화는 두 번째의 F/F, F/F2와 세 번째의 F/F, F/F3에 관련되어 있다. 예로서 F/F 2와 F/F 3의 상태 (00)에서 입력이 0이 들어오면 출력은 00이 되며 천이상태 (00)이 되고 입력이 1이 들어오면 출력은 11이 되며 천이상태는 (10)이 된다. 따라서 표 11.3.2와 같은 상태표를 쉽게 작성할 수 있다. 이러한 관계로부터 [그림 11.3.6]과 같은 상태도를 그릴 수 있다.

〈표 11.3.2〉 (2,1) 길쌈부호기의 상태표

상태	입력 0	입력 1
F/F 23	출력/천이상태(F/F23)	
00	00/00	11/10
01	11/00	00/10
11	10/01	01/11
10	01/01	10/11

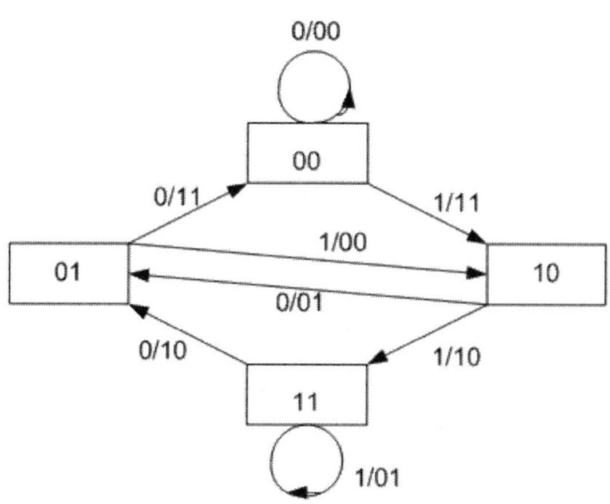

[그림 11.3.6] $r=1/2$인 길쌈부호 상태도

이들로부터 최초상태 (00)으로부터 정보계열 $\boldsymbol{d}$=(10101)가 길쌈부호기에 들어갔을 때 부호계열 C를 다음과 같이 쉽게 구할 수 있다.

C=(11 01 00 01 00: 01 11)

(2) 나무 상태도(tree diagram)

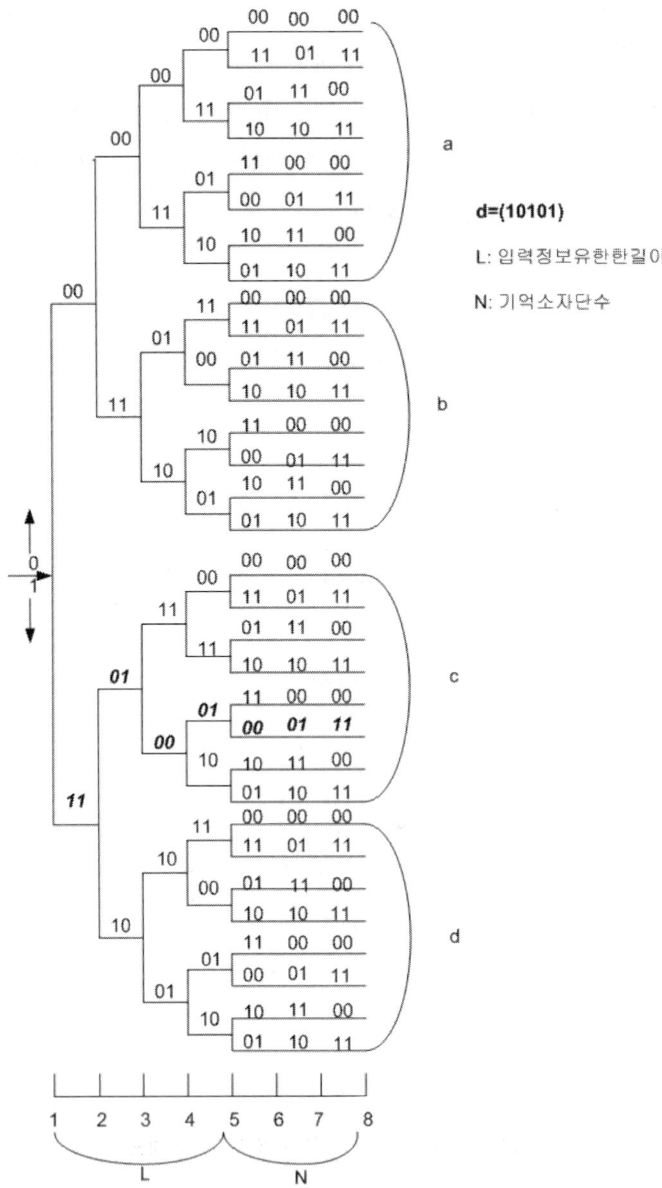

[그림 11.3.8] $r=1/2$인 길쌈부호 나무 상태도

표 11.3.2의 상태표를 이용하여 나무 상태도를 작성할 수 있으며 최초상태에서 데이터 입력이 '0'이면 위쪽가지, 그리고 '1'이면 아래가지에 대응하도록 가지를 설정하여 출력함으로서 발생된 부호어 C=(11 0100 01 00 : 01 11)를 발견할 수 있다.

(3) 격자상태도(trellis diagram)

- 길쌈부호를 격자상태도로 표시: L+N의 시점으로 구분
- 기억소자의 수 N, (n,k)길쌈부호기 kL비트의 정보계열이 입력 이에 대응하는 2^{kL}개의 부호계열
- 격자상태에 출입하는 가지수: 2^{kL}개

예로서 $L=5$, 시점(time unit) a~h까지 구분

시점 i에서 $d_i=0$이면 위로향하는 가지
$d_i=1$이면 아래로 향하는 가지

각 가지에 대응하는 2개의 출력은 C_i를 의미

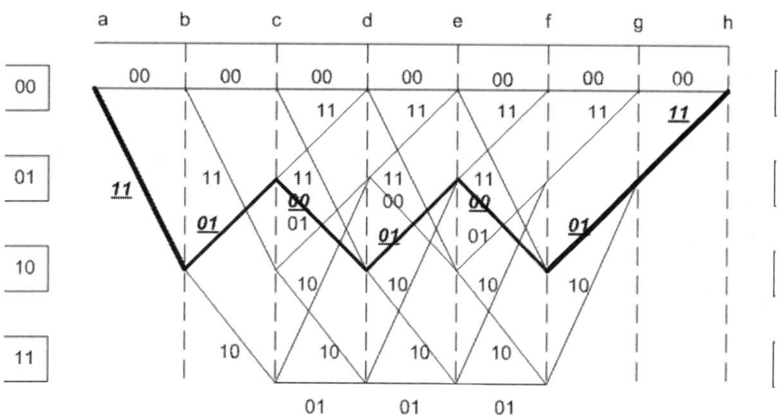

[그림 11.3.9] $r=1/2$인 길쌈부호 나무 상태도

정보계열 $\boldsymbol{d}=(10101)$에 대한 발생된 부호어 $\boldsymbol{C}=(11\ 01\ 00\ 01\ 00:01\ 11)$로 된다.

11.3.5.2 길쌈부호의 복호

Viterbi 알고리즘에 의한 ML 복호법(maximum likelihood decoding)

- 수신데이터 계열: $\boldsymbol{r}$과의 Hamming 거리가 가장 짧은 경로 탐색
- 복호시 발생하는 오류확률은 구속장 N(2원 부호인 경우는 기억소자수와 구속장 길이 같음)이 증가함에 따라 지수함수적으로 증가.
  $nN>8$인 긴 부호에서는 실용적이지 못함

예로서 $r=(11\ 10\ 01\ 10\ 00\ 10\ 11)$

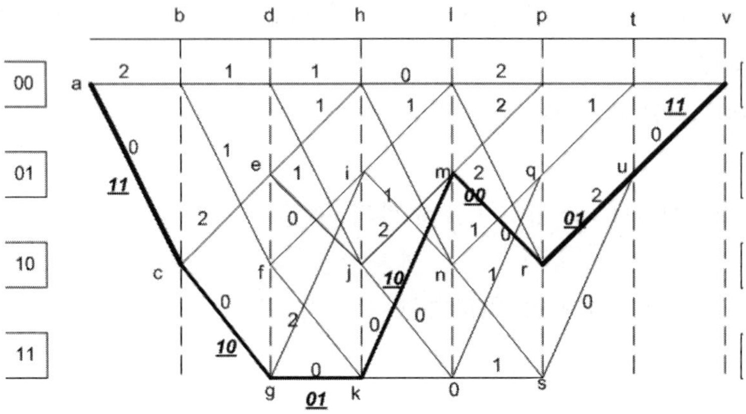

[그림 11.3.10] $r=1/2$인 길쌈부호 복호 격자상태도

복호계열: $d=(11101000)$를 얻을 수 있다.

11.3.5.2 비부호화 시스템과 부호화 시스템의 성능비교

비부호화 시스템과 부호화 시스템을 비교하는 데는 신호 전송시 발생하는 오류확률로서 평가한다.

- (n,k)부호 t개의 오류정정
- k비트의 정보계열은 n비트의 부호계열로 부호화
- 동일 시간 주기동안
  k 개의 정보비트전송
  동일전송전력: S_i

구 분	부호화전 시스템	부호화 시스템
정보전송 비트 신호전송율 신호 대 잡음비	k 비트 $R_b=k/T[bits/sec]$ S_i/N_0R_b	n 비트 $R_b\times(k/n)$ $S_i/N_0(R_b\times k/n)==(S_i/N_0R_b)\times n/k)$

$P_{un}(e)$: 비부호화 시스템의 비트오율

$P_{co}(e)$: 부호화 시스템의 비트오율

(i) 부호화하지 않은 경우 k비트의 데이터에서 임의의 한 비트가 오류면 k비트 전체가 오류

$$P_{un}(e) = 1 - P(k \text{ 비트가 모두 정확하게 수신한 경우})$$
$$= 1 - (1 - P_{un}(e))^k$$
$$\cong kP_{un}(e),\ P_{un}(e)$$

여기서 $(1+x)^n \cong 1 + nx$ 이용하였다.

(ii) t개의 오류를 정정할 수 있는 (n,k) 부호인 경우

n비트에서 t비트 이상의 오류가 발생하면 수신된 데이터 계열은 오류

$P(j,n)$: n비트의 부호어중 j개의 비트에서 오류가 발생할 확률

$$P_{co}(e) = \sum_{j=t+1}^{n} P(j,n) = \sum_{j=t+1}^{n} \binom{n}{j} P_{co}^{j}(e)(1 - P_{co}(e))^{n-j}$$

여기서

$$P(j,n) = \binom{n}{j} P_{co}^{j}(e)(1 - P_{co}(e))^{n-j}$$

$P_{co}(e) \ll 1$이면 첫 번째 항만을 고려 나머지 항은 무시

$$P_{co}(e) = \binom{n}{t+1} P_{co}^{t+1}(e)(1 - P_{co}(e))^{n-(t+1)} \simeq \binom{n}{t+1} P_{co}^{t+1}(e)$$

예로서 PSK 시스템의 AWGN(additive white Gaussian noise) 채널에서

(a) 비부호화 동기 PSK 시스템의 비트오류확률

$$P_{un}(e) = Q(\sqrt{2z})$$

여기서 $z = S_i/(N_0 R_b)$이며 k비트의 경우 오율은 다음과 같이 된다.

$$P_{un}(e) \simeq \mathrm{k}\, Q(\sqrt{2z})$$

(b) 부호화한 경우 비트오류 확률

z는 $(k/n)z$로 바뀌게 된다. 따라서

$$P_{co}(e) = Q[\sqrt{\frac{2kz}{n}}]$$

$$P_{co}(e) \cong \binom{n}{t+1} [Q(\sqrt{\frac{2kz}{n}})]^{t+1},\ P_{co}(e) \ll 1$$

z뿐만 아니라 t, n 그리고 k의 함수가 된다.

예로서 AWGN BSC 채널에서 신호 대 잡음비 $z=9.12$, 동기 PSK로 데이터를 전송할 경우 단일 오류정정 (15,11) 부호를 사용한 시스템과 사용하지 않은 시스템과의 성능을 비교해보자.

(i) 부호화전 시스템: $k=11$, $n=15$

$$P_{un}(e)=\mathrm{k}\,Q(\sqrt{2z})=11\,Q(\sqrt{18.24})=1.1\times10^{-4}$$

(ii) 부호화 시스템: t=1, n=15

$$P_{co}(e)\cong\binom{n}{t+1}[Q(\sqrt{\frac{2kz}{n}})]^{t+1}$$

$$=\binom{15}{2}[Q(\sqrt{2\times11\times\frac{9.12}{15}})^2]=105(1.37\times10^{-4})^2=1.96\times10^{-6}$$

로 오율이 감소된다.

11장 Matlab Simulink 예제

예제 11-1

다음 그림과 같은 Convolutional 코드의 인코더와 Viterbi 디코더를 수 Matlab Simulink 프로그램을 설계하시오.

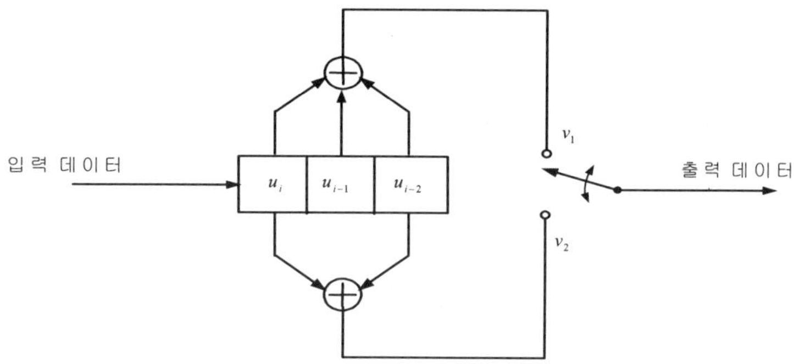

[예제 그림 11.1]

필요한 Simulink Library Block

Simulink Library Browser에서 다음과 같은 Simulink Library Block을 준비한다.

1. Communications Blockset ▶ Communications sources ▶ Random Data sources ▶ Bernoulli Binary Generator
2. Communications Blockset ▶ Error Detection and Correction ▶ Convolutional ▶ Convolutional Encoder
3. Communications Blockset ▶ Channels ▶ Binary Symmetric Channel
4. Communications Blockset ▶ Error Detection and Correction ▶ Convolutional ▶ Viterbi Decoder
5. Communications Blockset ▶ Comm Sinks ▶ Error Rate Calculation
6. Simulink ▶ Sinks ▶ Display

풀이 11-1

1 Matlab Simulink를 실행 후 다음과 같은 블록도를 만든다.

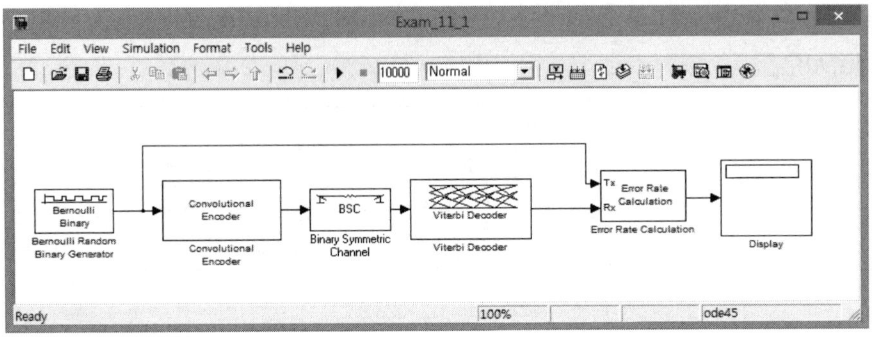

[예제 그림 11.2]

2 랜덤 데이터를 만들어 주기 위해 Bernoulli Binary Generator의 속성은

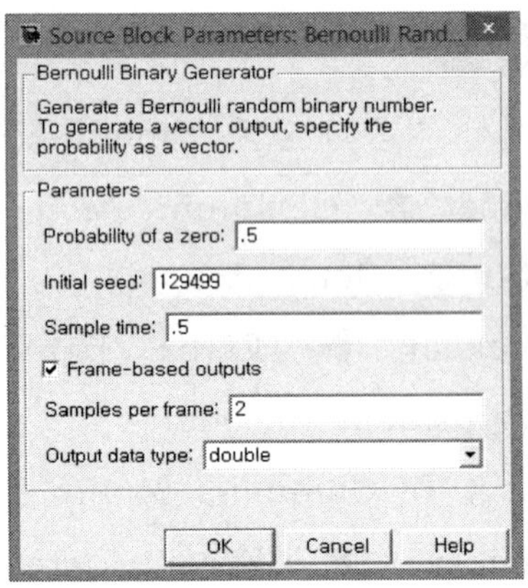

[예제 그림 11.3]

3 문제와 같은 Convolutional Encoder를 만들기 위해 Convolutional Encoder의 속성을 다음과 같이 입력한다.

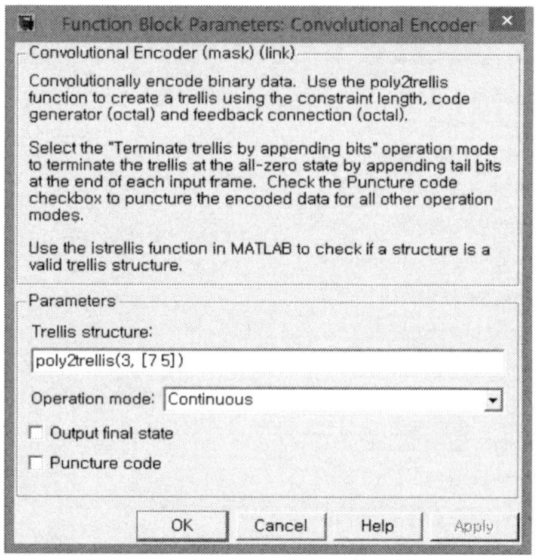

[예제 그림 11.4]

4 채널을 통과시키기 위해 Binary Symmetric Channel의 속성은

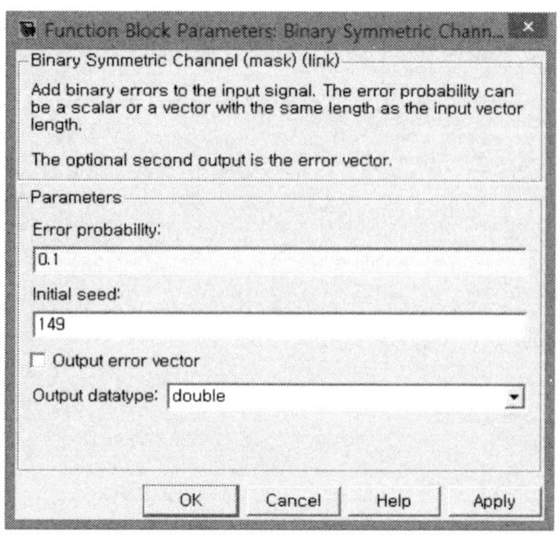

[예제 그림 11.5]

5 수신단에서의 Viterbi Decoder의 속성은

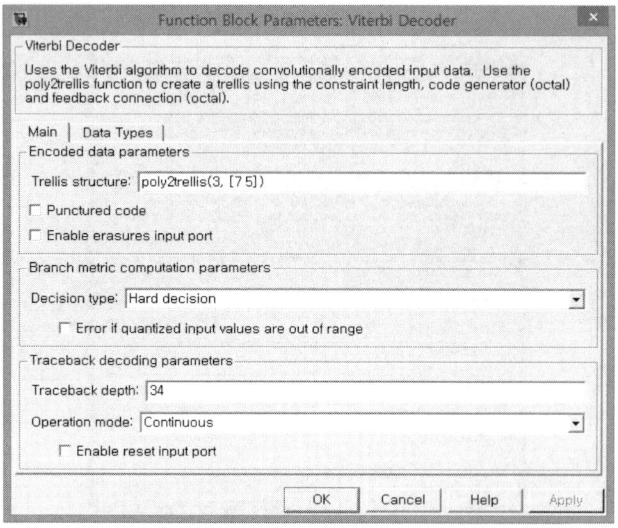

[예제 그림 11.6]

6 Error Rate Calculation의 속성은

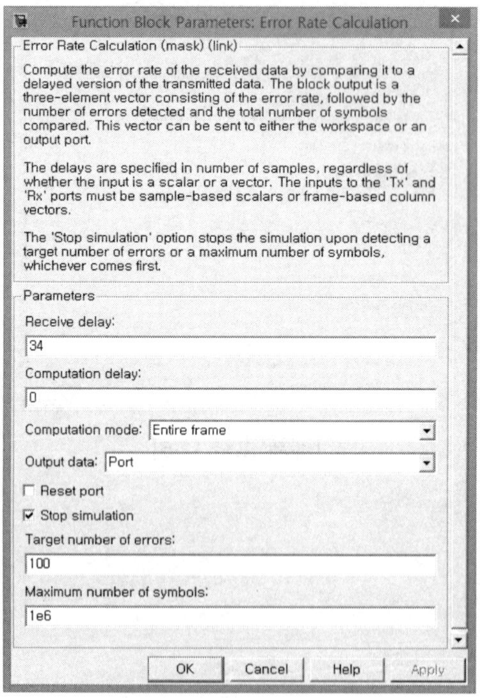

[예제 그림 11.7]

여기서 송신 데이터와 수신 데이터사이에는 Viterbi Decoder의 처리과정에서 34비트의 지연이 생기기 때문에 Receive delay를 34로 입력해 준다.

7 Display의 속성은

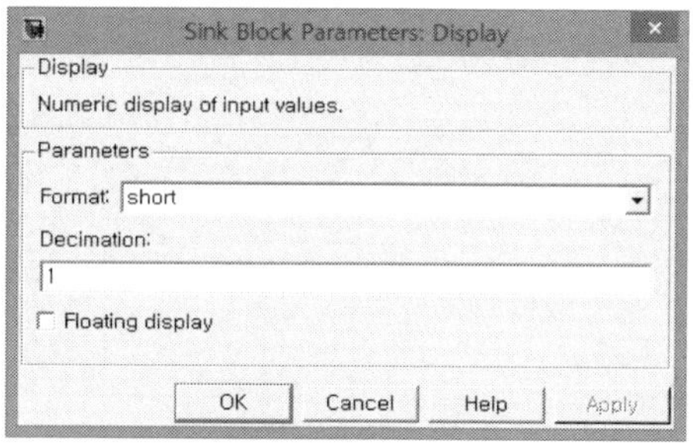

[예제 그림 11.8]

8 Simulation 시간을 1000~100000으로 입력하고 Start Simulation 버튼을 누르면 Display 블록에 에러 확률, 에러 총수, 총 데이터수가 표시된다.

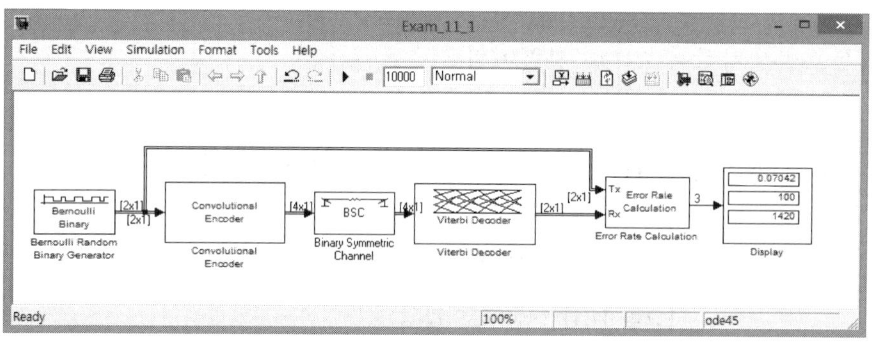

[예제 그림 11.9]

연습문제

선형부호발생기의 입력 정보비트수 k, 그리고 출력부호어 비트수를 n이라하면 (n,k)선형 부호는 다음과 같은 관계를 갖고 발생된다.

$$C = MG$$

여기서

M은 정보비트를 나타내는 1×k 벡터행렬,

C는 부호어를 표현하는 1×n 벡터행렬,

그리고

G는 선형부호발생기로서 $k \times n$ 행렬이다.

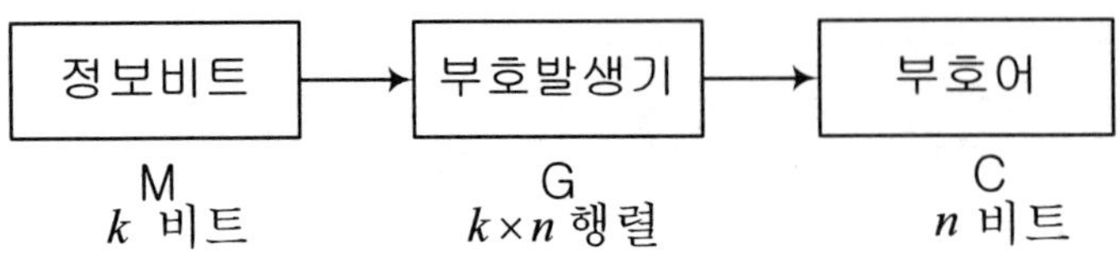

[그림 11.1] 선형부호 과정

그러나 이진 비트는 0과 1만을 포함하므로 이진연산에서 합은

$$1 \oplus 1 = 0$$
$$1 \oplus 0 = 1$$
$$0 \oplus 1 = 1$$
$$0 \oplus 0 = 0$$

의 연산 법칙에 따른다. 이것은 0과 1로 이루어지는 유한장 $GF(2)$를 생각할 수 있으며 두 개의 원소만을 포함하게 되므로 1이상이 되는 수를 포함할 수 없기 때문에 MOD 2로서 생각할 수 있다. x MOD 2는 x를 2로 나눈 나머지 수만을 갖는다. 예로서 3 MOD 2=1, 2 MOD 2=0 그리고 5 MOD 2=1로 된다.

11.1 (4,3) 선형부호는 다음 발생행렬에 의하여 발생된다. 정보 비트에 대하여 부호어를 발생하라.

$$G=\begin{bmatrix} 1 & 1 & 0 & 0 \\ 1 & 0 & 1 & 0 \\ 1 & 0 & 0 & 1 \end{bmatrix}$$

(a) $\boldsymbol{M}=[111]$

(b) $\boldsymbol{M}=[101]$

(c) $\boldsymbol{M}=[011]$

11.2 다음 (7,4) 선형부호 발생기로 발생시킬 수 있는 모든 부호어를 생성하라.

$$G=\begin{bmatrix} 1 & 1 & 1 & 1 & 0 & 0 & 0 \\ 1 & 0 & 1 & 0 & 1 & 0 & 0 \\ 0 & 1 & 1 & 0 & 0 & 1 & 0 \\ 1 & 1 & 0 & 0 & 0 & 0 & 1 \end{bmatrix}$$

11.3 디지털통신에서 오류가 발생하면 수신측에서 이를 수정할 수 있는 방법이 오류 정정 부호를 사용하는 것이다. 4 비트 정보비트와 3비트 패리티 검사비트를 사용한 행렬 H는 다음과 같이 정의된다.

$$\boldsymbol{H}=\begin{bmatrix} 1101100 \\ 1011010 \\ 0111001 \end{bmatrix}$$

정보비트$\boldsymbol{M}=[1010]$이고 송신된 부호어$\boldsymbol{R}=[1010101]$의 네 번째 비트가 잘못 전송되었다. 잘못된 비트를 지적히는 증상(syndrome)을 발견하라. 단 증상은 HR^T에 의하여 발견된다.

11.4 그림은 $m=2$단인 (2,1) 조직형 길쌈부호를 나타낸다. 다음을 구하시오.

(a) 생성행렬

(b) 정보부호계열 $\boldsymbol{d}=(10101)$에 대한 부호계열

(c) 길쌈부호기의 상태도

(d) 길쌈부호기의 상태표

(e) 가지상 표현도

(f) 길쌈부호기의 격자상도

(g) 길쌈부호의 생성함수

(h) 복호법

셀프평가

1. 나는 엔트로피에 대하여 이해하였다(예, 아니오).

2. 나는 부호발생기의 원리를 이해하였다(예, 아니오).

3. 나는 Huffman 부호의 생성원리를 완전히 이해하였다(예, 아니오).

4. 나는 Shannon의 채널용량의 의미를 이해하였다(예, 아니오).

5. 나는 블록부호의 부호화와 복호의 원리를 이해하였다(예, 아니오).

6. 나는 길쌈부호의 부호화와 복호의 원리를 이해하였다(예, 아니요).

** '**아니오**'가 발견되면 본문을 복습하여 '**예**'로 바꿀 수 있는 능력을 기르십시오.

부 록

A Fourier 변환

$f(t)$	$F(\omega)$
$f(t)=\frac{1}{2\pi}\int_{-\infty}^{\infty}F(\omega)e^{j\omega t}d\omega$	$F(\omega)=\int_{-\infty}^{\infty}f(t)e^{-j\omega t}dt$
$f(at)$	$\frac{1}{\lvert a\rvert}F(\frac{\omega}{a})$
$f(t-t_0)$	$e^{-j\omega t_0}F(\omega)$
$\frac{d^n f(t)}{dt^n}$	$(j\omega)^n F(\omega)$
$\int_{-\infty}^{t}f(t)dt$	$\frac{1}{j\omega}F(\omega)+\pi F(0)\delta(\omega)$
$\int_{-\infty}^{\infty}f_1(\lambda)f_2(t-\lambda)d\lambda$	$F_1(\omega)F_2(\omega)$
$f_1(t)f_2(t)$	$\frac{1}{2\pi}\int_{-\infty}^{\infty}F_1(\omega)F_2(\omega-\nu)d\nu$
$e^{j\omega_0 t}f(t)$	$F(\omega-\omega_0)$
$\delta(t)$	1
$u(t)$	$\pi\delta(\omega)+\frac{1}{j\omega}$
K	$2\pi K\delta(\omega)$
$\exp(-\lvert\tau\rvert/\alpha)$	$\frac{2\alpha}{1+(2\pi\alpha f)^2}$

B Laplace 변환

$f(t)$	$F(s)$
$f(t)=\frac{1}{2\pi j}\int_{c-j\omega}^{c+j\omega}F(s)e^{st}ds$	$F(s)=\int_0^{\infty}f(t)e^{-st}dt$
$\frac{df(t)}{dt}$	$sF(s)-f(0)$
$\frac{d^2f(t)}{dt^2}$	$s^2F(s)-sf(0)-f'(0)$
$\int_0^t f(\tau)d\tau$	$\frac{1}{s}F(s)$
$f(t-t_0)u(t-t_0)$	$e^{-st_0}F(s)$
$e^{-at}f(t)$	$F(s+a)$
$f(at)$	$\frac{1}{\lvert a\rvert}F\left(\frac{s}{a}\right)$
$\int_0^t f_1(\lambda)f_2(t-\lambda)d\lambda$	$F_1(s)F_2(s)$
$\delta(t)$	1
$u(t)$	$\frac{1}{s}$
$tu(t)$	$\frac{1}{s^2}$
$t^n u(t)$	$\frac{n!}{s^{n+1}}$
$e^{-\alpha t}u(t)$	$\frac{1}{s+\alpha}$
$\sin(\omega)u(t)$	$\frac{\omega}{s^2+\omega^2}$
$\cos(\omega)u(t)$	$\frac{s}{s^2+\omega^2}$
$e^{-at}\sin(\omega t)u(t)$	$\frac{\omega}{(s+a)^2+\omega^2}$
$e^{-at}\cos(\omega t)u(t)$	$\frac{s+a}{(s+a)^2+\omega^2}$

C 삼각함수

$$\sin(A \pm B) = \sin A \cos B \pm \cos A \sin B$$

$$\cos(A \pm B) = \cos A \cos B \mp \sin A \sin B$$

$$\cos A \cos B = \frac{1}{2}[\cos(A+B) + \cos(A-B)]$$

$$\sin A \sin B = \frac{1}{2}[\cos(A-B) - \cos(A+B)]$$

$$\sin A \cos B = \frac{1}{2}[\sin(A+B) + \sin(A-B)]$$

$$\sin 2A = 2\sin A \cos A \qquad \cos 2A = \cos^2 A - \sin^2 A$$

$$\sin^2 A = \frac{1}{2}(1 - \cos 2A) \qquad \cos^2 A = \frac{1}{2}(1 + \cos 2A)$$

$$e^{j\theta} = \cos\theta + j\sin\theta \qquad e^{-j\theta} = \cos\theta - j\sin\theta$$

$$\cos(\theta) = \frac{1}{2}(e^{j\theta} + e^{-j\theta}) \qquad \sin(\theta) = \frac{1}{2j}(e^{j\theta} - e^{-j\theta})$$

$$\sinh x = \frac{1}{2}(e^{x} - e^{-x}) \qquad \cosh x = \frac{1}{2}(e^{x} + e^{-x})$$

$$\tanh x = \frac{\sinh x}{\cosh x} \qquad \coth x = \frac{\cosh x}{\sinh x}$$

$$\mathrm{sech}\, x = \frac{1}{\cosh x} \qquad \mathrm{cosech}\, x = \frac{1}{\sinh x}$$

$$\sinh(x + jy) = \sinh x \cos y + j\cosh x \sin y$$

$$\cosh(x + jy) = \cosh x \cos y + j\sinh x \sin y$$

D Q 함수

Q 함수는 다음과 같이 정의된다.

$$Q(x) = 1 - F(x) = \int_{x}^{\infty} f(t)dt, \ \ t \geqq 0$$

여기서

$$F(x) = \int_{-\infty}^{x} f(t)dt$$

는 누적분포함수(cumulative distribution function)이고

$$f(x) = \frac{e^{-x^2/2}}{\sqrt{2\pi}}$$

로서 분산이 1이고 평균이 0인 Gaussian 확률밀도 함수다. Q 함수와 관련하여 error 함수가 다음과 같이 정의된다.

$$erf(x) = \frac{2}{\sqrt{\pi}} \int_{0}^{x} e^{-t^2} dt = 1 - 2Q(\sqrt{2x})$$

complementary error 함수는 $erfc(x) = 1 - erf(x)$, $erfc(u) = 2Q(\sqrt{2}u)$

x	$Q(x)$	$f(x)$	x	$Q(x)$	$f(x)$
0.0	0.50000	0.39894	2.2	0.01390	0.03547
0.1	0.46017	0.39695	2.3	0.01072	0.02833
0.2	0.42074	0.39104	2.4	0.00820	0.02239
0.3	0.38209	0.38138	2.5	0.00621	0.01735
0.4	0.34458	0.36827	2.6	0.00466	0.01358
0.5	0.30854	0.35206	2.7	0.00347	0.01042
0.6	0.27425	0.33322	2.8	0.00256	0.00792
0.7	0.24196	0.31225	2.9	0.00187	0.00595
0.8	0.21186	0.28269	3.0	0.00135	0.00443
0.9	0.18406	0.26608	3.1	0.00097	0.00327
1.0	0.15866	0.24197	3.2	0.00069	0.00238
1.1	0.13567	0.21785	3.3	0.00048	0.00172
1.2	0.11507	0.19419	3.4	0.00035	0.00123
1.3	0.09680	0.17137	3.5	0.00023	0.00087
1.4	0.08076	0.14973	3.6	0.00016	0.00061
1.5	0.06681	0.12952	3.7	0.00011	0.00042
1.6	0.05480	0.11092	3.8	–	0.00029
1.7	0.04457	0.09405	3.9	–	0.00020
1.8	0.03593	0.07895	4.0	–	0.00013
1.9	0.02872	0.06562			
2.0	0.02275	0.05399			
2.1	0.01786	0.04398			

E Besel 함수

n차 변수 β의 제 1종 Bessel 함수는 다음과 같이 정의된다.

$$J_n(\beta) = \frac{1}{2\pi}\int_{-\pi}^{\pi} e^{-j(nx-\beta\sin x)}dx$$

급수로 전개하면

$$J_n(\beta) = \sum_{m=0}^{\infty}\frac{(-1)^m(\frac{1}{2}\beta)^{n+2m}}{m!(n+m)!}$$

$n=0$ 이면

$$J_0(\beta) = \sum_{m=0}^{\infty}\frac{(-1)^m(\frac{1}{2}\beta)^{2m}}{m!m!} = 1-\frac{\beta^2}{2^2}+\frac{\beta^4}{2^2\cdot 4^2}-\frac{\beta^6}{2^2\cdot 4^2\cdot 6^2}+\cdots\cdots$$

$n=1$이면

$$J_1(\beta) = \sum_{m=0}^{\infty}\frac{(-1)^m(\frac{1}{2}\beta)^{1+2m}}{m!(m+1)!} = \frac{\beta}{2}-\frac{\beta^3}{2^2\cdot 4^2}+\frac{\beta^5}{2^2\cdot 4^2\cdot 6}+\cdots\cdots$$

$n=2$이면

$$J_2(\beta) = \sum_{m=0}^{\infty}\frac{(-1)^m(\frac{1}{2}\beta)^{2+2m}}{m!(m+2)!} = \frac{\beta^2}{2\cdot 4}-\frac{\beta^3}{2^2\cdot 4\cdot 6}+\frac{\beta^5}{2^2\cdot 4^2\cdot 6\cdot 8}+\cdots\cdots$$

[표 E.1] $J_n(\beta)$

n \ beta	0.5	1	2	3	4	6	8	10	12
0	0.9385	0.7652	0.2239	−0.2601	−0.3971	0.1506	0.1717	−0.2459	0.0477
1	0.2423	0.4401	0.5767	0.3391	−0.0660	−0.2767	0.2346	0.0435	−0.2234
2	0.0306	0.1149	0.3528	0.4861	0.3641	−0.2429	−0.1130	0.2546	−0.0849
3	0.0026	0.0196	0.1289	0.3091	0.4302	0.1148	−0.2911	0.0584	0.1951
4	0.0002	0.0025	0.0340	0.1320	0.2811	0.3576	−0.1054	−0.2196	0.1825
5	–	0.0002	0.0070	0.0430	0.1321	0.3621	0.1858	−0.2341	−0.0735
6		–	0.0012	0.0114	0.0491	0.2458	0.3376	−0.014	−0.1703
7			0.0002	0.0025	0.0152	0.1296	0.321	0.2167	0.0451
8			–	0.0005	0.0040	0.0565	0.2235	0.3179	0.0451
9				0.0001	0.0009	0.0212	0.1263	0.2919	0.2304
10				–	0.0002	0.0070	0.0608	0.2075	0.3005
11					–	0.0020	0.0256	0.1231	0.2704
12						0.0005	0.0096	0.0634	0.1953
13						0.0001	0.0033	0.0290	0.1201
14						–	0.0010	0.0120	0.0650

F 적분

$$\int x^n dx = \frac{x^{n+1}}{n+1}, n \neq -1$$

$$\int udv = uv - \int vdu$$

$$\int \frac{dx}{a^2 - x^2} = \frac{1}{2a} ln \left| \frac{a+x}{a-x} \right|$$

$$\int \frac{dx}{|x| \sqrt{x^2 - a^2}} = \frac{1}{a} sec^{-1}\left(\frac{x}{a}\right)$$

$$\int \cos ax dx = \frac{1}{a} sin ax$$

$$\int \frac{dx}{x} = \ln|x|$$

$$\int \frac{dx}{x^2 + a^2} = \frac{1}{a} tan^{-1}\left(\frac{x}{a}\right)$$

$$\int \frac{dx}{\sqrt{a^2 - x^2}} = \sin^{-1}\left(\frac{x}{a}\right)$$

$$\int \sin ax dx = -\frac{1}{a} cos ax$$

$$\int \sin^2 ax dx = \frac{x}{2} - \frac{\sin(2ax)}{4a}$$

$$\int \cos^2 ax dx = \frac{x}{2} + \frac{\sin(2ax)}{4a} \qquad \int e^x dx = e^x$$

$$\int e^{ax} \sin(bx) dx = \frac{e^{ax}}{a^2+b^2}[a\sin(bx) - b\cos(bx)]$$

$$\int e^{ax} \sin(bx) dx = \frac{e^{ax}}{a^2+b^2}[a\sin(bx) - b\cos(bx)]$$

$$\int \sin^{-1} ax dx = x\sin^{-1} ax + \frac{1}{a}\sqrt{1-a^2x^2}$$

$$\int \tan^{-1} ax dx = x\tan^{-1} ax - \frac{1}{2a} ln(1+a^2x^2)$$

$$\int_0^\infty x^{n-1} e^{-x} dx = \Gamma(n), n > 0 \qquad \int_0^\infty e^{-ax^2} dx = \frac{1}{2}\sqrt{\frac{\pi}{a}}, \ a > 0$$

$$\int_0^\infty x^{2n} e^{-ax^2} dx = \frac{1 \cdot 3 \cdot 5 \cdots (2n-1)}{2^{n+1} a^n}\sqrt{\frac{\pi}{a}}, \ a > 0$$

$$\int_0^\infty e^{-ax} \cos bx dx = \frac{a}{a^2+b^2}, \ a > 0$$

$$\int_0^\infty e^{-ax} \sin bx dx = \frac{b}{a^2+b^2}, \ a > 0$$

$$\int_0^\infty e^{-a^2x^2} \cos bx dx = \frac{\sqrt{\pi}\, e^{-b^2/4a^2}}{2a}, \ a > 0$$

$$\int_0^\infty \frac{1}{b^2+x^2} \cos ax dx = \frac{\pi}{2b} e^{-ab} \ a > 0, \ b > 0$$

$$\int_0^\infty \frac{1}{b^2+x^2} x \sin ax\, dx = \frac{\pi}{2} e^{-ab} \ a > 0, \ b > 0$$

G 방송주파수대역

[표 G.1] 주파수분류

주파수 분류	주파수범위	
VLF(very low frequencies)	3Hz부터	30kHz까지
LF(low frequencies)	30kHz부터	300kHz까지
MF(medium frequencies)	300kHz부터	3MHz까지
HF(high frequencies)	3MHz부터	30MHz까지
VHF(very high frequencies)	30MHz부터	300MHZ까지
UHF(ultrahigh frequencies)	300MHz부터	3GHz까지
SHF(superhigh frequencies)	3GHz부터	30GHz까지
EHF(extra-high frequencies)	30GHz부터	300GHz까지

[표 G.2] IEEE 주파수대역

주파수구분	주파수범위	파장범위	응 용
ELF(extreme low frequencies)	30-300Hz	10-1 Mm	
VF(voice frequencies)	300-3000Hz	1-0.1Mm	
VLF(very low frequencies)	3-30kHz	100-10km	Navigation, 초음파
LF(low frequencies)	30-300kHz	10-1 km	Navigation, beacons
MF(medium frequencies)	300-3000kHz	1-0.1km	AM방송, 해변 경비
HF(high frequencies)	3-30MHz	100-10 m	전화, 전신
VHF(very high frequencies)	30-300MHz	10-1 m	TV, FM방송
UHF(ultrahigh frequencies)	300-3000MHz	100-10cm	TV, 위성링크
SHF(superhigh frequencies)	3-30GHz	10-1 cm	레이더,마이크로웨이브
EHF(extra-high frequencies)	30-300GHz	1-0.1cm	레이더, experimental
Decimillimeter	300-3000GHz	1-0.1mm	
P-band	0.23-1GHz	130-30cm	
L-bend	1-2GHz	30-15cm	
S-band	2-4GHz	15-7.5cm	
C-band	4-8GHz	7.5-3.75cm	
X-band	8-12.5GHz	3.75-2.4cm	
Ku-band	12.5-18GHz	2.4-1.67cm	
K-band	18-26.5GHz	1.67-1.13cm	
Ka-band	26.5-40GHz	1.13-0.75cm	
Millimeter wave	40-300GHz	7.5-1mm	
Submillimeter wave	300-3000GHz	1-0.1mm	

H Matlab Simulink의 간단한 사용법

Matlab을 실행하면 [부록 그림 H.1]과 같은 화면이 나오고 여기서 다음과 같은 Simulink 버튼을 클릭하거나 Command window에서 simulink라고 입력하면 [부록 그림 H.2]와 같은 Simulink Library Browser가 나타난다.

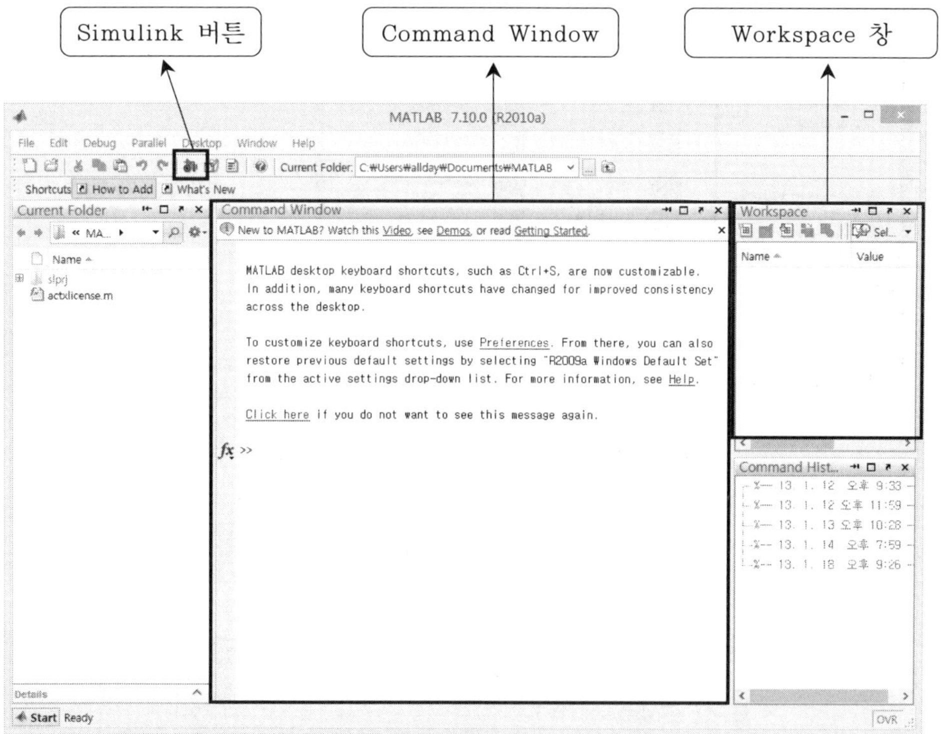

[부록 그림 H.1] Matlab 메인 화면

Simulink Library Browser에서 새 파일을 만들기 위해서 [부록 그림 H.2]의 Simulink Library Browser에서 새파일 버튼을 클릭하면

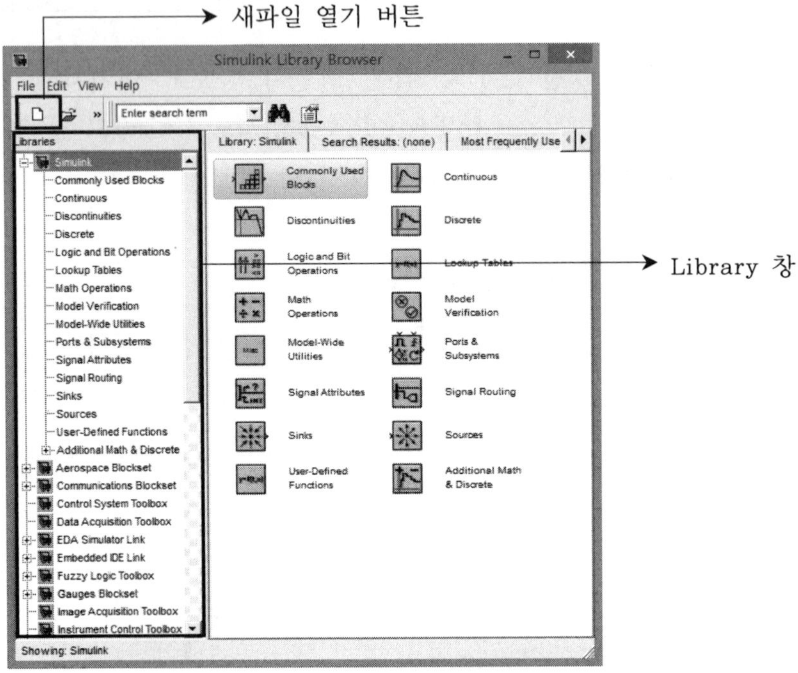

[부록 그림 H.2] Simulink Library Browser

다음 그림과 같이 Simulink 프로그램을 만들 수 있는 파일창이 열린다.

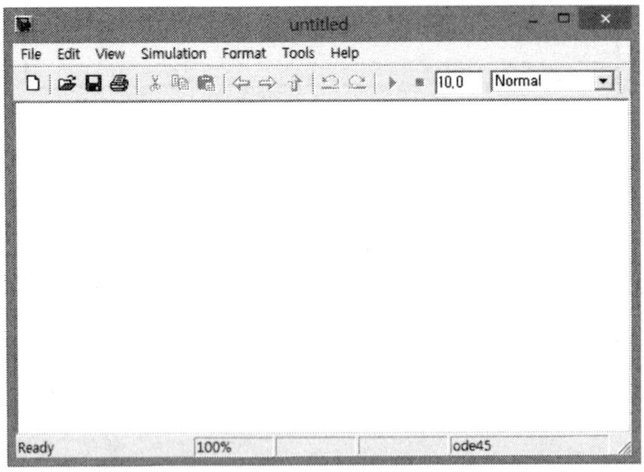

[부록 그림 H.3] untitled.mdl 새파일〉

여기서 Simulink 프로그램을 만들기 위해서는 다음 그림과 같이 Simulink Library Browser에서 원하는 Library를 마우스로 끌어다 untitled.mdl에 갖다 놓으면 된다.

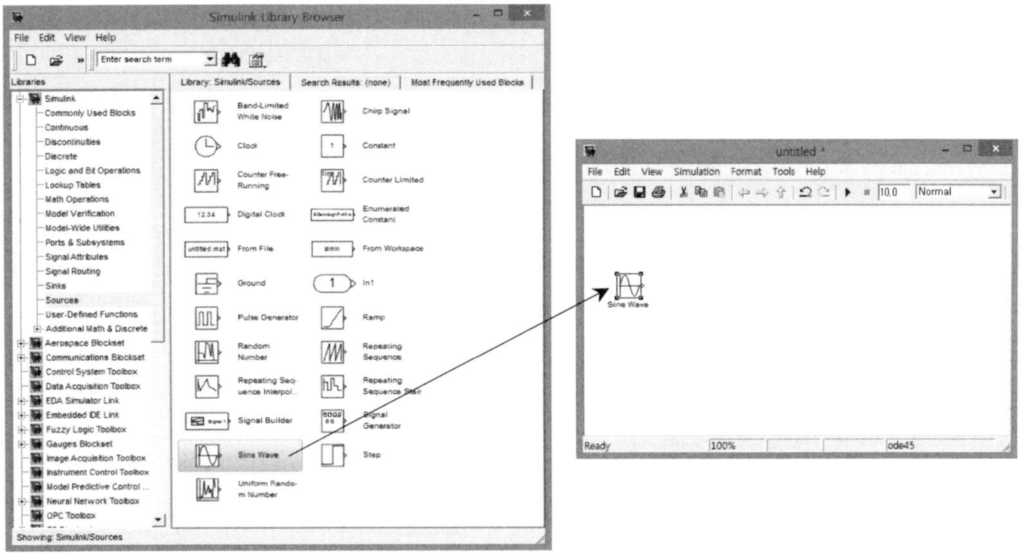

[부록 그림 H.4]

여기에서 Simulink 프로그램을 작성하기 위해서는 필요한 Library 블록들을 알아야 한다. 다음 그림에 본 책에서 작성한 프로그램에 필요한 블록들을 정리하였다.

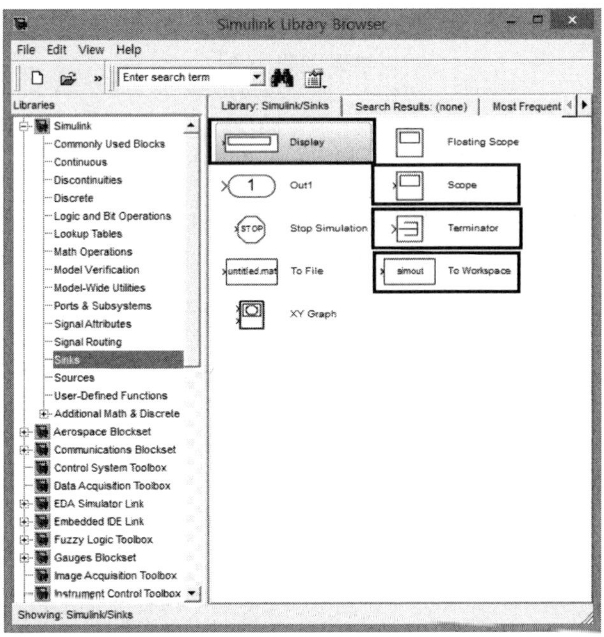

[부록 그림 H.5]

• Simulink ▶ Sinks ▶ Display
• Simulink ▶ Sinks ▶ Scope
• Simulink ▶ Sinks ▶ Terminator
• Simulink ▶ Sinks ▶ To workspace

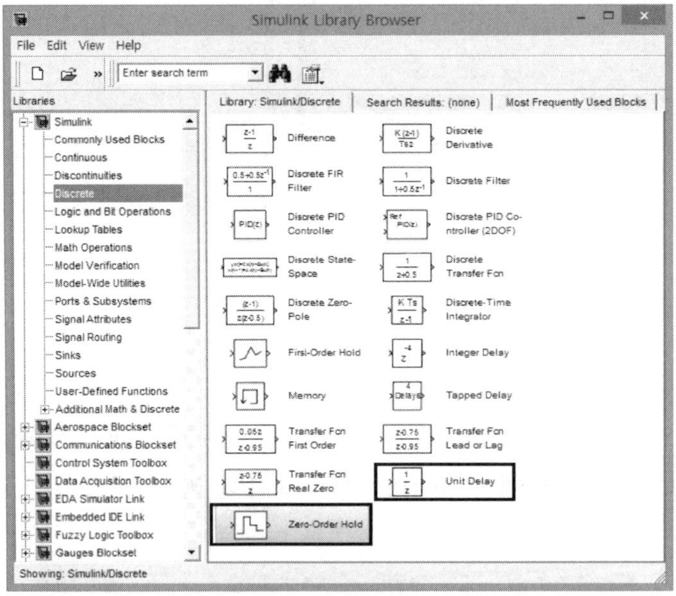

[부록 그림 H.6]

• Simulink ▶ Discrete ▶ Zero-Order_Hold
• Simulink ▶ Discrete ▶ Unit Delay

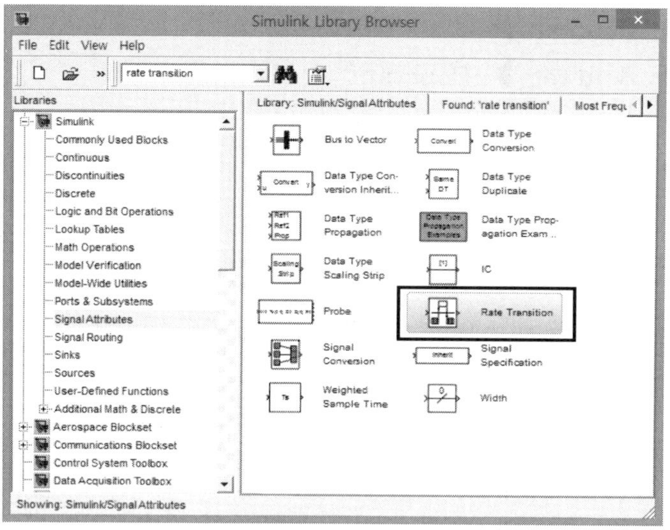

[부록 그림 H.7]

• Simulink ▶ Signal Attributes ▶ Rate Transition

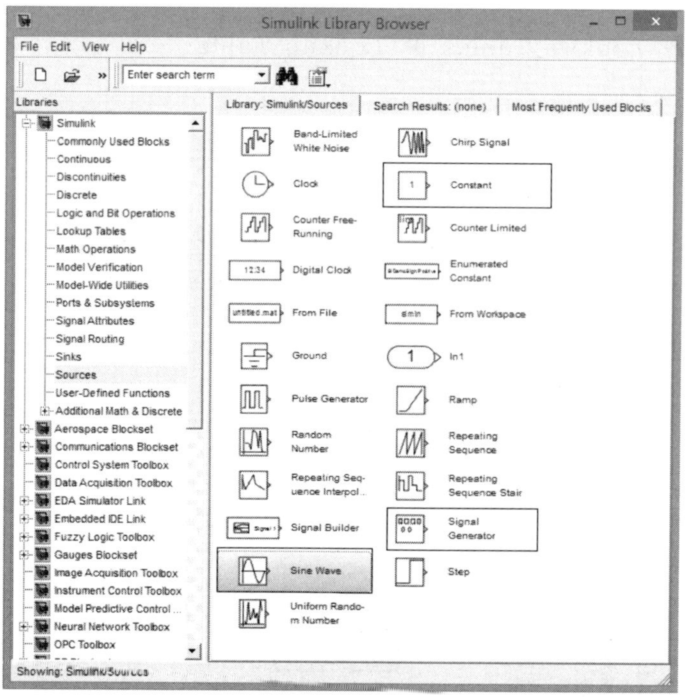

[부록 그림 H.8]

- Simulink ▶ Sources ▶ Sine Wave
- Simulink ▶ Sources ▶ Constant
- Simulink ▶ Sources ▶ Pulse Generator
- Simulink ▶ Sources ▶ Step

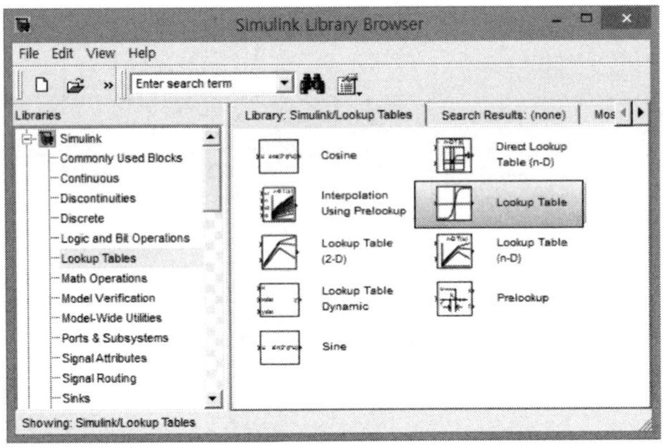

[부록 그림 H.9]

- Simulink ▶ Lookup Tables ▶ Lookup Table

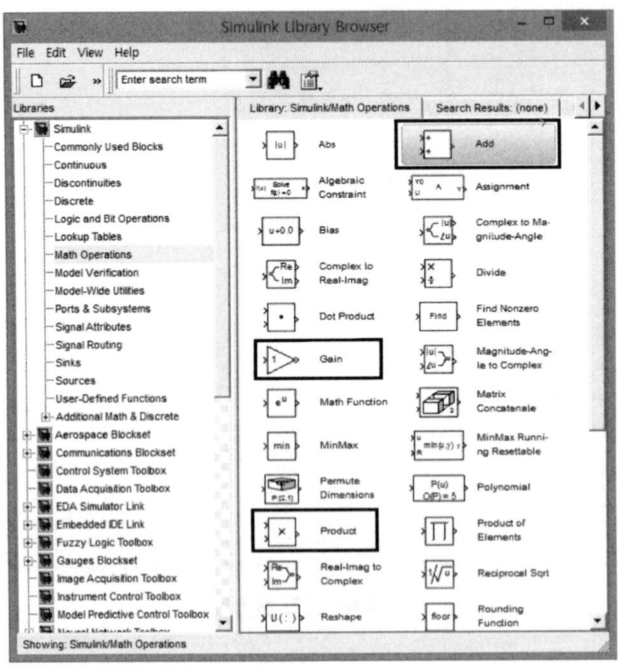

[부록 그림 H.10]

• Simulink ▶ Math Operations ▶ Add
• Simulink ▶ Math Operations ▶ Gain
• Simulink ▶ Math Operations ▶ Product
• Simulink ▶ Math Operations ▶ Sign

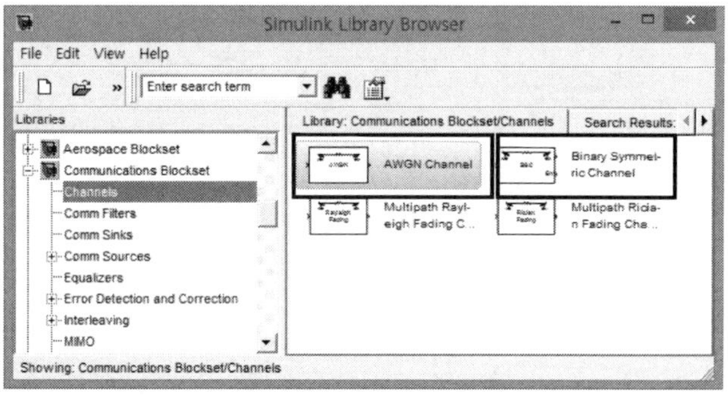

[부록 그림 H.11]

• Communications Blockset ▶ Channels ▶ AWGN Channel
• Communications Blockset ▶ Channels ▶ Binary Symmetric Channel

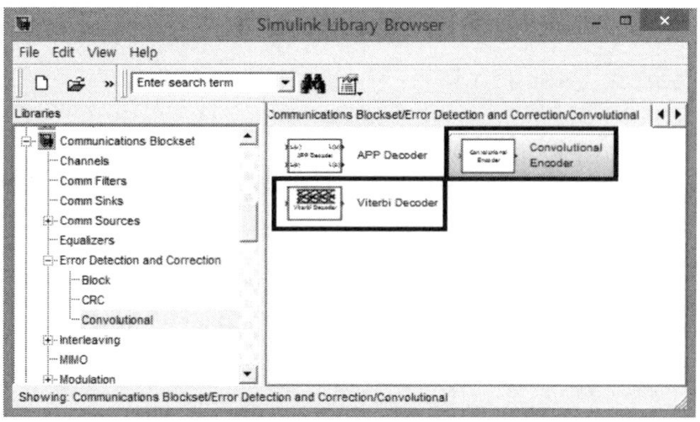

[부록 그림 H.12]

• Communications Blockset ▶ Error Detection and Correction ▶ Convolutional ▶ Convolutional Encoder
• Communications Blockset ▶ Error Detection and Correction ▶ Convolutional ▶ Viterbi Decoder

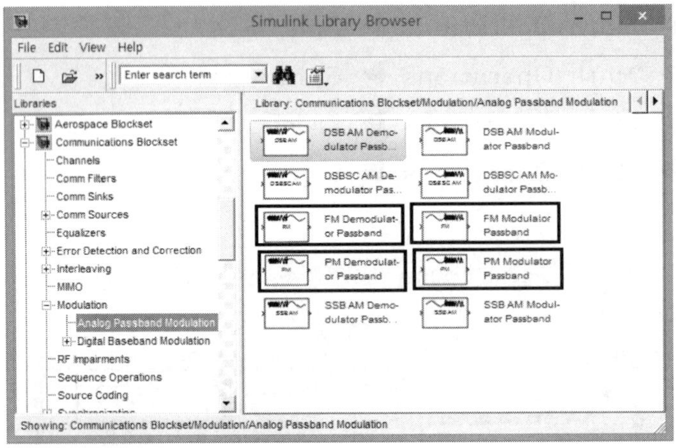

[부록 그림 H.13]

- Communications Blockset ▶ Modulation ▶ Analog Passband Modulation ▶ FM Modulator Passband
- Communications Blockset ▶ Modulation ▶ Analog Passband Modulation ▶ FM Demodulation Passband
- Communications Blockset ▶ Modulation ▶ Analog Passband Modulation ▶ PM Modulator Passband
- Communications Blockset ▶ Modulation ▶ Analog Passband Modulation ▶ PM Demodulation Passband

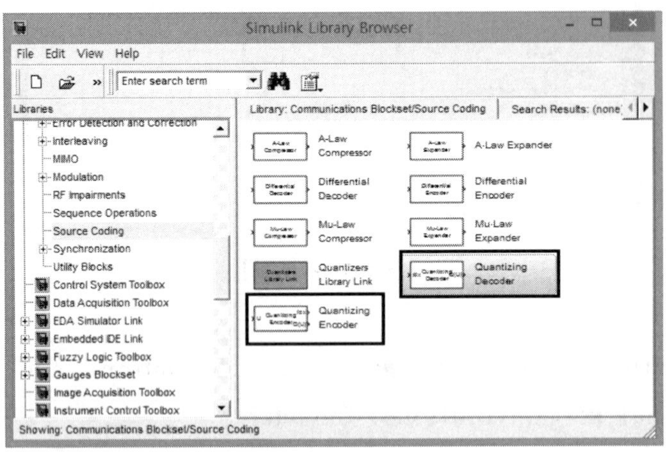

[부록 그림 H.14]

- Communications Blockset ▶ Source Coding ▶ Quantizing Encoder
- Communications Blockset ▶ Source Coding ▶ Quantizing Decoder

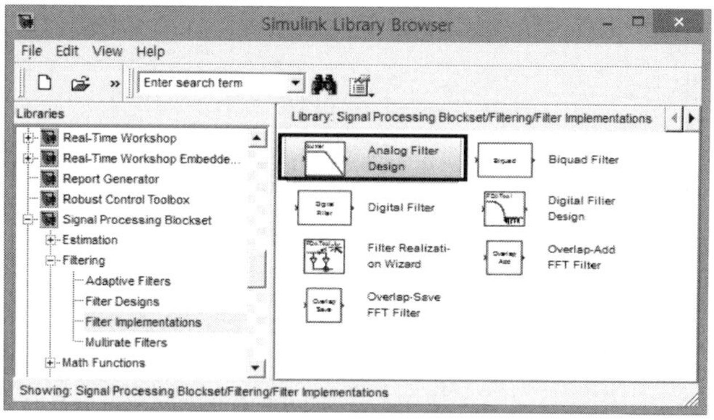

[부록 그림 H.15]

- Signal Processing Blockset ▶ Filtering ▶ Filter Implementations ▶ Analog Filter Design

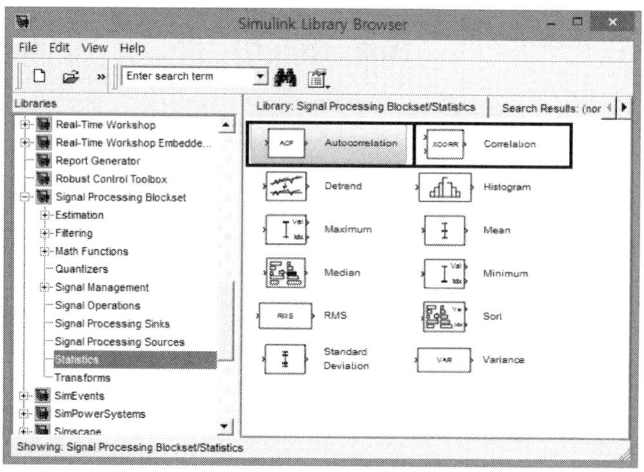

[부록 그림 H.16]

- Signal Processing Blockset ▶ Statistics ▶ Autocorrelation
- Signal Processing Blockset ▶ Statistics ▶ Correlation

만일 원하는 블록이 어떤 Library에 있는지 모를 때 블록 찾기를 원하면 다음 그림과 같이 찾고자 하는 블록명을 찾기란에 쓰고 찾기 버튼을 누르면 오른쪽 화면에 그 블록들을 표시하여 준다.

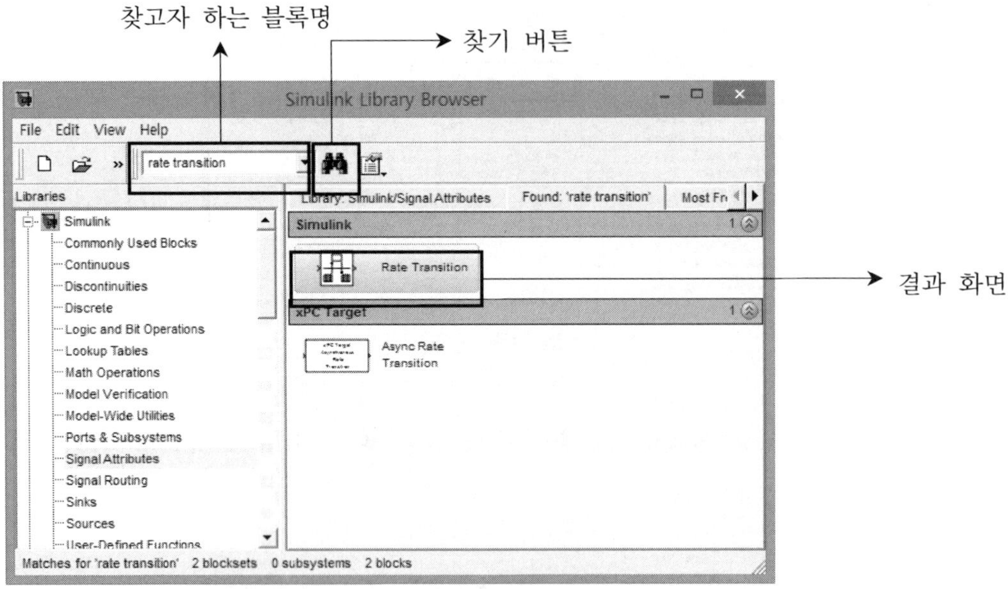

[부록 그림 H.17]

저자 소개

이정재

- 동의대학교 정보통신공학과 교수

김종일

- 관동대학교 전자공학과 교수

눈높이 통신이론

2013년 2월 25일 초판 1쇄 발행

저　자 • 이정재 · 김종일
발행자 • 최 봉 조
발행처 • 진샘미디어
주　소 • 서울시 은평구 역촌동 58-9
부호아파트 102동 상가 5호
전　화 • 02)353-4421 / FAX 02)353-4431
Home-page • www.jinsaem.co.kr

신고번호 • 제311-2005-000025호
ISBN 978-89-92887-85-4 93560

정가 17,000원